食物と栄養学基礎シリーズ 8

新応用栄養学

吉田 勉 監修

塩入輝恵・七尾由美子 編著

学文社

はしがき

「応用栄養学」は，管理栄養士養成施設における教育カリキュラムの専門科目９分野のひとつです。

その内容は，生命誕生から成長，発達，加齢という過程における良好な健康状態から疾病に罹患する直前までのヒトを対象とし，その健康の保持・増進を栄養・食事面からサポートすることを目的とした，管理栄養士や栄養士が社会的役割を果たすための職務には必要不可欠な知識と技能を習得するための学問です。ゆえに，各ライフステージやライフスタイルにおける栄養状態に照らし合わせた適切な栄養ケア・マネジメントをできるようになることが目標となります。

栄養ケア・マネジメントには，栄養診断を含む栄養アセスメントが必須です。このため，各ライフステージやライフスタイルの基本的な特性や特徴を，生理学，生化学，心理学，行動学などに基づき，重ねて知識を得ること，同時に，各時代の社会背景におけるヒトの健康問題や課題を知ることが必要です。また，これらに対する政府や各専門学会が示す指針やガイドラインなどの知識の習得，さらには改定に関する情報にも敏感でなければなりません。特に「日本人の食事摂取基準」は５年ごとに改定され，この理論や科学的根拠に関する理解が「応用栄養学」には欠かせません。

現在の日本は，超高齢社会です。総人口の28.4％（2019年９月現在）が65歳以上であり，健康課題も多いことから人々はこの高齢者のステージに注目しがちです。しかし，ヒトはこのステージに至るまでのプロセスがあり，その健康状態は生活習慣で培われてきたものといえましょう。であるならば，ヒトの一生は途切れるものではないということを常に念頭において，本書をテキストのみならず参考書としてもご活用いただければ幸いです。

本書は，吉田勉先生監修のもと，2019年３月に改定された管理栄養士国家試験ガイドライン，および同年12月に公表された「日本人の食事摂取基準（2020年版）」に準拠し，第一線で活躍される多くの先生方のご協力を得て完成しました。

『新応用栄養学』の制作にあたりご執筆いただいた先生方，編集部の皆様に，この場をお借りして厚く御礼申し上げます。

2020年３月

新応用栄養学に寄せて
塩入　輝恵
七尾　由美子

目　次

1　栄養ケア・マネジメント（栄養管理）

1.1　栄養ケア・マネジメントの概要 …… 7
1.2　栄養アセスメント …… 7
1.2.1　栄養アセスメントの目的 …… 7　1.2.2　栄養アセスメントの方法 …… 7
1.2.3　栄養アセスメントと食行動・食態度 …… 13
1.3　栄養ケアプログラム …… 13
1.3.1　栄養ケアプログラムの計画 …… 13　1.3.2　栄養ケアプログラムの目標設定 …… 14
1.3.3　栄養ケアプログラムの実施 …… 14　1.3.4　栄養ケアプログラムの評価 …… 14

2　成長・発達・加齢

2.1　概　　念 …… 17
2.1.1　成長・発達 …… 17　2.1.2　加齢と老化 …… 17
2.2　成長・発達に伴う身体的・精神的変化と栄養 …… 17
2.2.1　胎生期の成長・発達 …… 17　2.2.2　生後の成長・発達 …… 18
2.3　加齢に伴う身体的・精神的変化と栄養 …… 23
2.3.1　老化の機構 …… 23　2.3.2　臓器の構造と機能の変化 …… 23
2.3.3　高齢者の健康と心身の特性 …… 24

3　妊娠期・授乳期

3.1　女性の生理 …… 27
3.1.1　女性の特性 …… 27　3.1.2　女性の性周期 …… 27
3.2　妊娠期の生理的特徴 …… 29
3.2.1　妊娠の成立・維持 …… 29　3.2.2　母体の生理的変化 …… 29
3.2.3　胎児付属物 …… 31　3.2.4　胎児の成長 …… 32
3.3　分　　娩 …… 32
3.4　産　　褥 …… 33
3.5　授乳期の生理的特徴 …… 33
3.5.1　体重・体組成の変化 …… 33　3.5.2　エネルギー代謝の変化 …… 33
3.5.3　乳汁分泌の機序 …… 33　3.5.4　母乳成分と母乳量の変化 …… 33
3.6　栄養と生活習慣 …… 34
3.6.1　妊娠期の栄養と生活習慣 …… 34　3.6.2　授乳期の栄養と生活習慣 …… 36
3.7　栄養アセスメント …… 39
3.7.1　妊娠時の健康診断 …… 39　3.7.2　臨床診査 …… 39
3.7.3　臨床検査 …… 39　3.7.4　身体計測 …… 39
3.8　栄養ケア …… 39
3.8.1　やせ（低体重）・肥満 …… 39　3.8.2　低栄養・摂食障害 …… 40
3.8.3　鉄摂取と貧血 …… 40　3.8.4　食欲不振と妊娠悪阻 …… 41
3.8.5　妊娠糖尿病 …… 41　3.8.6　妊娠高血圧症候群 …… 42
3.8.7　栄養と先天性異常 …… 42

4　新生児期・乳児期

4.1　新生児期の生理的特徴と発育 …… 44

4.1.1　成熟兆候 …… 44
4.1.2　新生児期の生理的特徴 …… 44

4.2　乳児期の生理的特徴と発育 …… 46

4.2.1　成長・発育 …… 46
4.2.2　心身の発達 …… 46
4.2.3　食行動の変化 …… 47

4.3　栄養素の消化・吸収 …… 47

4.3.1　新生児期の栄養素の消化・吸収 …… 47
4.3.2　乳児期の栄養素の消化・吸収 …… 48
4.3.3　栄養素の代謝 …… 49

4.4　栄養アセスメント …… 50

4.4.1　臨床診査 …… 50
4.4.2　臨床検査 …… 50
4.4.3　身体計測 …… 50

4.5　栄養と病態・疾患 …… 52

4.5.1　出生時体重 …… 52
4.5.2　鉄摂取と貧血 …… 52
4.5.3　二次性乳糖不耐症 …… 53
4.5.4　食物アレルギー …… 53
4.5.5　乳児下痢症と脱水 …… 55
4.5.6　便　　秘 …… 56
4.5.7　発達遅延 …… 56
4.5.8　先天性代謝異常 …… 57

4.6　新生児期・乳児期の栄養補給 …… 57

4.6.1　乳児期の食事摂取基準 …… 57
4.6.2　乳児期の授乳・離乳支援 …… 60
4.6.3　乳児期の栄養補給法 …… 60
4.6.4　栄養補給法の種類 …… 61
4.6.5　離乳期の栄養補給 …… 66

4.7　栄養ケアのあり方 …… 71

4.7.1　新生児・乳児期の栄養ケア …… 71
4.7.2　適切な食習慣の形成と食環境の整備など社会的支援 …… 71

5　幼　児　期

5.1　幼児の生理的特徴 …… 74

5.2　幼児の成長と発達 …… 74

5.2.1　身体・体重 …… 74
5.2.2　口腔機能 …… 75
5.2.3　消化機能 …… 76
5.2.4　運動機能 …… 76
5.2.5　精神機能・社会性 …… 76
5.2.6　生活習慣 …… 77

5.3　幼児期の栄養アセスメント …… 77

5.3.1　食事摂取基準 …… 77
5.3.2　身体体重計測 …… 79
5.3.3　臨床検査 …… 79

5.4　栄養ケア …… 81

5.4.1　やせ・低栄養 …… 81
5.4.2　過体重・肥満 …… 81
5.4.3　脱　　水 …… 81
5.4.4　う　　歯 …… 82
5.4.5　貧　　血 …… 82
5.4.6　偏食・食欲不振 …… 82

5.5　幼児期の食生活上の問題点 …… 82

5.6　保育所給食 …… 83

6 学童期

6.1 学童期の特性 …… 87
6.2 学童期の成長・発達 …… 87
6.2.1 身体の発育 …… 87
6.2.2 脳・免疫機能の発達 …… 89
6.2.3 身体活動度 …… 90
6.2.4 自己管理能力の発達 …… 90
6.2.5 生活習慣の変化 …… 90
6.3 栄養状態の変化 …… 90
6.3.1 身長，体重，体組成 …… 90
6.3.2 食習慣の変化 …… 91
6.4 栄養アセスメント …… 91
6.4.1 臨床検査 …… 91
6.4.2 身体計測 …… 92
6.5 栄養ケア …… 93
6.5.1 肥満とやせ …… 93
6.5.2 貧　血 …… 94
6.5.3 生活習慣病 …… 95
6.5.4 成長・発達，身体活動に応じたエネルギー・栄養素の補給 …… 96
6.5.5 学校給食 …… 97

7 思春期

7.1 思春期の特性 …… 102
7.1.1 生理・代謝 …… 103
7.2 栄養障害 …… 105
7.2.1 摂食障害 …… 105
7.2.2 鉄欠乏性貧血 …… 109
7.2.3 肥　満 …… 109
7.3 食行動 …… 111
7.3.1 朝食の欠食 …… 111
7.4 栄養ケア …… 112
7.4.1 成長・発達に応じたエネルギー・栄養素の補給 …… 112

8 青年期

8.1 青年期の特性 …… 114
8.1.1 青 年 期 …… 114
8.2 青年期の成長・発達 …… 114
8.2.1 身体の発育 …… 114
8.3 栄養アセスメント …… 115
8.3.1 臨床検査 …… 115
8.3.2 身体計測 …… 115
8.4 栄養ケア …… 115
8.4.1 肥満とやせ …… 115
8.4.2 貧　血 …… 115
8.4.3 生活習慣病 …… 116
8.4.4 欠　食 …… 116
8.4.5 飲酒，喫煙 …… 118
8.4.6 栄養素摂取量 …… 118

9 成 人 期

9.1 成人期の特性 …… 122
- 9.1.1 壮 年 期 …… 122
- 9.1.2 実年(中年)期 …… 122

9.2 生活習慣病の予防と栄養 …… 122
- 9.2.1 四大疾病と栄養 …… 123
- 9.2.2 糖 尿 病 …… 124
- 9.2.3 がん・悪性新生物 …… 124
- 9.2.4 虚血性心疾患 …… 126
- 9.2.5 脳血管疾患：脳卒中 …… 126

9.3 成人期の栄養 …… 127
- 9.3.1 成人期の食生活 …… 127
- 9.3.2 成人期の栄養の特徴 …… 127

9.4 栄養アセスメント …… 131
- 9.4.1 特定健診・特定保健指導 …… 131
- 9.4.2 食事調査 …… 131

9.5 成人期の栄養ケアプログラム …… 131
- 9.5.1 生活習慣の改善 …… 131
- 9.5.2 自己管理能力の習得 …… 132

10 更 年 期

10.1 更年期における身体的変化 …… 134
- 10.1.1 内分泌系 …… 134
- 10.1.2 生 殖 系 …… 134
- 10.1.3 代 謝 系 …… 134

10.2 更年期の栄養と生活習慣 …… 134

10.3 栄養アセスメント …… 135
- 10.3.1 臨床診査 …… 135
- 10.3.2 臨床検査 …… 135
- 10.3.3 身体計測 …… 135

10.4 病態・疾患と栄養 …… 136
- 10.4.1 更年期障害 …… 136
- 10.4.2 骨粗鬆症 …… 137

11 高 齢 期

11.1 高齢期の特性 …… 139
- 11.1.1 加齢による身体の形態的，機能的変化 …… 139
- 11.1.2 加齢による栄養関連機能の変化 …… 140
- 11.1.3 加齢による精神的変化 …… 141

11.2 栄養と生活習慣 …… 142
- 11.2.1 食事量の確保：低栄養 …… 142
- 11.2.2 身体活動と日常生活活動支援 …… 142
- 11.2.3 合併症：有病率の増加 …… 142

11.3 栄養アセスメント …… 143
- 11.3.1 臨床診査 …… 143
- 11.3.2 臨床検査 …… 143
- 11.3.3 身体計測 …… 143
- 11.3.4 食事調査 …… 143

11.4 栄養関連の疾患と栄養ケア …… 143
- 11.4.1 たんぱく質・エネルギー低栄養 …… 143
- 11.4.2 フレイル …… 144
- 11.4.3 サルコペニア …… 144
- 11.4.4 ロコモティブシンドローム …… 144
- 11.4.5 老年症候群 …… 145
- 11.4.6 アルツハイマー病 …… 146
- 11.4.7 白内障・糖尿病網膜症 …… 146
- 11.4.8 変形性関節症・関節炎 …… 146
- 11.4.9 脱　水 …… 146

12　食事摂取基準の基礎的理解

12.1　食事摂取基準の意義……148
12.1.1　食事摂取基準の目的……148　12.1.2　対象とする個人並びに集団の範囲……149
12.1.3　科学的根拠に基づいた策定……149
12.2　食事摂取基準策定の基礎理論……150
12.2.1　エネルギー摂取の過不足からの回避を目的とした指標……150
12.2.2　栄養素の摂取不足からの回避を目的とした指標の特徴……150　12.2.3　栄養素の過剰摂取からの回避を目的とした指標の特徴…151
12.2.4　生活習慣病の予防を目的とした指標の特徴…151　12.2.5　策定における基本的留意事項…151
12.3　食事摂取基準活用の基礎理論……152
12.3.1　食事調査などによるアセスメントの留意事項…152　12.3.2　活用における基本的留意事項…153
12.3.3　個人の食事改善を目的とした評価・計画と実施…153　12.3.4　集団の食事改善を目的とした評価・計画と実施……154
12.4　エネルギー・栄養素別食事摂取基準……156
12.4.1　エネルギー……156　12.4.2　エネルギー摂取量の過不足の評価方法・成人の目標とするBMI…157
12.4.3　たんぱく質……158　12.4.4　炭水化物……158
12.4.5　脂　質……159　12.4.6　エネルギー産生栄養素バランス…159
12.4.7　ビタミン……159　12.4.8　ミネラル……161
12.5　ライフステージ別食事摂取基準……163
12.5.1　妊婦・授乳婦……163　12.5.2　乳児・小児……163
12.5.3　高 齢 者……163

13　運動・スポーツと栄養

13.1　運動時の生理的特徴とエネルギー代謝……165
13.1.1　骨格筋とエネルギー代謝……165　13.1.2　運動時の呼吸・循環応答……166
13.1.3　体　力……168　13.1.4　運動トレーニング……169
13.2　運動と栄養ケア……170
13.2.1　運動の健康への影響……170　13.2.2　健康づくりのための身体活動基準及び指針…171
13.2.3　糖質摂取・たんぱく質摂取……172　13.2.4　水分・電解質補給……174
13.2.5　スポーツ性貧血……175　13.2.6　食事内容と摂取のタイミング…175
13.2.7　運動時の食事摂取基準の活用……176　13.2.8　ウエイトコントロール（減量）と運動・栄養‥176
13.2.9　栄養補助食品の利用……177

14　環境と栄養

14.1　ストレスと栄養……179
14.1.1　恒常性維持とストレッサー……179　14.1.2　生体の適応性と自己防衛……180
14.1.3　ストレスによる代謝の変動……180　14.1.4　ストレスと栄養……181
14.2　特殊環境と栄養ケア……181
14.2.1　特殊環境下の代謝変化……181　14.2.2　熱中症と水分・電解質補給……183
14.2.3　高温・低音環境と栄養……185　14.2.4　高圧・低圧環境と栄養……189
14.2.5　無重力環境（宇宙空間）と栄養…192　14.2.6　災害時の栄養……194

付　　表……201

索　　引……230

1 栄養ケア・マネジメント（栄養管理）

1.1 栄養ケア・マネジメントの概要

栄養改善に効果的に取り組むためには，栄養状態の悪い者を早期に把握し，個別の身体状況，栄養状態，嗜好，生活習慣や環境に見合った問題解決に取り組む必要がある。栄養ケア・マネジメント（栄養管理）とは，対象者の栄養状態を判定し，改善すべき栄養上の問題を解決するために，個々人に最適な栄養ケアを，効率的かつ系統的に行うためのシステムであり，**PDCA サイクル***を活用することが多い。

＊ PDCA サイクル　食事摂取基準（2020 年版）を活用する際には，PDCA サイクルに基づく活用を基本とする。

PDCA サイクルを活用した栄養ケア・マネジメントは，栄養スクリーニング，栄養アセスメント，栄養ケアプログラム計画の作成，実施・チェックおよび再アセスメントであるモニタリング，評価，評価に基づいた継続的な栄養改善活動によって構成される（図 1.1）。

1.2 栄養アセスメント

1.2.1 栄養アセスメントの目的

栄養アセスメントとは，栄養ケア・マネジメントを実施するために，対象とする個人や集団の栄養状態を評価・判定することである。栄養アセスメントは，食事調査，身体計測，臨床検査，臨床診査を主たるパラメーターとし，これに環境因子や心理的要因を加え，総合的に判断する。栄養アセスメントには静的アセスメントと動的アセスメントがある。

前者は，ある一時点での栄養状態を評価・判定して栄養ケアの要否を決定するために，後者は，積極的な栄養療法を行い，栄養状態の改善効果を評価・判定するために用いられる。はじめに栄養アセスメントを行い，その評価に基づいて栄養ケアプログラムの計画を立てることが重要である。

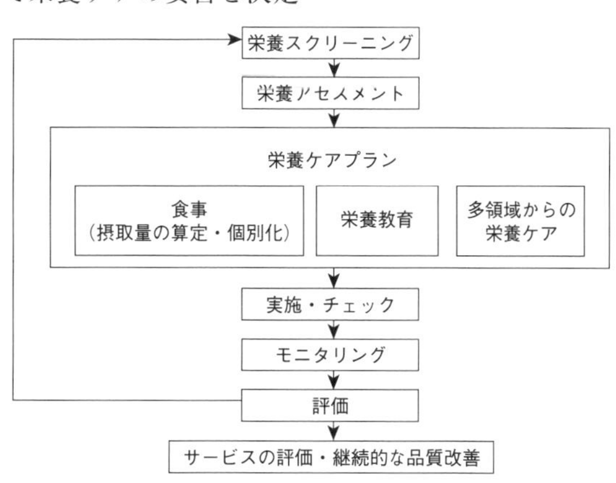

図 1.1　栄養ケアプログラムとマネジメントの構成例

1.2.2 栄養アセスメントの方法

(1) 臨床診査：問診，身体所見

臨床診査とは，対象者または付き添い者と面接をして，健康・栄養に関する情報，臨床症状を観察して，栄養状態を評価することである。

すなわち，食事摂取に起因して起こる自他覚症状の有無，食欲，精神的症状等の主訴を聞き，症状がある場合は，その症状の発現時期，症状の推移等の現病歴を明らかにする。また，両親や兄弟等の近親者に同様な症状の傾向がないか家族歴を聞いたり，糖尿病や消化器疾患等現在の栄養状態に関連のある疾患の既往歴を調べる。

このような問診，身体所見に関する情報を総合し，栄養状態を判定する。

(2) 臨床検査

臨床検査は生理・生化学的技術を用いた方法で，対象者の栄養状態を客観的に正確に評価することが目的である。以下に代表的な測定項目を示し，血液生化学検査の基準範囲を表 1.1 に示す。

血清たんぱく質　血清たんぱく質の約 60%を占めるアルブミンは，内臓のたんぱく質量をよく反映する。アルブミンは肝臓で合成され，その血液中の半減期は 14 ～ 21 日であるので，比較的長期の静的栄養状態の指標としては有用である。短期間の栄養状態の指標としては，動的栄養状態の評価が可能な Rapid turnover protein（RTP）といわれる血中半減期の短いトランスフェリン（半減期約 7 日），トランスサイレチン（半減期 2 ～ 3 日），レチノール結合たんぱく質（半減期 12 ～ 16 時間）が有用である。血清たんぱく質は，肝機能障害，腎疾患でも低下するので注意を要する。

血清脂質　血液中の主な脂質は，トリグリセリド（TG），コレステロール（Chol），リン脂質（PL），遊離脂肪酸（FFA）である。Chol は，血管壁の構成や副腎皮質ホルモン，性ホルモン，胆汁酸の材料となるが必要以上に増大すると動脈硬化のリスクファクターになる。TG は，中性脂肪の約 90%を占める。血中 TG には，食事由来のカイロミクロンに含まれるものと，体内で合成され VLDL に組み込まれて運搬されるものがある。肥満，過食，糖質やアルコールの過剰摂取で血中 TG は上昇する。カイロミクロンと VLDL はいずれも中性脂肪の比率が高いが，カイロミクロンは食事からの脂肪を反映し，VLDL は肝臓で合成される内因性の Chol を反映している。低比重リポたんぱく（LDL）は，末梢組織に Chol を転送し動脈硬化を促進するのに対し，高比重リポたんぱく（HDL）は末梢組織に沈着した余分の Chol を除去，細胞内への LDL の取り込みを阻止する。

血糖，HbA1c　血糖は，食物の消化管での吸収，肝臓での糖新生とグリコーゲンの合成・分解，末梢組織での消費，腎臓からの排泄などの影響を受ける。インスリンと副交感神経は血糖値を下げ，グルカゴン，アドレナリン，甲状腺ホルモン，副腎皮質ホルモン，成長ホルモン，交感神経は血糖値を上げる。糖負荷試験により血糖値を測定し，**耐糖能異常***を検出することによって，糖尿病の診断を行う。HbA1c は，赤血球中のヘモグロビンと血液中のブド

***耐糖能の異常**　生体は，正常な糖代謝を維持するために血糖値を正常に保つ努力をしている。しかし，インスリンの分泌不足や作用不良が起こると血糖値の正常化機構の不良が生じる。この状態を耐糖能異常（糖尿病予備軍）という。

表 1.1　血液生化学検査基準範囲

項目	基準値	異常値を示す疾患・病態
総たんぱく（TP）	6.6 ～ 8.1 g/d*l*	高値　炎症，脱水，多発性骨髄腫 低値　栄養不良，吸収不良症候群，肝障害，ネフローゼ症候群，火傷
アルブミン（Alb）	4.1 ～ 5.1 g/d*l*	高値　脱水 低値　肝硬変，ネフローゼ症候群，吸収不良症候群，栄養不良
グロブリン（GLB）	2.2 ～ 3.4 g/d*l*	
アルブミン，グロブリン比（A/G）	1.32 ～ 2.23	低値　肝障害，ネフローゼ症候群，多発性骨髄腫，栄養不良
クレアチン・ホスキナーゼ（CK）	男　59 ～ 248 IU/*l* 女　41 ～ 153 IU/*l*	高値　心筋便塞，筋ジストロフィ一，ショック，運動，手術後
アスパラギン酸アミノトランスフェラーゼ（AST）	13 ～ 30 g/d*l*	高値　急性肝炎，心筋梗塞，肝硬変
アラニンアミノトランスフェラーゼ（ALT）	男　10 ～ 42 IU/*l* 女　7 ～ 23 IU/*l*	高値　急性肝炎，慢性肝炎，肝硬変，肝癌，脂肪肝
乳酸脱水素酵素（LDH）	124 ～ 222IU/*l*	高値　肝炎，心筋梗塞，悪性腫務，悪性リンパ腫，悪性貧血，皮膚筋炎
アルカリホスファターゼ（ALP）	106 ～ 322 IU/*l*	高値　肝胆道疾患，骨疾患，副甲状腺機能充進症，妊娠，小児
γ ～グルタミールトランスフェラーゼ（γ ～ GT）	男　13 ～ 64 IU/*l* 女　9 ～ 32 IU/*l*	高値　アルコール性肝炎，閉塞性黄胆，薬剤性肝炎
コリンエステラーゼ（ChE）	男　240 ～ 486 IU/*l* 女　201 ～ 42 IU/*l*	高値　ネフローゼ症候群，糖尿病性腎症 低値　肝硬変，農薬中毒，サリン中毒
アルカリホスファターゼ（ALP）	106 ～ 322 IU/*l*	高値　肝内胆汁うっ滞，閉塞性黄疸，転移性肝がん
LAP（ロイシンアミノペプチダーゼ）	37 ～ 73 IU/*l*	高値　閉塞性黄胆，肝炎，悪性リンパ腫，悪性腫蕩
アミラーゼ（AMY）	53 ～ 162 IU/*l*	高値　急性膵炎，慢性膵炎，膵癌，イレウス，耳下腺炎
クレアチニン（Cr）	男　0.65 ～ 1.07 mg/d*l* 女　0.46 ～ 0.79 mg/d*l*	高値　腎症，腎不全，脱水，巨人症，甲状腺機能亢進症
尿酸（UA）	男　3.7 ～ 7.8 mg/d*l* 女　2.6 ～ 5.5 mg/d*l*	高値　痛風，悪性腫瘍，白血病
尿素窒素（BUN）	8 ～ 20 mg/d*l*	高値　腎不全，腎炎，心不全，脱水，消化管出血，ショック
中性脂肪（TG）	男　40 ～ 234 mg/d*l* 女　30 ～ 117 mg/d*l*	高値　脂質異常症，肥満，糖尿病，甲状腺機能低下症 低値　甲状腺機能亢進症，副腎不全，肝硬変，栄養不良
総コレステロール（TC）	142 ～ 248 mg/d*l*	高値　脂質異常症，肥満，糖尿病，脂肪 低値　肝障害，甲状腺機能亢進症，栄養不良
HDL-コレステロール（HDL-C）	男　38 ～ 90 mg/d*l* 女　48 ～ 103 mg/d*l*	高値　胆汁性肝硬変，アルコール中毒 低値　肝硬変，肝がん，甲状腺機能亢進症，LCAT 欠損症
LDL-コレステロール（LDL-C）	65 ～ 163 mg/d*l*	高値　家族性高コレステロール血症，甲状腺機能低下症，ネフローシス，肝障害 低値　低リポたんぱく血症，低 LDL 血症
ヘモグロビン A1c（HbA1c）	4.9 ～ 6.0%（NGSP）	高値　糖尿病，腎不全 低値　溶結性貧血

出所）日本臨床検査標準協議会　基準範囲共用化委員会編：日本における主要な臨床検査項目の共用基準範囲（2019 年修正版）
http://www.jccls.org/techreport/public_20190222.pdf（2020 年 3 月 19 日閲覧）

ウ糖が結合したグリコヘモグロビンの一つである。約１ヵ月から２ヵ月前の血糖状態を表し，検査の直前に喫食した食事の影響も受けづらく糖尿病の診断に有効である。

非たんぱく質性窒素　尿酸は核酸の代謝産物であり，体内でのプリン体の生合成亢進，細胞の崩壊亢進によって，またはプリン体の含有量の多い食品の過剰摂取によって増加する。産生が増加したり，腎からの排泄が障害されていれば，血清尿酸値が上昇する。血清尿酸値が上昇し，過飽和状態になる

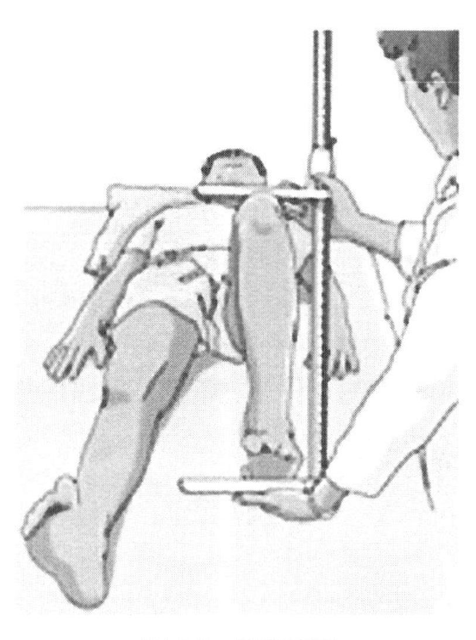

図 1.2　膝高計測

と痛風発作を起こしやすくなる。クレアチニンは，筋肉内でクレアチンとクレアチンリン酸から産生され，血中に出て腎糸球体で沪過され排泄される。尿細管では再吸収も分泌もされないため，血清クレアチニン濃度は糸球体沪過能と密接な関係がある。食事や尿量の影響を受けにくいので，腎機能をみる指標として重要である。血中尿素窒素は，腎糸球体の沪過能，あるいは腎尿細管での再吸収能を検査するのに有用である。

尿中クレアチニン　血液以外の生体指標の代表として，尿中のクレアチニンがあげられる。内因性のクレアチニンの 24 時間の尿中への排泄量は筋肉量に比例する。筋肉量が標準体重に比例することから，標準体重当たりの 24 時間尿中クレアチニン排泄量の比率で筋肉量を推定することができる。

(3)　身体計測

身長・体重　身長と体重の測定は体格を知る上で最も簡便な方法である。体重は栄養状態の判定のために重要な指標であるが，食事や排泄の影響をできるだけ避けるために空腹時，排尿後に測定するのが望ましい。また，直立できない対象者の身体測定では，メジャーを使って計測したり，膝の高さを膝高計測器で測定すると，身長や体重を推定することができる（図 1.2）。膝高測定値と計算式を用いて，年齢がわかれば身長が，さらに上腕周囲長と上腕三頭筋皮下脂肪厚がわかれば体重が推定できる。

Chumlea による膝高測定値から身長を算出する公式

男性：身長（cm）= 64.19 −（0.04 × 年齢）+（2.02 × 膝高測定値）

女性：身長（cm）= 84.88 −（0.24 × 年齢）+（1.83 × 膝高測定値）

周径囲　筋たんぱく質量や体脂肪量の指標として上腕囲，上腕筋肉囲，上腕三頭筋皮下脂肪厚などが用いられ，下記の式によって上腕筋囲，上腕筋面積が算出できる。算出された個人の測定値を比較するための基準値を表 1.2 に示す。

上 腕 筋囲 = 上腕囲（cm）− 0.314 × 上腕三頭筋皮下脂肪厚（mm）

上腕筋面積 = [上腕筋囲（cm）]^2/4 π

体脂肪組織の分布の評価にはウエストとヒップの比（W/H 比）が用いられる。W/H 比が高いのは内臓脂肪蓄積型であり，糖尿病，高脂血症，高血圧などの発症率が高いとされている。W/H 比の基準値を表 1.2 に示す。

皮下脂肪厚　体構成成分の推定に用いられる。皮下脂肪厚計を用い，上腕三頭筋部と肩甲骨下部を測定し，全身の体脂肪量を推定する。上腕三頭筋部と肩甲骨下部の和が男性では 40mm以上，女性では 50mm以上を肥満とする。

体脂肪量　生体電気インピーダンス法は，脂肪組織は電気伝導性が少なく

表1.2　日本人の身体計測基準値

		WT/HT（%）			AC（cm）			TSF（mm）			AMC（cm）			BMI（kg/m²）		
		例数	平均	標準偏差	例数	平均	標準偏差	例数	平均	標準偏差	例数	平均	標準偏差	例数	平均	標準偏差
男性	30歳以下	386	100.63	14.65	394	27.52	3.12	397	12.11	6.52	394	23.74	2.78	393	21.94	3.17
	31～40	421	107.93	14.43	425	28.42	2.85	425	13.03	5.94	425	24.33	2.73	424	23.52	3.15
	41～50	342	106.65	13.02	351	27.9	2.73	350	11.96	5.09	349	24.13	2.66	353	23.28	2.92
	51～60	338	105.19	13.56	360	27	2.7	360	10.69	5.41	360	23.65	2.55	353	23.01	29.7
	61以上	324	100.05	14	1,167	26.56	2.96	1,170	10.52	4.66	1,161	23.27	2.78	398	21.82	3.1
	計	1,811	104.21	14.33	2,697	27.23	2.98	2,702	11.36	5.42	2,689	23.67	2.76	1,921	22.71	3.15
女性	30歳以下	632	94.1	10.99	701	24.67	2.53	693	14.98	7	688	19.95	2.59	683	20.2	2.3
	31～40	281	97.64	13.94	305	25.19	2.73	306	15.79	7.06	304	20.27	2.4	295	20.99	2.96
	41～50	282	103.67	13.98	300	26.18	2.85	300	16.51	7.2	296	20.99	2.38	295	22.29	3
	51～60	254	102.31	15.23	267	25.76	3.29	260	15.88	7.41	260	20.84	2.57	266	22.11	3.33
	61以上	360	100.21	17.35	1,138	25.33	3.33	1,104	16.76	7.27	1,099	20.09	2.56	461	21.78	3.7
	計	1,808	98.51	14.44	2,711	25.28	3.05	2,663	16.07	7.21	2,647	20.25	2.57	2,000	21.25	3.12

WT/HT：ウエストとヒップの比　AC：上腕周囲　TSF：上腕三頭筋皮下脂肪厚　AMC：上腕筋肉周囲

出所）日本人の新身体計測基準値（JARD 2001）

電気抵抗が高いが，除脂肪組織は電気抵抗が低いことを利用する測定法である。手足の間に微弱な交流電流を流し，その電気抵抗から体構成内容を算出する。生体内電気伝導測定法では，生体を流れる電流の速度は脂肪組織より除脂肪組織のほうが早いことを利用し，体構成内容を算出する。コイルが取り巻く円筒形の機器のなかに対象者を寝かせて生体の電流速度を測定する。二重エネルギーX線吸収測定法は，二種類のエネルギーのX線を照射し，骨組織と軟部組織ではX腺の吸収率が異なることを利用して測定する。

体格指数

$$カウプ指数 = [体重(g) / 身長(cm)^2] \times 10$$

乳幼児の肥満判定に用いられる。標準値，やせ･肥満の判定は5章（図5.6）を参照。

$$ローレル指数 = [体重(kg) / 身長(cm)^3] \times 10^7$$

学童の肥満判定に用いられる。標準値，やせ･肥満の判定は，6章（表6.3）を参照。

$$BMI = 体重(kg) / 身長(m)^2$$

食事摂取基準（2020年版）では，エネルギーの摂取量及び消費量のバランス（エネルギー収支バランス）の維持を示す指標として，成人（18歳以上）ではBMIを採用している。成人において，観察疫学研究において報告された総死亡率が最も低かったBMIの範囲，日本人のBMIの実態などを総合的に検証し，成人期を年齢によって3つの区分に分け，目標とするBMIの範囲を提示した（p.157，表12.2参照）。目標とするBMIについては，肥満とともに，特に高齢者では，低栄養を予防し，高齢によるフレイルを回避することが重要である。

メタボリックシンドローム　動脈硬化性疾患（心筋梗塞や脳梗塞など）の危険性を高める複合型リスク症候群を「メタボリックシンドローム」という概念のもとに統一しようとする世界的な流れのなか，日本肥満学会，日本動脈硬化学会，日本糖尿病学会，日本高血圧学会，日本循環器学会，日本腎臓病学会，日本血栓止血学会，日本内科学会の８学会が日本におけるメタボリックシンドロームの診断基準をまとめ，2005 年４月に公表した。

本診断基準では，必須項目となる内臓脂肪蓄積（内臓脂肪面積 100 平方cm以上）のマーカーとして，ウエスト周囲径が男性で 85cm，女性で 90cm以上を「要注意」とし，その中で血清脂質異常（トリグリセリド値 150mg／dl 以上，または HDL-コレステロール値 40mg／dl 未満），血圧高値（最高血圧 130mm Hg 以上，または最低血圧 85mm Hg 以上），高血糖（空腹時血糖値 110mg／dl）の３項目のうち二つ以上を有する場合をメタボリックシンドロームと診断する，と規定している。

(4)　食事調査

食物，栄養素，食品成分，その他成分の摂取量を推定するために行う調査である。これ以外に，食生活パターン，食習慣等を食事調査として呼ぶ場合もある。食事調査には多くの種類があり，それぞれ長所と短所があるので，調査の目的や対象に応じて選択する必要がある。

24 時間思い出し法　調査の前日１日分，または調査時点からさかのぼって 24 時間分の食物摂取状況を，調査員が対象者から聞き取り，記録する。対象者の負担は比較的軽く，協力が得られやすい。

一方，前日に食べたものを一つ残らず思い出すのは容易ではなく，聞き取りには熟練した調査員が必要となる。また，日間変動の影響を考慮するためには，何回も調査を行う必要がある。

食物摂取頻度調査法　食物摂取頻度調査法では，数十から百数十項目の食品を列挙し，その摂取頻度を質問する。比較的簡便に調査が行えるため，多

コラム１　食品成分表

食事調査による栄養アセスメントの特徴は，調査で直接得られる食品の摂取頻度，摂取量といった情報（一次データ）のみではなく，得られたデータと食品成分表から，算出される栄養素摂取量（二次データ）が有用であるということである。

日本で使われている食品成分表は，改定のたびに掲載される栄養素や食品数が増えてきている。しかし，近年がんや循環器疾患等の生活習慣病との関連で注目されるビタミン，ミネラル，ポリフェノール等，微量栄養素のなかには，食品成分表に掲載されていないものが多い。また，日本は調理方法が多く複雑であり，調理による栄養素の損失についてもカバーしきれていないのが現状である。

今後より効果的な栄養状態の評価・判定をするためにも，またそのアセスメントを使って健康情報との関連に関する科学的根拠を蓄積するためにも，食品成分表を充実させることは重要である。

くの場合自己記入による回答が可能であり，多人数の調査に適用できる。食物摂取頻度調査法には，食品の摂取頻度のみを質問する簡易食物摂取頻度調査と，食品の摂取頻度と目安量から個人の習慣的な食品・栄養素の摂取量を推定する半定量食物摂取頻度調査がある。

食事記録法　食事記録調査では，対象者が摂取した食物の情報を対象者自身がその都度調査票に記入する。したがって，対象者の記憶に依存しないという長所があり，ほかの食事調査法がどのぐらい信頼できるかを判定する場合の基準（ゴールドスタンダード）として用いられることが多い。

その反面，対象者の負担が大きく，調査票に記入する手間を嫌っていつもより単純な食事をしたり，逆にいつもより豪華な食事をする場合があり，通常の食生活が反映しない場合がある。また，前述したように，多くの栄養素では，日間変動があるため，長期間の調査を行わないと，個人の習慣的な食習慣を把握するのは困難である。

陰膳（かげぜん）法：分析法　陰膳法は，実際に対象者が摂取した食事と同じものを科学的に分析し，摂取栄養素量を推定するものである。通常は各家族でもう一人前多く食事をつくってもらい，それを収集する。ホモジェナイズ後凍結，あるいは凍結乾燥を行い，検体数がそろった時点で分析する。集団の平均栄養素摂取状況を把握するのに用いられるが，多くの手間と経費がかかる。また，このような調査に協力してもらう際には，普段の食事とは異なるものに変更されやすいことに留意すべきである。食べた食品の科学分析を実際に行うので，食品成分表がもっている誤差は解消できる。

1.2.3　栄養アセスメントと食行動・食態度

生活習慣病の一次予防を重視するためには，対象者の栄養状態を改善することを目標に，さらに運動習慣等の生活習慣を改善することが重要である。食事調査をする際に，生活習慣，食習慣，食知識，食への関心度なども調査することによって，対象者の健康状態，栄養状態や健康問題との関連性について検討することが可能になる。

1.3　栄養ケアプログラム

1.3.1　栄養ケアプログラムの計画

栄養ケアとは，保健，医療，福祉などの領域において，健康を維持するために栄養的な側面から必要なケアを実施することである。栄養ケアプログラムの計画は，個人や集団に対する栄養アセスメントにより，問題の要点を明確化し，栄養状態に関わる問題を共有化し，解決すべき問題点の優先順位を決定し，目標を設定して計画を立案していくための計画書を作ることである。いつ，どこで，何を，どのように実施するのか具体的な計画が必要である。

1.3.2　栄養ケアプログラムの目標設定

栄養ケアプログラムの目的を達成するためには，対象者のニーズに見合った具体的な目標として段階的（短期・中期・長期）に設定することが必要である。短期目標としては，対象者が設定しやすい，数週間から数ヵ月で実行可能な項目を設定する。中期目標や長期目標の設定期間は対象者によって異なるが，中期目標としては，短期目標を何回か繰り返していくうちに達成できる項目を設定する。長期目標としては，問題解決に向けて最終目標となる大目標であり，1年から数年後に効果が現われるように設定する。

1.3.3　栄養ケアプログラムの実施

栄養ケアプログラムの実施にあたっては，Plan（計画）→Do（実践）→Check（評価）→Act（改善）のPDCAサイクル（p.153，図12.5）により，栄養補給，栄養指導，他領域との連携を中心に行われる。栄養補給は，対象者の栄養状態，健康状態，食習慣，摂食能力，消化吸収能などに応じてエネルギーならびに各種栄養素の補給を行い，健康状態，栄養状態をより良くすることである。栄養指導は，対象者の栄養状態の改善のために，栄養や食生活に関する知識や技術を習得させて対象者やその家族が自ら適正な食生活を行えるように行動変容を促すことである。また，栄養士や管理栄養士だけでは効果的かつ実質的な栄養ケアを行うことができないので，他領域（医師，看護師，薬剤師，理学療法士，作業療法士，社会福祉士など）の専門家との連携が必要となる。

1.3.4　栄養ケアプログラムの評価

(1)　評価の種類

栄養ケアプログラムの質を高めていくためには，目標への達成度を明らかにするためにも評価を行うことが必要である。プログラム実施状況は，対象者の反応，協力スタッフや地域社会の反応を確認する過程（経過）評価は通常プログラム実施の途中で行われる。実施過程に問題がみつかれば，途中でプログラムを改変し，有効な結果を導くために計画を見直すことになる。プログラム実施により，短期目標で設定された内容がどの程度進んだかを評価するための影響評価や，プログラムを実施した結果，設定された中期・長期目標が達成できたかを評価する結果評価も行われる。プログラムを実施するにはある程度の期間が必要であるから費用を伴う。

経済的評価では，得られた効果に対して費用の寄与度を評価する。評価結果を用いて，対象者が最終的に予定した方向に変容した程度や投入された物的・人的・財的資源の妥当性を総合評価する。

最終目標に向けてプログラムを実施するうえで，改善状態や実施上の問題点がないかモニタリングを行う。

(2) 評価のデザイン

無作為化比較試験 対象者を無作為（ランダム）に分け，一つの群を介入群としプログラムを実施し，もう一方の群を対照群としてプログラムを実施しない。介入群と対照群を追跡調査し，疾病の罹患率を２群で比較する。

コホート研究の応用 コホート研究とは，疑いのある要因に曝露された群と,その要因に曝露されていない群からできた研究集団（コホート）を追跡し,そのあとに問題とする健康現象の発生率に曝露群と非曝露群との間に差があるかをみる方法である。将来に向かって追跡調査を行う場合を前向きコホート，過去にさかのぼって追跡調査を行う場合を後向きコホートと呼ぶ。

介入前後の比較 比較対照群がなく，プログラム実施前と後とで比較する。

症例対照研究の応用 有病者である症例と病気ではない対象を選択する。対象を選択する際には，性別や年齢などの特性を，対応する症例とそろえる（マッチング）ことが多い。過去の習慣的な食習慣を思い出してもらい，症例と対照で比較する。

事例評価 プログラムに参加した対象者や集団の個々の事例を評価する。

(3) 評価結果のフィードバック

得られた評価結果は，アセスメント，計画，実施の各段階，さらには栄養ケアプログラム全体にフィードバックし，必要に応じて修正し維持していくことが重要で，そのためには，より細かな経過記録を残しておくことも必要である。

【演習問題】

問１ 栄養ケア・マネジメントに関する記述である。正しいのはどれか。１つ選べ。

（2019 年国家試験）

（1）栄養スクリーニングは，侵襲性が高い。
（2）栄養アセスメントは，栄養状態を評価・判定する。
（3）栄養診断は，疾病を診断する。
（4）栄養ケア計画の目標設定には，優先順位をつけない。
（5）モニタリングは，最終的な評価である。

解答（2）

問２ 静的栄養アセスメントの指標である。誤っているのはどれか。１つ選べ。

（1）血清アルブミン
（2）体脂肪率
（3）ウエスト／ヒップ比
（4）血清トランスフェリン
（5）血清ヘモグロビン A1c 値

解答（4）

【参考文献】

川西秀徳：栄養ケア・マネジメント　マニュアル，医歯薬出版（2003）
櫻林郁之介，山田俊幸：Medical Technology 別冊 臨床検査項辞典（2003）
田中平三：食事調査のすべて―栄養疫学―［第2版］，第一出版（2003）
奈良信雄：臨床検査値の読み方考え方，医歯薬出版（2004）
日本人の新身体計測基準値 JARD2001：栄養評価と治療（2001）
日本臨床検査標準協議会　基準範囲共用化委員会：日本における主要な臨床検査項目の共用基準範囲（2019年修正版）
吉田勉：わかりやすい公衆栄養，三共出版（2005）
臨床栄養　臨時増刊：実践栄養アセスメント，医歯薬出版（2001）

2　成長・発達・加齢

2.1　概　　念

2.1.1　成長・発達

ヒトの発生の始まりは受精の瞬間にあり，両親から受け継いだ遺伝子プログラムに従い，受精卵，出生，成長・発達，成熟の過程をたどる。発生過程は遺伝子プログラムによって時間的順序で進行していくが，出生後の成長，成熟の過程においては，環境因子の影響の方が大きくなり，それは個体差として現われてくる。心身の発育過程には，遺伝子，ホルモン，栄養さらに愛情や学習（食習慣の形成等）の役割は重要である。胎生期から小児期の特徴は，成長と発達の過程にある。成長とは身長や体重のように時間の経過とともに増加する過程をいい，発達とは運動機能や精神発達など機能を獲得する過程である。成長と発達を合わせて発育といい，成長と発達は密接に連携しながら成熟に至る。

2.1.2　加齢と老化

老化の定義は研究者によって異なるが，加齢とは，受精卵に始まり発生，誕生，成長，成熟，衰退，死亡に至る一連の経過時間を加齢（aging）といい，成熟期以後に加齢とともに不可逆的に機能が衰えていく現象を老化（aging）または老衰（senescence，あるいは senility）という。加齢は老化と同義と考える場合も多い。

2.2　成長・発達に伴う身体的・精神的変化と栄養

2.2.1　胎生期の成長・発達

受精卵が母胎（子宮）内で胎児に成長する時期を胎生期と呼ぶ。胎生期はさらに卵割期，胎芽期，胎児期の三期に区分される。

生命は1個の受精卵から始まり分裂を繰り返し，受精後6～7日で子宮内膜に着床する。受精後3週には，のちに器官となる三層の胚盤が形成される。

胎齢*が妊娠8週未満の胚を胎芽（embryo）といい，主要器官の初期の構造がすべて形成される。妊娠8週以後を胎児（fetus）という。胎盤は妊娠8～16週に形成され，それ以後，胎児は急速に成長する。出生は最終月経の初日から280日の在胎期間後に起こり，身長約50cm，体重約3000gにも達する（図2.1）。

***胎齢（胎児齢）** 最終月経の初日から起算する場合は4週，28日を1ヵ月として出生までの期間は40週，280日。受精日から起算する場合は最終月経の初日から排卵までの14日を減じ，出生までの期間は38週，266日。近年，超音波診断法により胎児の頭臀長（CRL：crown-rump length）を計測し，妊娠週数の確認と予定日の確定ができる。

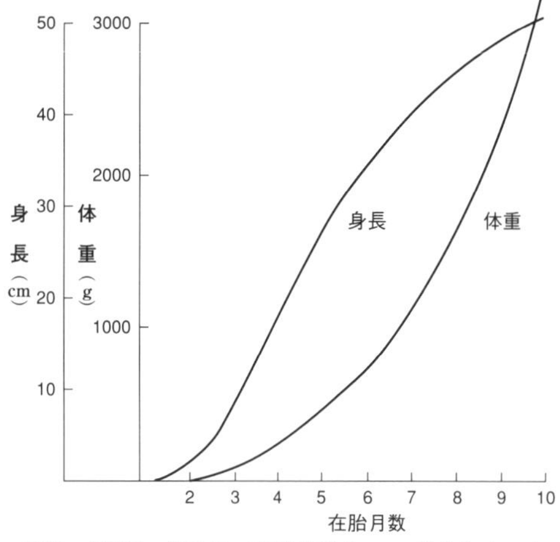

出所）林幹男，牧正興：要説精神保健，45，建帛社（1997）

図 2.1　胎児の発育曲線

(1)　胎生期の発育と栄養

胎盤が形成される前は，着床した胞胚の栄養膜から分化した絨毛が子宮内膜の血管に侵入し，酸素や栄養分を獲得する。受精後 14 週に胎盤が形成されると母体と胎児との血液循環により胎児に栄養，酸素が供給され，胎児の老廃物は母体で処理される。

(2)　胎生期の発育とホルモン

胎児の体内における代謝は母体，胎盤および胎児自身の産生する種々のホルモンによって調節されている。ブドウ糖は胎児の物質代謝と成長に必要なエネルギー源である。このブドウ糖は胎盤を通して母体から供給されるが，ブドウ糖代謝に必要なインスリンは胎生 12 週から胎児の膵臓から分泌される。性器分化に関わるアンドロゲンは，胎生 10 ～ 16 週に高濃度を示す。

甲状腺は，胎生 3 週に内胚葉から分化する。甲状腺ホルモンは，母体から供給されるヨードと胎盤および胎児の下垂体から分泌される甲状腺刺激ホルモンにより，胎生 15 ～ 20 週頃から分泌が始まり，胎生期の中枢神経系の分化に関与する。

(3)　胎生期と臨界期

医学では，とくに外的要因により奇形が起こるか起こらないかが決まる時期のことを臨界期（critical period of development）という。胎芽期は，細胞分裂が最も急速に行われ，身体の外部および内部のすべての主要器官の発生が開始するので非常に重要な時期であり，器官形成の臨界期である。この胚子が薬剤，ウイルス，放射線にさらされると先天性奇形を誘発しやすい。組織，器官の臨界期は，細胞数が増加する時期や期間によってそれぞれ異なる。

2.2.2　生後の成長・発達

(1)　身長・体重

体重は，乳児や幼児の発育状態および哺乳量が十分であるかどうかなど栄養状態の評価に用いられる。出生時の体重 3 kg に対し 3 ヵ月で 2 倍，1 歳で 3 倍，4 歳で 5 倍になる。身長の測定は 2 歳まで計測台に臥位（顔を上に向けた状態），2 歳以後は立位で行う。出生時の身長 50cm に対し 1 歳で 1.5 倍，4 歳で 2 倍，12 歳で 3 倍になる。

乳児期の身長，体重の急速な**身体発育***は，第一次発育急進期とよばれる。乳児期の 1 年間の増加量は，身長，体重ともに幼児期の 4 年間の増加量と等しい（図 2.2）。

思春期になると再び急速な発育が起こるが，これを第二次発育急進期とい

***身体発育**　乳児期から幼児期に血中に放出された成長ホルモンは，肝臓に作用して IGF-1（ソマトメジン）の分泌を促進する。この IGF-1 は，さまざまな組織の成長を促進する。

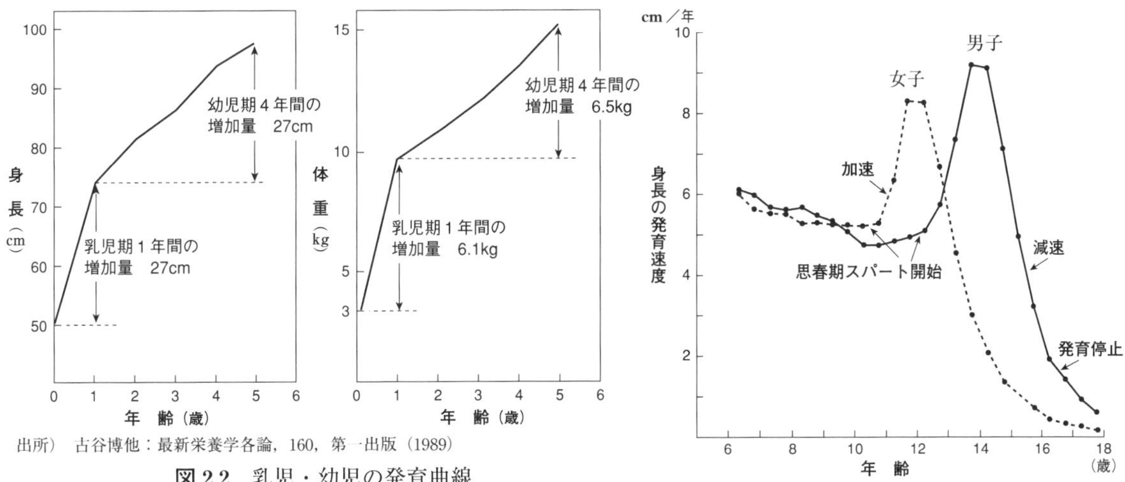

出所）古谷博他：最新栄養学各論，160，第一出版（1989）

図 2.2　乳児・幼児の発育曲線

出所）P. S. Timiras : *Developmental physiology and aging*, 349, Macmillan, 1972.

図 2.3　身長の発育速度曲線

い，女子のピークは男子より２年ほど先行する（図 2.3）。栄養状態の評価には，身長と体重のバランスをみることが多い。０～６歳まではカウプ指数を用いる。ローレル指数は身長 125cm に達すると用いることができる。さらに０～18 歳までに用いられる身長・体重パーセンタイル基準曲線がある。

(2)　頭囲・胸囲

頭囲は脳の発育を示し，出生時には約 33cm，１歳で約 45cm，３歳で 49cm，６歳で約 51cm である。胸囲は，栄養状態や胸郭内の心臓，肺の発達状態を示し，出生時約 32cm，１歳で約 45cm，３歳で約 50cm，６歳で約 56cm になる。頭囲は，出生時は胸囲より大きいが，生後１年で両者はほぼ同じになり，その後は胸囲の方が大きくなる。乳幼児頭囲発育曲線の３～97 パーセンタイル値を外れている場合や頭囲と胸囲のバランスが崩れている場合は，水頭症や小頭症などの疾患の場合もある。

(3)　体　組　成

体水分量　乳児期前半の体水分量は約 70 ～ 80%，１歳で約 70%，成人で約 60% と低年齢ほど水分含有量は高い。水分は細胞内と細胞外に分布し，成人では細胞外より細胞内に多く分布する（図 2.4）。摂取された

表 2.1　水の排泄量と必要量

（ml／kg／日）

	乳児	幼児	学童	成人
不感蒸泄量	50	40	30	20
尿　　量	90	50	40	30
水の生理的必要量	150	100	80	50

出所）三田禮造：栄養学各論，50，建帛社（1997）

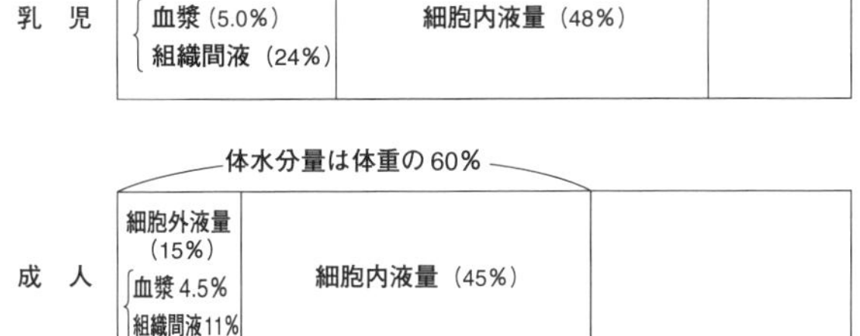

図 2.4　乳児と成人の体内における水分量の比較

＊1 LBM（leanbody mass, 除脂肪体重） 体重から体脂肪を除いたもので，筋肉のほかに，内臓，骨，血液などを合わせた重量になるが，そのほとんどはたんぱく質を主成分とする組織である。筋肉量を示す指標として用いられている。

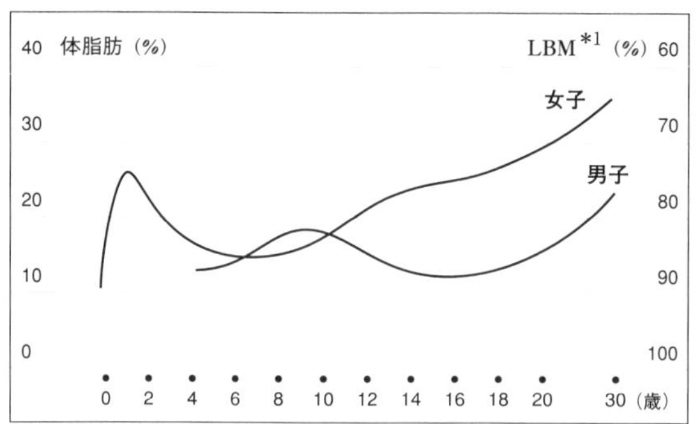

出所） 日比逸郎：小児栄養の生物学と社会学，27，形成社（1993）

図 2.5 年齢による体脂肪率の変化

水分の大部分は皮膚，肺，腎臓，腸から失われている。体重 1 kg 当たりの水分必要量は，年齢が低いほど多い（表 2.1）。したがって乳幼児期には，下痢や嘔吐により脱水症に陥りやすい。

体脂肪量 体重に占める体脂肪量の割合（体脂肪率）でみると，男女とも，生後 4～5ヵ月ころから 1 歳にかけて上昇し，乳児らしい体型となるが，その後 5～6 歳まで減少し，子どもらしい活動的な体型となる。8～9 歳ころからゆっくり増加する。女子ではその状態から思春期に入ると急増し，以後加齢とともに増加する。男子は 10 歳を過ぎると再び減少し，思春期が終わってからゆっくり増加していく（図 2.5）。

(4) 出生から思春期までの発育とホルモン

乳児期から幼児期 身長の発育を支えているホルモンは，下垂体前葉から分泌される成長ホルモン，甲状腺から分泌される甲状腺ホルモン，膵臓から分泌されるインスリンである。成長ホルモンは，骨端軟骨に直接作用して身長など骨の長軸へ成長を促進する。甲状腺ホルモンはたんぱく質や核酸の合成を促進するので脳の発育，骨格の成長に不可欠である。

思春期 女子では，視床下部―下垂体―卵巣系の一連のフィードバックシステムにより月経が開始する。視床下部から分泌されたゴナドトロピン放出ホルモン（GnRH）は，下垂体に作用し卵胞刺激ホルモン（FSH）と黄体形成ホルモン（LH）の分泌を促し，卵巣から卵胞ホルモン（エストロゲン）と黄体ホルモン（プロゲステロン）の分泌を増加させる。女子の**第二次性徴**[＊2, 3]は，卵巣からの女性ホルモンの分泌増加により，乳房や骨盤の発達，皮下脂肪蓄積などがもたらされる。男子の第二次性徴は，視床下部―下垂体―精巣系の活動が始まり，精巣からテストステロン，副腎皮質から副腎アンドロゲンが分泌され，精子形成，性器発達，四肢の剛毛の発達，筋・骨格の発育が起こる。

＊2 第一次性徴 性によって異なる特徴を性的特徴というが，これを短縮して性徴とよぶ。第一次性徴（Primary sex character）とは，性染色体の組み合わせ（XX, XY）によってもたらされる生殖器官の違いをいい，胎生期に形成される。

＊3 第二次性徴 Secondary sex character とは，思春期になって出現してくる生殖器官以外の性差をいい，そのすべては性ホルモンの支配下にある。

(5) 消化機能の発達

口腔 出生後 3ヵ月は消化機能が未熟なため，母乳（または牛乳・粉乳）にたよらざるをえない。新生児の哺乳行動は，探索反射，捕捉反射，吸啜反射，嚥下反射などの原始反射の組み合わせによって行われる。これらの反射は乳児期後半には消失する。

唾液 新生児の唾液腺は未発達で唾液の分泌量は少ない。唾液腺の成熟までには3ヵ月を要し，4ヵ月になると唾液の分泌量も多くなる。1日の唾液量は1歳児50～150 m*l*，学童500 m*l*，成人1～1.5*l*である。

生歯 乳歯は，生後6～7ヵ月ころ最初の歯(下顎乳中切歯)が生えて，3歳ころまでには上下10本ずつ,合計20本である。5～6歳ごろに乳歯が抜けて,永久歯に変わっていく。最初に生える永久歯は第一大臼歯で，最後は20歳頃に生える第三大臼歯（智歯）で，永久歯は合計32本である。

胃 乳児の胃の形態は立位でとっくり型であり，成人のような湾曲が少ないことと噴門の括約筋が未発達なため溢乳しやすい。3歳には正常水平位になる。

小腸 小腸の長さは新生児で3～3.5m，1歳までに約1.5倍，思春期までに約2倍になる。小腸の消化吸収機能は，母乳中の上皮細胞成長因子による細胞増殖促進や食物摂取による消化酵素活性の賦活によって発達していく。

肝臓 肝臓は，胎生期に鉄を蓄積し，出生後5ヵ月ころまではヘモグロビン合成に用いられるが，5ヵ月で使い果たしてしまう。また，母乳には鉄が少ないため，離乳食から摂取しなければならない。肝臓の重量は新生児100～150g，1歳で350～400g，10歳で700～800g，成人で1500～1800gである。

(6) 精神発達，社会性・運動・知能・言語発達

新生児の特異性 ヒトは，すべての動物種のなかで最も高度な機能をもっている。それにもかかわらずヒトの脳は最も未熟な状態で生まれてくる。ヒト以外の哺乳動物，たとえば馬は，生まれるとすぐに立ち上がり親と似た行動を取り始める。チンパンジーは生まれて1週間もすれば親と同じ行動ができる。ヒトは受精から平均266日で生まれてくるが，新生児の脳の発達は未熟で行動も原始反射のみで，2本脚で直立するのに1年を要する。このようにヒトが未発達な状態で生まれてくることをスイスの動物学者ポルトマン(Portman, A.)は「生理的早産」とよんだ。ヒトの多くの機能は，発達段階に必要な経験を繰り返し学習することにより獲得される。神経細胞のシナプス形成や神経回路網（神経ネットワーク）が形成されていく過程には，環境からのさまざまな刺激や発達段階に沿った機能が組み込まれていく。

乳児期・幼児期の発達と臨界期 発達早期の人間的環境の重要性は，言語の獲得，運動能力，社会的関係の形成など精神発達には，その行動を獲得する最も適した時期がある。その時期を過ぎるとその行動を身につけることが困難であることが**野生児***の事例から見出されている。

愛着の形成 誕生して数ヵ月間の特定の人（母親または養育者）との情緒的な絆(きずな)は，最初の信頼関係の絆でもあり，イギリスの精神分析学者であるボウ

＊**野生児** 人間社会から隔離された環境で育った少女の8～17歳の養育記録である。言語，二本足歩行，食事行動は年齢相応の機能に達することはできなかった（『狼にそだてられた子』アーノルド・ゲゼル著，生月雅子訳，家政教育社［1973］)。

表 2.2　エリクソンの発達段階と発達課題

心理社会的発達段階	およその年齢	特　徴
基本的信頼 対 基本的不信	誕生か１歳 ないし １歳半まで	両親などの養育者から，乳幼児は基本的信頼を学ぶ。もし，乳幼児が適度に愛情や注目を受けるなら，信頼と安全という一般的な感情が形成される。もし，乳幼児を取り巻く環境が愛情に欠け，ストレスが多く，一貫性がなく，拒絶や恐怖が感じられる場合には，信頼感の形成が損なわれる。
自　律 対 恥と疑惑	１歳ないし １歳半から ３歳頃まで	幼児は自分自身で食事，服の着脱，トイレでの排泄などをコントロールするように求められる。自分のことを自分でできるように，徐々になることで，自分でできるという自分に対する信頼と統制の感覚を身につけることができるようになる。しかし，もし，自律がうまくいかず，しかられすぎたり，失敗が続きすぎたりすると，恥や罪悪感や疑惑の感情を身につけてしまう。
積極性 対 罪悪感	３歳頃から ６歳頃まで	この年齢になると，子どもは言葉を使ったり，物をいじったりすることが上手になり，積極的にまわりの世界や人々に関わり合いをもてるようになる。もし，子どものそうした積極的関わり合いの結果，子どもたちが人々や物について建設的に学べるならば，強い積極性の感覚を得るようになる。逆に，もし彼らが外界への関わり合いの結果，罰せられたり厳しい状況に置かれたりすると，子どもたちは自らの活動の多くについて罪悪感をもつようになる。
生産性 対 劣等感	６歳頃から 思春期(11 歳頃)まで	この時期の子どもは，学校や地域環境の中で仲間たちとの活動を増し，多くの技術と能力を発達させる。この時期に，活動に意味や興味の見いだせるものがあり，それが達成されるなら，その子どもの自己評価は豊かなものになる。また，家庭生活や学校生活での不満足や過度の失敗などのために，もし他の子どもたちと比べて自分自身が劣っていると感じ続けるようなことが続くならば，劣等感がつくり出され，有害な効果を及ぼすようになる。
自我アイデンティティ 対 自我アイデンティティの拡散	思春期から 青年期まで	学校での役割，家庭での役割，友人としての役割など，発達の過程を通じて人はさまざまな役割を学ぶ。この時期には，そうした役割を一つの一貫したアイデンティティに統合することが大切になる。それはさまざまな価値を超えた基本的価値観や態度を見いだすことである。もし中心となるアイデンティティをまとめ上げるのに失敗したり，異なる価値観が生み出す葛藤を統合できなければ，アイデンティティの拡散が生じる。
親密さと結束 対 孤　立	成人期	青年期後期から成人期にかけての葛藤の中心は親密さと孤立にある。親密さとは互いのアイデンティティを傷つけることなしに，相手と自己との対等で一方的でない関係を築くことである。これは，異性とのつきあいでは，性的関係以上に精神的関係に及ぶものである。また，自分にとって受け入れがたい考え方や人々を拒否し孤立できるようになる。この段階での成功には，先立つ五つの対立関係が適切に乗り越えられていることが大切であり，もしそうでなければ，仲間との密接な関係をもつことが難しくなる。
生殖性 対 没　我	中年期	この時期には他者への援助に関心を向けるようになる。例えば，両親は子どもを援助することによって彼ら自身を見いだす。しかしながら，この段階に先立つ葛藤の解決が失敗している場合にはしばしば自分自身への没入という形が発生する。
統合性 対 絶　望	老年期	人生の最後の段階であり，人生を振り返ってそれを評価する時期である。もし人生が意味のあるものであり，満足できるものであれば，統合された感覚をもち，人生を受容することができる。しかし，もし，進んできた道が誤りであり，チャンスを失うことの多い人生であったと感じるならば絶望が残る。ここでの葛藤は，これまでの発達段階の葛藤と答えが積み重なったものと言える。

出所）　山本利和：発達心理学，30 ～ 31，培風館（1999）

ルビー（Bowlby, J. M.）は，「愛着」（アタッチメント）という概念を唱えた。愛着が築かれないことを「マターナル・デプリベーション」（母性的養育の喪失）といい，その後の心身の発達に深刻な影響を与える場合があると述べている。現代社会の養育放棄や児童虐待の問題が憂慮される。

自我の発達過程と課題　エリクソン（Erikson, E. H.）は，ライフサイクルを８つの発達段階に分け，おのおのの段階で達成しておかなければならない課題とその課題ができなかった時に陥る危機の両面を設定した心理社会的発達理論を唱えた（表 2.2）。最初の段階である乳児期の課題は母親（または養育者）との信頼感の獲得である。

(7)　胎児期から乳・幼児期の栄養の特徴

胎児期から乳・幼児期は，発達段階で栄養法が変化する。胎児期の胎盤を介した経静脈栄養から，出生直後の乳汁栄養さらに離乳食，幼児食へと移行する。成長期に確立すべき食行動の課題は，1990（平成２）年策定の「健康づくりのための食生活指針」（対象特性別）（p.223，付表4.2）のなかで，つぎのように示している。①乳児期：子どもと親を結ぶ絆としての食事，②幼児期：食習慣の基礎づくりとしての食事，③学童期：食習慣の完成期としての食事，④思春期：食習慣の自立期としての食事。

2.3　加齢に伴う身体的・精神的変化と栄養

2.3.1　老化の機構

老化の機構には多くの老化学説があり大別してつぎの二つの考え方がある。

エラーカタストロフィー説：エラー破局説　老化は障害（エラー）の蓄積によって進行し，エラー蓄積のカタストロフィー（破局点）として寿命がある。加齢とともに分子・細胞・組織レベルでさまざまなエラーが蓄積し，しだいに構造的・機能的不全を引き起こし老化が進行していく。

遺伝的プログラム説　生体内にはあらかじめ寿命を決めるようなしくみ，分裂時計が存在していて，ヒトの生存期間をあらかじめプログラムしているという。現在，プログラム説のいう分裂時計はテロメアDNA短縮という分裂回数を計測するしくみに支配されている可能性が高いと考えられている。

2.3.2　臓器の構造と機能の変化

臓器の萎縮　老化の基本的な形態的特徴は実質細胞の数の減少による臓器の萎縮であるが，この変化はすべての臓器で同じように進行するのではなく，臓器によりその程度も異なる。臓器のなかでは，骨格筋，脾臓，肝臓の萎縮が顕著である。

結合組織　構成している膠原線維の増加と弾性線維の変質が起こる。膠原線維は，年齢が進むにつれて線維どうしの結合（架橋結合）は，不可逆的（離れない）になり，柔軟であった組織・器官は，しだいに硬化してくる。弾性線維の変質は，組織の弾力性低下の原因となる。

コラム２　老化のプログラム：テロメア短縮

1960年代から1980年代までに，ヒトの体細胞の分裂には限りがあること，分裂のたびにテロメア（染色体末端）は短くなることが明らかにされた。テロメアは，ある長さまで短縮すると細胞分裂は休止し，新しい細胞の補充はできなくなり，これが老化とされている。テロメアサイズは，細胞がこれまでに何回分裂したか，あと何回分裂できるかを示す時計と考えられ，「分裂時計」とよばれている。受精卵から発生初期の胚は，テロメアを合成する酵素であるテロメラーゼ活性があるため，分裂をくり返してもテロメアは短縮せず，無限分裂寿命をもっている。生殖細胞も一生を通じて無限分裂寿命を維持する。これに対して体細胞に分化する細胞は，テロメラーゼの発現を停止し（分裂時計の起動），分裂ごとにテロメアは短縮するようになる（分裂時計の進行）。分裂時計の進行とともに遺伝子発現が変化し，個々の臓器の機能変調とともに生体調節系の変調をきたし，老人病を引き起こし，老化が進行する。

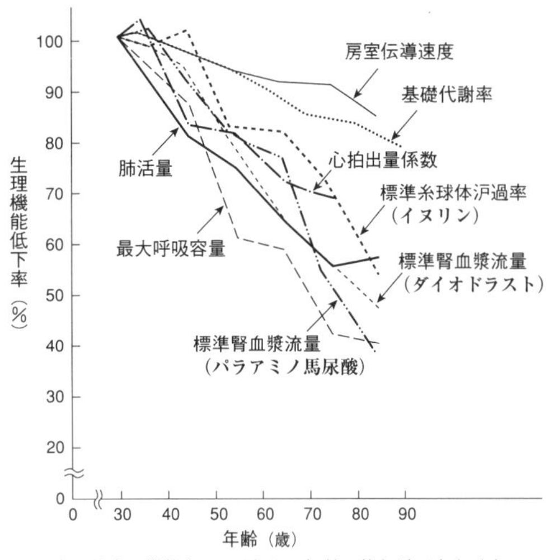

30 歳の諸生理機能を 100%として加齢に伴う低下率を示す。
出所） 折茂肇：新老年学，412，東京大学出版会（1999）

図 2.6 加齢に伴う諸生理機能の減少*

*図 2.6 において，腎血漿流量の測定に，diodrasto と PAH が用いられている。これは物質によって糸球体のろ過と尿細管の再吸収および分泌が異なるために用いる物質により個別の機能を測定することができる。
Diodrasto ダイオドラストは X 線造影剤ヨードピラセトの商品名で尿路造影などに用いられる。
PAHpara-aminohippurate パラアミノ馬尿酸。

脂肪組織 老化に伴い，筋肉や内臓組織の一部は萎縮し，脂肪が蓄積していく。

骨組織 骨密度は 20 ～ 30 歳代をピークに減少する。

老化に伴う生理機能や各種器官の機能は加齢とともに低下する（図 2.6）。Shock, N.W.（1972）によると 30 歳の値を 100%としたとき，生理機能の変化を年齢別にみると各機能によっても異なるが，いずれの測定値も直線的に低下している。神経伝導速度，基礎代謝率，細胞内水分量の低下は緩（ゆる）やかであるが，肺活量，心拍出量，腎血漿流量の低下は大きい。加齢に伴い適応能力，予備能力，免疫機能が低下し，環境の変化や病原菌に障害されやすい。

2.3.3 高齢者の健康と心身の特性

(1) 高齢者における疾患の特異性

高齢者の病態および疾患の特徴は，以下のとおりである（折茂，新老年学，326（1999））。

① 多くの疾患に罹患しやすい。

② 個人差が大である。

③ 成人と異なる症状を呈する。例えば，肺炎でも発熱・咳・痰がなく，食欲不振，また意識障害のみを呈する場合がある。

④ 水分・電解質代謝異常を起こしやすい。細胞内水分の減少と水分が欠乏しても，渇きを訴えることが少ないので脱水を起こしやすい。体内総 K 量が減少し，嘔吐，下痢により低 K 血症を起こしやすい。

⑤ 老年病および老年症候群が多い。老年病は，高齢者に比較的特有で発症頻度の高い疾患（アルツハイマー型老年期認知症，骨粗鬆症，白内障等）の総称，老年症候群は，老化が進行し身体および精神機能が著しく低下した高齢者に特有なさまざまな症候や障害（認知症，せん妄，転倒，失禁，褥瘡（じょくそう），寝たきり，医原性疾患等）の総称で，75 歳以上の高齢者にしばしば認められる。

⑥ 薬剤に対する反応が成人と異なる。腎機能，肝機能の低下により，薬物の吸収，代謝，解毒，排泄が若い人と異なり，薬剤による副作用を起こしやすい。

⑦ 生体防御力の低下により，疾患が治りにくい。加齢に伴う免疫機能低下により，感染症の頻度が増加し，特に肺炎による死亡が多くなる。

⑧ 患者の予後は，医療のみならず社会的環境により大きく影響される。高齢者の疾患の予後に大きな影響を与える社会的環境のなかで，最も重要なのは家族である。最近の出生率の著しい低下，都市における核家族

化の進行，高齢者単独世帯の増加は，高齢者をとりまく社会環境も悪化させつつある。

(2)　高齢者の心理的特徴

加齢とともに家族構成や社会での人間関係にさまざまな変化が起きている。核家族化が進み，老人のみの世帯，ひとり暮らしの老人の単独世帯が増えている。一方，役割や責任の減少，経済的にも収入の減少による生活の不安，家族，社会での人間関係も狭小化し，社会的に孤立しやすい。さらに配偶者や近親者や親しい友人との死別，老化に伴う健康の低下など高齢者の精神に与える影響は大きい。死に対する不安も現われ，精神的には不安定な時期で精神障害が発生しやすい時期である。

高齢期に起こりやすい精神症状としては，4D 症状［dementia 認知症，depression うつ病，derilium せん妄，delusion 妄想］がある。わが国では高齢者の自殺率が高い。加齢とともに自殺率は高くなり，男女とも 80 歳以上で高率になっている。高齢者の直接の自殺の動機は病苦が多い。しかし，高齢者の自殺では精神障害，特にうつ状態との関連が指摘されている。わが国は男女とも世界トップクラスの長寿国を保持し，老年後期の高齢者がさらに増加することになる。今後は高齢者の精神保健対策の充実が必要となる。

(3)　高齢者における食事摂取の特徴と栄養状態の変化

高齢者の栄養には，つぎのような身体的問題が存在する。

基礎代謝量や身体活動の低下：エネルギー消費量の減少と食欲不振をまねきやすい。

味覚の低下：舌の味蕾の数の減少により，食塩や砂糖を取り過ぎる傾向がある。

咀嚼力の低下：歯や義歯の喪失のため，噛む能力が低下し，栄養状態が悪化していることがある。肉類，海藻類，野菜類の摂取量が減少する。

消化吸収力の低下：消化液の分泌および消化酵素活性の低下が起こる。また腸管のぜん動運動なども低下するので，胃腸に食物が長く停滞し，便秘を起こしやすい。

胃酸分泌の減少：胃酸の減少によって鉄吸収率が低下し，鉄欠乏性貧血が生じる可能性がある。

口渇感の低下：体組織内の水分が減少しやすくなる。口渇を感じにくくなり，脱水状態になりやすい。

これら身体的問題に加え，淡白な食品や調理法の好みなどもあって，良質たんぱく質やビタミン，無機質，**食物繊維**＊が不足して低栄養状態に陥りやすいので，それらの摂取に配慮が必要である。また適度な運動で食欲を高め，筋肉の減少を防ぐとともに，骨粗鬆症の予防にも気をつけたい。

＊**食物繊維**　摂取が過剰になると下痢や無機質の吸収を妨げることがあるので注意が必要である。

【演習問題】

問1　成長・発達に伴う変化に関する記述である。正しいのはどれか。1つ選べ。（2018年国家試験）

(1)　頭囲と胸囲が同じになるのは4歳頃である。

(2)　体重1kg当たりの摂取水分量は，成人期より幼児期の方が多い

(3)　カウプ指数による肥満判定基準は，年齢に関わらず一定である。

(4)　乳幼児身体発育曲線における50パーセンタイル値は，平均値を示している。

(5)　微細運動の発達は，粗大運動の発達に先行する。

解答（2）

問2　成長・発達・加齢に伴う変化に関する記述である。正しいのはどれか。1つ選べ。（2019年国家試験）

(1)　体水分量に占める細胞外液の割合は，新生児期より成人期の方が大きい。

(2)　胸腺重量は，成人期に最大となる。

(3)　糸球体濾過量は，成人期より高齢期の方が大きい。

(4)　塩味の閾値は，成人期より高齢期の方が高い。

(5)　唾液分泌量は，成人期より高齢期の方が多い。

解答（4）

【参考文献】

青木菊麿編：改訂小児栄養学，建帛社（2005）
アーノルド・ゲゼル著／生月雅子訳：狼にそだてられた子，家政教育社（1973）
井出利憲：医学のあゆみ，**188**(1)，20～24（1999）
井出利憲：医学のあゆみ，**194**(**3**)，148～151（2000）
井上英二，小林登，塚田裕三，渡辺格：人の成長には何が必要か，講談社（1982）
上田礼子：人はどのように発達するか，講談社（1986）
奥山和男監修：臨床新生児栄養学，金原出版（1996）
折茂肇：新老年学，東京大学出版会（1999）
笠原賀子：学校栄養教育論，医歯薬出版（2006）
桑守豊美，志塚ふじ子：ライフステージの栄養学理論と実習，みらい（2006）
小阪憲司，谷野亮爾：精神保健学，へるす出版（2002）
小林登編：新・育児学読本，日本評論社（1985）
中村治雄：老人の臨床栄養学，南山堂（1992）
丹伊田浩行，真貝洋一：医学のあゆみ，**188**(**1**)，25～30（1999）
野村洋二，沢田昌夫，栃木秀麿，津端捷夫，吉田孝雄，高木繁夫：胎児期ならびに新生児期における下垂体─性線系の性差，ホルモンと臨床，**24**(**6**)，499～505（1976）
日比逸郎：小児栄養の生物学と社会学，形成社（1993）
檜山桂子，檜山英三：医学のあゆみ，**194**(**3**)，133～134，24（2000）
福井靖典：母児相関よりみた胎児発育に関する研究，日本産科婦人科学会雑誌，**22**(8)，809～816（1970）
藤田美明，大谷八峯，大中政治：栄養学各論，同文書院（1987）
平井俊策：老化のしくみと疾患，羊土社（2001）
保志宏：ヒトの成長と老化，てらぺいあ（1988）
三浦文夫：図説高齢者白書2002年度版，全国福祉協議会（2002）
ムーア，K. L. 著／星野一正訳：受精卵からヒトになるまで，医歯薬出版（1987）
山口規容子，水野清子：小児栄養，診断と治療社（2001）
吉田勉編：応用栄養学，学文社（2005）

3　妊娠期・授乳期

3.1　女性の生理

3.1.1　女性の特性

健康な女性は，思春期から性成熟期にかけて女性特有の妊娠，分娩，産褥，授乳という生殖能力を発揮するようになる。これらは生理的な現象であるが，女性にとって身体的，精神的な変化が大きく，負荷が過度になれば病的となることもある。また，この時期の女性の健康状態や栄養状態は，胎児や乳児の発育・発達に影響を及ぼす。

母体の健康維持・増進をはかり，次世代の生命維持のためには，妊娠期の生理的特徴や栄養管理について正しい知識を得て，それを実践することが重要である。

3.1.2　女性の性周期

思春期以降，視床下部・下垂体前葉・卵巣系におけるホルモンの調節によって，約28日を1周期とした女性機能の周期的変化が繰り返される。これを性周期といい，卵巣で起こる変化（卵巣周期）と，それによって引き起こされる子宮の変化（子宮周期）に分けられる。

卵巣ではFSH（卵胞刺激ホルモン）の作用により卵胞の成熟が促進され，成熟した卵胞からエストロゲン（卵胞ホルモン）が分泌される（卵胞期）。またエストロゲンは下垂体前葉からのLH（黄体形成ホルモン）の分泌を促し（LHサージ），卵胞より卵子の排出（排卵）が起こる（排卵期）。排卵後，卵胞は急速に黄体化し，プロゲステロン（黄体ホルモン）の分泌が増加する（黄体期）。

子宮では，エストロゲンの作用により子宮内膜が急速に厚みを増し，受精卵の着床に適した状態となる（増殖期）。排卵後は，プロゲステロンの作用により，増殖した子宮内膜から分泌物が出現する（分泌期）。受精しなかった場合には黄体は退縮しホルモンの分泌は衰え，そのため子宮内膜は剥脱し排出され，月経が起こる（月経期）。

なお，基礎体温を毎日連続して記録すると，月経開始から排卵日までは低温相（卵胞期），排卵後には高温相（黄体期）となり，性周期に合わせ二相性を示す。これはプロゲステロンの体温上昇作用によるものであり，排卵の有無や排卵日を判断することができる。

性周期における視床下部・下垂体前葉・卵巣系ホルモン分泌ならびに卵巣，子宮内膜，基礎体温の変化を図3.1に示す。

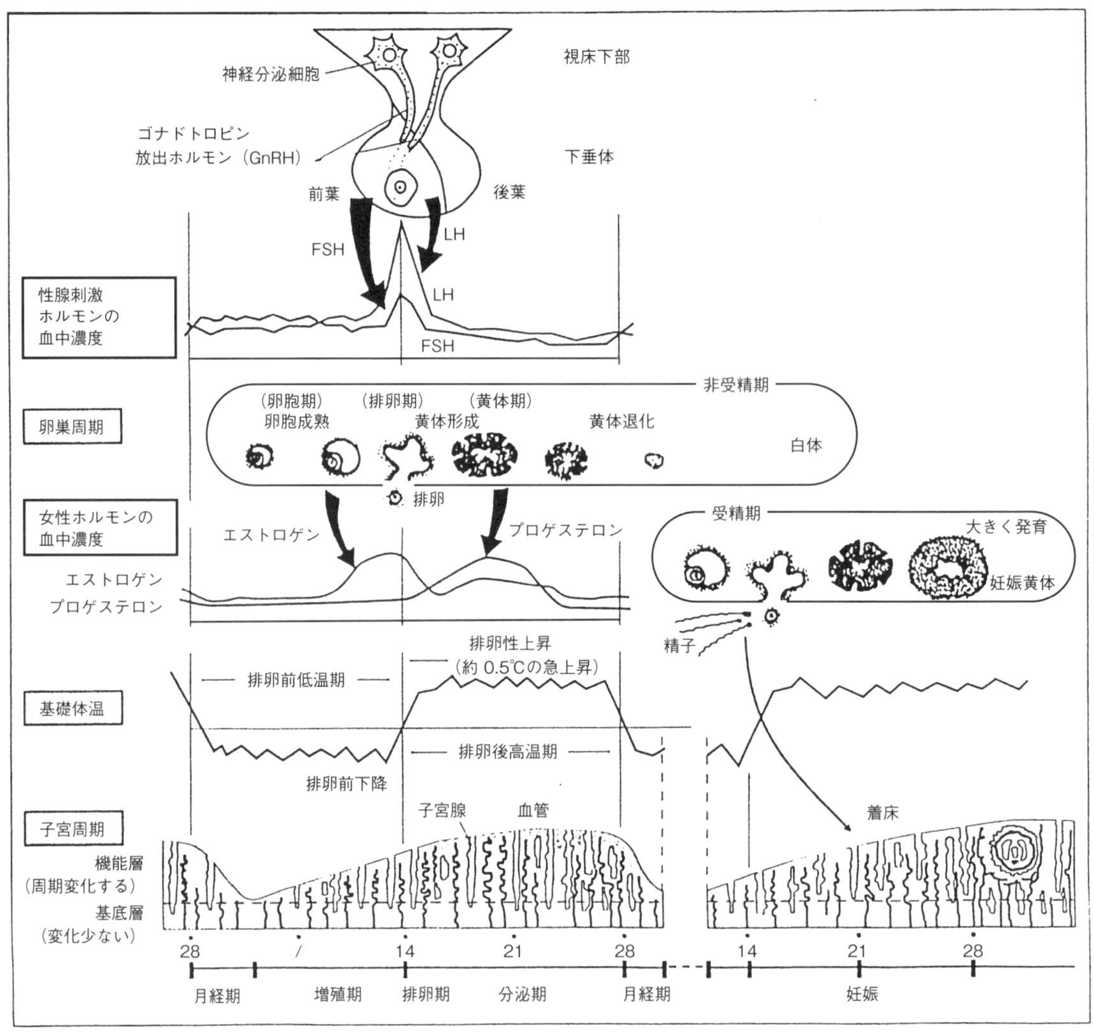

ゴナドトロピン放出ホルモン（GnRH）　視床下部から分泌され，下垂体前葉における性腺刺激ホルモン（FSHとLH）の産生・分泌を調節している。また，エストロゲンとプロゲステロンは，視床下部や下垂体前葉に作用し，FSH と LH の分泌を調節している。このようなフィードバック調節機序により，性周期が維持されている。

FSH（卵胞刺激ホルモン）　卵胞の成熟を促進する。

LH（黄体形成ホルモン）　排卵を誘発し，黄体の形成を促進する。

エストロゲン（卵胞ホルモン）　卵胞が成熟するにつれてエストロゲンが分泌される。

プロゲステロン（黄体ホルモン）　排卵後，黄体形成が起こり，プロゲステロンが分泌される。

p.31 欄外参照

出所）河田光博・三木健寿・鷹股亮編：栄養科学シリーズ NEXT 人体の構造と機能 解剖生理学，講談社（2020）

図 3.1　性　周　期

3.2　妊娠期の生理的特徴

3.2.1　妊娠の成立・維持

排卵後，卵子は卵管に入り精子と遭遇する。卵子に精子が侵入すると，両者の核が融合して受精が成立する（受精卵）。受精卵が細胞分裂を繰り返しながら子宮腔に移行し，子宮粘膜に着床すると妊娠の成立となる（図 3.2）。

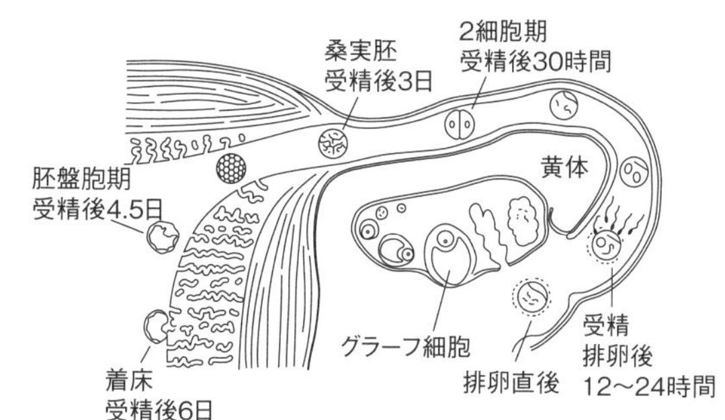

a　受精と着床(Langmanを改変)

出所）岩堀修明：管理栄養士を目指す学生のための解剖生理学テキスト（第４版），文光堂（2019）

図 3.2　受精から着床

妊娠期間は，着床の時期を正確に診断することが不可能であるため，最終月経初日から起算し，妊娠第○ヵ月または○週と表現する。妊娠期は，初期，中期，後期に分類される（図 3.3）。

3.2.2　母体の生理的変化

(1)　子　　宮

妊娠後期では，長さは約 6 倍の 36 ～ 37㎝，重さは約 20 倍の 1000g，内腔は 500 倍の 1000 ～ 1500㎝^{3} に増加する。

(2)　乳　　房

卵巣および胎盤から分泌されるエストロゲンとプロゲステロンの作用により妊娠 10 週ころから乳腺が肥大する。妊娠後期では乳房の重量は非妊時の 2

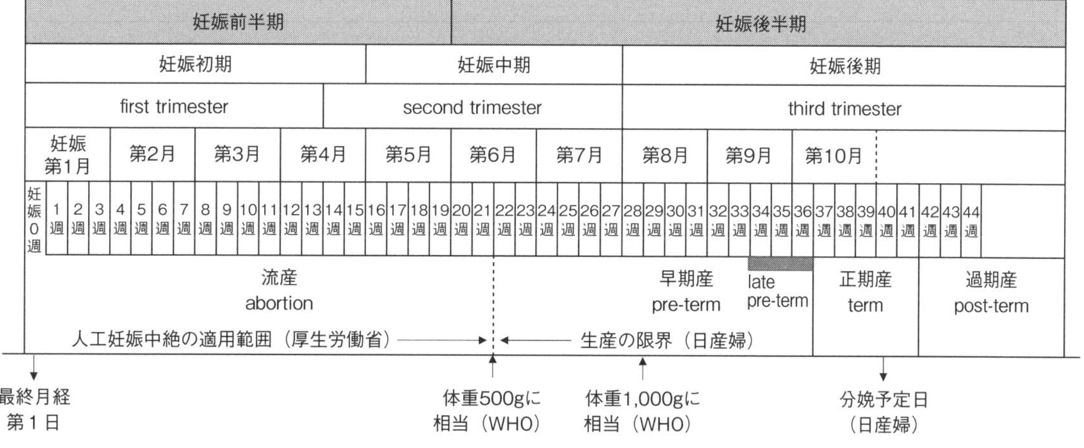

図1-3　妊娠週数・月数の算出方法
妊娠月数は習慣上，数えのまま表記するが，週数は満で数える。
日産婦：日本産科婦人科学会

出所）仁志田博司編：新生児学入門，医学書院（2018）

図 3.3　妊娠期間

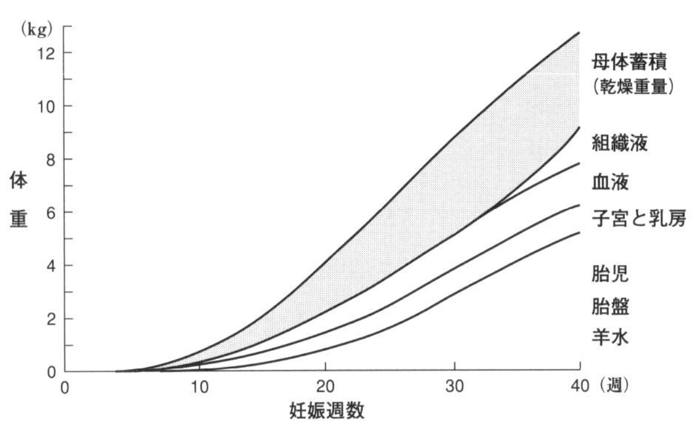

出所） 村本淳子ほか編：母性看護学1妊娠・分娩（第2版），医歯薬出版（2006）一部改変

図 3.4　正常妊婦の妊娠経過に伴う体重変化

～3倍となる。妊娠中は，胎盤から分泌されるエストロゲンの作用により下垂体前葉からのプロラクチンの分泌が抑制されるため，乳汁分泌は生じない。

(3) 皮　膚

乳頭，乳輪部，腹部，外陰部に黒褐色の色素沈着がみられる。また，子宮や乳房の肥大，脂肪沈着により，皮膚や皮下脂肪が伸ばされるため，下腹部や乳房，大腿部などに縞状に断裂した線（妊娠線）を生じる。

(4) 体　重

妊娠経過に伴う体重増加（図 3.4）は，妊娠 40 週ごろには 9 ～ 12kg となる。そのうち体脂肪量の増加は約 3 分の 1 を占め，特に妊娠 12 ～ 23 週にかけて蓄積が著しい。

(5) 基礎体温

プロゲステロンの作用により，基礎体温は妊娠 13 ～ 16 週まで高温相が持続し，また 16 週以降は下降期を経て低温相に戻る。

(6) 血　液

妊娠後期になると循環血液量，特に血漿量は非妊時より 25 ～ 50%，赤血球数は 15 ～ 20%の増加が認められる。血漿量の増加が大きいため，みかけ上の赤血球数，ヘモグロビン濃度およびヘマトクリット値は低下する。鉄は月経による損失はなくなるが，胎児の発育および母体の赤血球数増加などにより約 900㎎が必要となり，また体内貯蔵鉄が不足の場合が多く，鉄欠乏性貧血になりやすい。その他，血清たんぱく質，アルブミンは減少，血液凝固に関係する血小板数，フィブリノーゲン値は増加する。また，妊娠中期以降では，総コレステロール，中性脂肪が増加し，脂質異常症となる場合が多い。

(7) 循環器系・呼吸器系

心臓はやや肥大し，毎分時心拍出量，脈拍数はやや増える。血圧は妊娠後期にやや上昇を示すが，仰臥位になると血圧が降下し，それに伴い悪心，嘔吐などの症状が起きやすくなる（仰臥位低血圧症候群）。

子宮増大により横隔膜が持ち上げられるため，呼吸は胸式の肩呼吸となる。

(8) 消化器系

妊娠初期には多くの妊婦につわりの症状が現われ，食欲不振になる場合がある。妊娠 10 ～ 12 週には自然に消失し，食欲も回復する。つわりは経産婦よりも初産婦に多い。中期以降は，子宮増大による消化管の圧迫，腸の蠕動運動の低下，運動不足などにより便秘が起こりやすくなる。妊娠全期間を通して胸やけが生じる。精神的ストレスは胸やけを促進する要因となる。

(9)　泌尿器系

子宮増大による圧迫により，頻尿，尿失禁になりやすい。尿たんぱく，尿糖が陽性を一過性に示すことがある。

(10)　内分泌系

エストロゲンとプロゲステロンは，妊娠の維持および排卵抑制に作用していて，妊娠初期は妊娠黄体から分泌されている。胎盤が完成すると黄体は退縮し，ホルモン分泌は胎盤が担う。

(11)　代　謝　系

たんぱく質蓄積は妊娠初期から認められ，全妊娠期間で約1kgが蓄積される。血中脂質は妊娠中期以降上昇する。胎児へ多量のグルコースを送るため，母体の糖代謝は妊娠の進行とともに耐糖能低下を生じやすい。また糖代謝と関連して，脂質合成が亢進するため母体に大量の脂質が蓄積される。

(12)　精神・神経系

妊娠期は感情が不安定になり，憂うつ傾向，全身倦怠感，不安などの精神症状，頭痛，歯痛，神経痛のような疼痛を訴えることがある。しかし，ほとんどは一過性で気分的なものである。

3.2.3　胎児付属物

胎児付属物とは，受精卵から発育・形成された胎児以外のもので，胎児が発育するために必要な卵膜，胎盤，臍帯，羊水をさす（図3.5）。

(1)　卵　　膜

卵膜は三層からなる胎児と羊水を包む膜である。外層の脱落膜は子宮内膜の機能層が受精卵の着床によって肥大増殖したもので，**プロラクチン**[*1]産生など妊娠維持に重要な役割をもつ。中層の絨毛膜は，妊娠4ヵ月に入ると脱落膜の一部とともに胎盤を形成する。羊膜は卵膜の最も内側の膜である。

(2)　胎　　盤

胎盤は妊娠経過に伴い増大し，後期には直径約20cm，中央の厚さ2～3cm，重さ約500gとなる。主な機能は，①母体から胎児に必要な酸素や栄養素を送り，不要な物質を母体へ排出すること（ガス・物質交換）と，②ホルモンの分泌，である。hCG[*2]，hPL[*3]，エストロゲン，プロゲステロンなど妊娠の維持に必要なホルモンが分泌されている。

(3)　臍　　帯

胎盤と胎児をつなぐ長さ約50cm，直径約1～1.5cmのひも状で，らせん状にねじれている。表面は羊膜で被われ，内部には

*1 **プロラクチン**　下垂体前葉から分泌され，乳汁産生を促進する。乳児の吸啜刺激により分泌が増加する。

*2 **hCG（ヒト絨毛性ゴナドトロピン）**　黄体機能を助け，妊娠を維持する，子宮筋収縮を抑制するなどの働きをもつ。妊娠すると尿中への排泄が高まるため，妊娠の診断に利用される。

*3 **hPL（胎盤性ラクトゲン）**　乳腺の発育と乳汁分泌の促進，黄体の維持，胎児の発育促進作用をもつ。

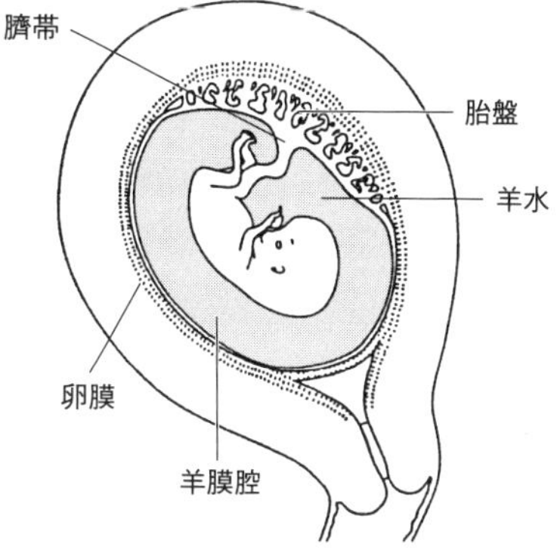

出所）堀川隆：解剖生理学，メディカルレビュー社（2005）

図3.5　胎児および胎児付属物

臍動脈２本と臍静脈１本がある。臍動脈には胎児から胎盤へ代謝産物やガスが含まれた血液が，臍静脈には胎盤から胎児へ酸素や栄養素が含まれた血液が送られている。

(4) 羊 水

羊膜腔を満たす弱アルカリ性，淡黄色の液体であり，羊膜上皮からの分泌物や母体血漿，胎児の尿に由来する。胎児は羊水を吸入・嚥下し，尿として排出している。羊水の役割は，①外部からの胎児への衝撃や胎動が母体へ及ぼす影響を和らげる，②胎児の運動を自由にし，四肢の発育を助ける，③胎児を感染から防御する，④環境温を一定に保つ，⑤分娩時に子宮頚管を広げ，陣痛時の胎児による圧迫，胎盤の早期剥離を防ぎ，破水後には産道を湿らせて胎児を通過しやすくし，分泌物を流し出す。

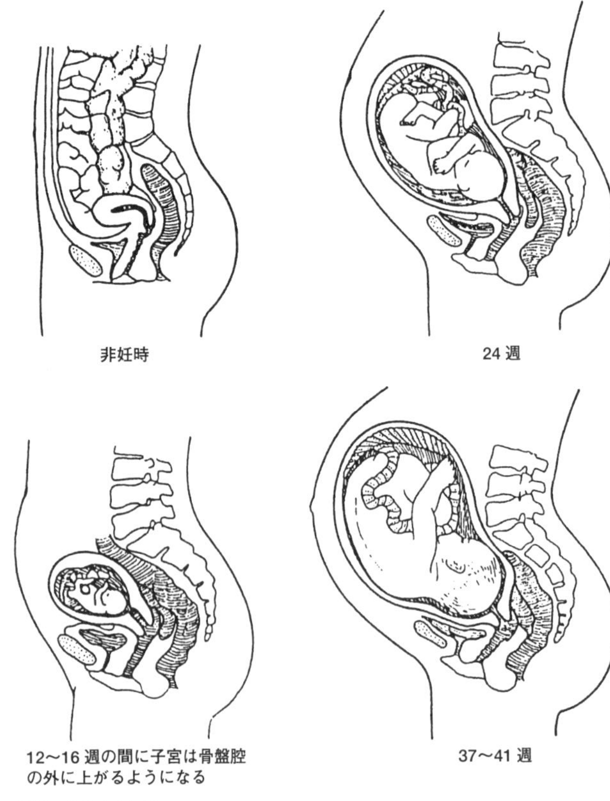

出所） 図 3.4 と同じ

図 3.6　胎児の成長

3.2.4 胎児の成長

受精後２週未満を初期胚，２～８週未満を胎芽，８週以後を胎児という。

受精卵は，受精後細胞分裂をしながら胚胞に発育し（およそ受精４日後），子宮内膜に着床する。

妊娠５～９週には胎児の主要器官の形成がほぼ終了する。この時期に薬物の使用や放射線照射，ウイルス感染，栄養素欠乏や過剰などがあると，発生上の異常が起こりやすい。外的因子による感受性の高いこの時期を臨界期という。これ以外では外的因子の影響は小さい。

妊娠 11 週ごろには性別判定が可能となり，16 週以降では，胎動を感じるようになる。妊娠 36 週以降では成熟児となる（図 3.6）。

3.3 分 娩

分娩とは，胎児および胎児付属物が陣痛および腹圧によって母体外に排出されることをいう。分娩時期により，妊娠 22 週未満を流産，37 週未満を早産，37 ～ 42 週未満を正期産，42 週以上を過期産と分類される（図 3.3）。

分娩経過は，第１期（開口期），第２期（娩出期），第３期（後産期）に区分される。娩出の所要時間は個人差が大きいが，初産婦で平均 12 ～ 15 時間，経産婦で平均5～8時間である。

3.4　産　　褥

妊娠や娩出により変化した母体が，妊娠前の状態に戻る期間を産褥といい，性器の回復を復古という。産褥は分娩終了後6～8週間とされている。

分娩後，子宮や産道から排泄される分泌物を悪露（おろ）という。悪露の滞留に細菌感染が伴うと産褥熱の原因となる。早期に離床し，授乳させることによって悪露の排泄が促進され，また子宮の回復を早める。

分娩後の排卵の再来は，授乳によって遅れることが多い。

3.5　授乳期の生理的特徴

3.5.1　体重・体組成の変化

分娩直後，胎児および胎児付属物の娩出や悪露の排泄，発汗などにより平均6kgの体重減少が起こる。さらに5～7週間後には妊娠前の体重に戻る。妊娠によって増加した体重は，分娩後6ヵ月以内に妊娠前の体重に戻すことが望ましい。

3.5.2　エネルギー代謝の変化

基礎代謝は，分娩時に増加するが産褥1～2日間でもとに戻る。妊娠中の高血糖，脂質異常症は妊娠前の状態に戻る。血中脂質は授乳することで低下する。

3.5.3　乳汁分泌の機序

乳汁分泌は分娩後，胎盤で産生されていたエストロゲン，プロゲステロンの分泌低下により，その抑制が解除されると開始する。新生児の吸啜刺激は，下垂体前葉からのプロラクチン分泌を促進するだけでなく，下垂体後葉からオキシトシンの分泌を促す。オキシトシンは，乳腺周囲の平滑筋を収縮させ，母乳を圧出する（射乳）。乳汁分泌は，分娩後10日ごろまでにほぼ確立される。

3.5.4　母乳成分と母乳量の変化

乳汁は，分娩後4～5日までのものを初乳，その後移行乳を経て分娩後10日ごろから分泌されるものを成乳という。

初乳は成乳に比べ黄色を呈しており，やや粘稠である。たんぱく質や免疫物質（分泌型IgA）に富み，脂肪や糖質は少ない（表3.1）。成乳は初乳に比べ乳糖と脂肪が増す。

乳汁分泌量は，分娩後2～3日までは少ない（20～50ml/日）が，

表3.1　母乳主要成分の変化（100gあたり）

	エネルギー (kcal)	たんぱく質 (g)	脂質 (g)	乳糖 (g)	Na (mg)	K (mg)	Cl (mg)
初乳	65.7	2.1	3.2	5.2	33.7	73.8	68.4
移行乳	66.6	1.9	3.4	5.4	27.5	73.3	58.3
成乳（1カ月）	68.1	1.4	3.8	6.1	15.6	54.7	40.9

（瀬川，2004）

出所）川上義：周産期医学，35（創刊号）615，東京医学社（2005）

表 3.2　体格区分別　妊娠全期間を通しての推奨体重増加量

体格区分	推奨体重増加量
低体重（やせ）：BMI 18.5 未満	9～12kg
ふ　つ　う：BMI 18.5 以上 25.0 未満	7～12kg*1
肥　　　満：BMI 25.0 以上	個別対応*2

注 1）体格区分は非妊娠時の体格による。
　2）BMI（Body Mass Index）：体重（kg）/ 身長（m）^{2}
*1 体格区分が「ふつう」の場合，BMI が「低体重（やせ）」に近い場合には推奨体重増加量の上限側に近い範囲を，「肥満」に近い場合には推奨体重増加量の下限側に低い範囲を推奨することが望ましい。
*2 BMI が 25.0 をやや超える程度の場合は，おおよそ 5kg を目安とし，著しく超える場合には，他のリスク等を考慮しながら，臨床的な状況を踏まえ，個別に対応していく。
出所）厚生労働省：妊産婦のための食生活指針（2006）

表 3.3　体格区分別　妊娠中期から末期における 1 週間あたりの推奨体重増加量

体格区分	1 週間あたりの推奨体重増加量
低体重（やせ）：BMI 18.5 未満	0.3～0.5kg/ 週
ふ　つ　う：BMI 18.5 以上 25.0 未満	0.3～0.5kg/ 週
肥　　　満：BMI 25.0 以上	個別対応

注）表 3.2 と同じ
・妊娠初期については体重増加に関する利用可能なデータが乏しいことなどから，1 週間あたりの推奨体重増加量の目安を示していないため，つわりなどの臨床的な状況を踏まえ，個別に対応していく。
出所）厚生労働省：妊産婦のための食生活指針（2006）

表 3.4　妊産婦のための食生活指針

- 妊娠前から，健康なからだづくりを
- 「主食」を中心に，エネルギーをしっかりと
- 不足しがちなビタミン・ミネラルを，「副菜」でたっぷりと
- からだづくりの基礎となる「主菜」は適量を
- 牛乳・乳製品などの多様な食品を組み合わせて，カルシウムを十分に
- 妊娠中の体重増加は，お母さんと赤ちゃんにとって望ましい量に
- 母乳育児も，バランスのよい食生活のなかで
- たばことお酒の害から赤ちゃんを守りましょう
- お母さんと赤ちゃんの健やかな毎日は，からだと心にゆとりのある生活から生まれます

出所）厚生労働省：妊産婦のための食生活指針（2006）

3～4 日目から急増する（200～500ml/日）。40～100 日ごろ最大分泌量 800～1,000ml/日（平均 780ml/日）に達する。

乳汁の成分や分泌量は，母親の食事，体調，睡眠時間，乳児の授乳回数などの影響を受ける。

3.6　栄養と生活習慣

3.6.1　妊娠期の栄養と生活習慣

(1)　栄　　養

妊娠中の母体は，基礎代謝の亢進，子宮の増大，胎児の成長，胎児付属物の増加などに伴う栄養素の需要量が増す。そのため，非妊娠時のエネルギーおよび栄養素供給量に，「日本人のための食事摂取基準（2020 年版）」に準じて付加量が必要となる。

ただし，妊婦の体型が「やせ」あるいは「肥満」の場合には，個別的な対応とする。また，健康な「ふつう」体型の妊婦であっても，健康維持や妊娠高血圧症候群や妊娠糖尿病の予防には体重のコントロールが不可欠であるため，推奨体重増加量を目安に，経時的に観察，評価しながら栄養ケアを進めていく（表 3.2，表 3.3）。「妊産婦のための食生活指針」，「妊産婦のための食事バランスガイド」を用いた栄養教育を行い，望ましい食生活の実現につなげることも重要である（表 3.4，p.229，付表 5）。

(2)　生活習慣

妊娠期では，適正体重を維持するため適切な食生活や規則正しい生活を送り，ストレスや運動不足を解消するようこころがける。

身体活動や運動は，適度であればストレスおよび運動不足の解消に効果的であるが，激しい運動や重いものを持ち上げる作業，中腰，長時間の立ち仕事，頻繁な階段の昇降は避ける。

また，就労妊婦は，妊娠による負荷だけでなく，仕事による肉体的，精神的ストレスが大きい。そのため，非就労妊婦に比べ，妊娠および分娩時の異常発症が多い。とくに通勤時間や，勤務時間，職場環境などに配慮し，さらに食生活や生活習慣を規則正しく保ち，家族の協力や，職場での配慮が受けられるようにすることが望ましい。

体の変調をきたしやすい妊娠11週までと28週以降には，勤務状況，食事のとり方，休息の方法など，生活習慣に十分配慮するとともに，母親学級や両親学級などにも参加し，専門家から適切な指導を受けることが望ましい。

(3)　歯の衛生

虫歯や歯周病は妊娠中に悪化しやすい。口腔ケアをこころがけると同時に，つわりが終了したころから歯科健診を受けることが望ましい。

(4)　喫　　煙

妊娠中の喫煙は，血流量低下や血中一酸化炭素濃度の増加による胎児への酸素供給量の減少をもたらし，胎児の発育遅延の原因となる。妊婦に喫煙習慣がある場合，低出生体重児，流産，前置胎盤の発症頻度が高くなるといわれている。受動喫煙によっても同様の危険性がある。

(5)　飲酒・カフェイン・メチル水銀・服薬

アルコールは胎盤を通過しやすく，慢性的な多量飲酒により知能の発達遅延などの胎児アルコール症候群を発生しやすいことが知られている。また多量のカフェイン摂取は，胎児の発育に影響を与え，自然流産を引き起こしやすいといわれている。

魚介類の中には食物連鎖によって水銀濃度の高いものがある。これらを妊婦が多量に摂取することによって生じる胎児への影響が報告されている。し

表3.5　妊婦が注意すべき魚介類の種類とその摂食量（筋肉）の目安

摂食量（筋肉）の目安	魚介類
1回約80gとして妊婦は2ヶ月に1回まで（1週間当たり10g程度）	バンドウイルカ
1回約80gとして妊婦は2週間に1回まで（1週間当たり40g程度）	コビレゴンドウ
1回約80gとして妊婦は週に1回まで（1週間当たり80g程度）	キンメダイ，メカジキ，クロマグロ，メバチ（メバチマグロ），エッチュウバイガイ，ツチクジラ，マッコウクジラ
1回約80gとして妊婦は週に2回まで（1週間当たり160g程度）	キダイ，マカジキ，ユメカサゴ，ミナミマグロ，ヨシキリザメ，イシイルカ，クロムツ

注1）マグロの中でも，キハダ，ビンナガ，メジマグロ（クロマグロの幼魚），ツナ缶は通常の摂食で差し支えありませんので，バランス良く摂食して下さい。

2）魚介類の消費形態ごとの一般的な重量は，次のとおりです。

寿司，刺身	一貫又は一切れ当たり	15g程度
刺　身	一人前当たり	80g程度
切り身	一切れ当たり	80g程度

＊水銀　胎盤を介して胎児に移行し中枢神経系に影響を及ぼす可能性があることが，これまでの研究から指摘されている。具体的には，生まれてから音を聞いた際の神経の反応が1/1,000秒以下のレベルで遅れるといった例が報告されている。

出所）厚生労働省：魚介類に含まれる水銀*について，http://www.mhlw.go.jp/topics/bukyoku/iyaku/syoku-anzen/suigin/

かし魚介類は胎児の神経系器官形成に欠かせない必須脂肪酸を多く含んでいるため，厚生労働省が示す摂取量の目安を参考に過小あるいは過剰摂取とならないよう注意する（表3.5)。

母体が服用したほとんどの薬物が，胎盤を通過して胎児に影響を与える。原則として，特に妊娠初期には可能な限り薬物の服用は避け，服用する場合には医師の指示に従うことが必要である。

(6) 授乳への準備

妊娠中から母親学級などで母乳育児の特徴を理解し，育児に対する意欲を高めることが重要である。また，胎動を感じたら乳房や乳首のケアを行うことが勧められている。

3.6.2 授乳期の栄養と生活習慣

(1) 栄　　養

授乳期では，非妊娠時に比べ泌乳のためのエネルギーおよび栄養素摂取量を付加するが，体重減少に伴う分を減ずる必要がある。

安定した母乳分泌のためには，栄養素の過不足がないよう「日本人の食事摂取基準（2020年版)」を満たした食事を摂取すると同時に，精神の安定，十分な休養をとることが必要である。そのためには，環境を整え，また家族の支援を得ることが大切である。授乳をしない場合には，肥満を予防するために，エネルギーおよび栄養素の摂取量や身体活動量に配慮し，非妊娠時の体重にまで速やかに戻す。

(2) 出産後の健康・栄養状態の維持・改善

産褥期および授乳期では，母体の回復と母乳栄養の確立をはかることが重要である。以下に日常生活の注意点をあげる。

◆分娩後24時間は安静を保ち，十分な睡眠をとる。以後も母体が落ち着いた状態になるまで，十分な休養をとり，疲労回復をはかる。また，妊娠中に異常があった場合には経過に留意する。

◆産褥期は発汗や乳汁，悪露のために体がよごれやすいので，全身と局所の清潔を保つ。

◆授乳は，母体の回復を早め，また母子の良好な関係を築くことに効果がある。母乳育児を成功させるためには出産前から準備することが大切である。

◆産褥期，授乳期に適した運動を行うことにより，血液循環が改善され，全身および生殖器の復古が助長されるだけでなく，乳汁の分泌が促進される。

◆人工栄養の場合，食事の付加量は必要ない。適正な食事量と適度な運動を実施することにより肥満を防止する。

＜このページは妊婦自身で記入してください。＞

妊　婦　の　健　康　状　態　等

妊娠

身　長	cm	ふだんの体重	kg	結婚年齢	歳
ＢＭＩ		ＢＭＩ＝体重（kg）÷身長（m）÷身長（m）（体格指数）			

○次の病気にかかったことがありますか。（あるものに○印）
　高血圧　慢性腎炎　糖尿病　肝炎　心臓病　甲状腺の病気
　精神疾患（心の病気）　その他病気（病名　　　　　　）
○次の感染症にかかったことがありますか。
　風しん（三日はしか）　（はい（　歳）　いいえ　予防接種を受けた）
　麻しん（はしか）　（はい（　歳）　いいえ　予防接種を受けた）
　水　痘（水ぼうそう）　（はい（　歳）　いいえ　予防接種を受けた）
○今までに手術を受けたことがありますか。
　なし　あり（病名　　　　　　）
○服用中の薬（常用薬）（　　　　　　）

○家庭や仕事など日常生活で強いストレスを感じていますか。　はい　いいえ
○今回の妊娠に際し、過去の妊娠・分娩に関連して心配なことはありますか。　はい　いいえ
○その他心配なこと（　　　　　　）

○たばこを吸いますか。　いいえ　はい（１日　　本）
○同居者は同室でたばこを吸いますか。　いいえ　はい（１日　　本）
○酒類を飲みますか。　いいえ　はい（１日　　程度）
※喫煙と飲酒は、赤ちゃんの成長に大きな影響を及ぼしますので、やめましょう。

夫の健康状態	健康　　よくない（病名　　　　　）

い　ま　ま　で　の　妊　娠

出産年月	妊娠・出産・産後の状態	出生児の体重・性別	現在の子の状態
年　月	正常・異常（妊娠　週（第　月）頃）	g 男女	健・否

※妊娠についての悩みや、出産・育児の不安がある方は、保健所、市町村（保健センター）、医療機関等に気軽に相談しましょう。

＜このページは妊婦自身で記入してください。＞

妊　婦　の　職　業　と　環　境

妊娠

妊娠に気づいたときの状況	職　業			
	仕事の内容と職場環境※			
	仕事をする時間	１日約（　　）時間・（　）時〜（　）時　交代制など変則的な勤務（あり・なし）		
	通勤や仕事に利用する乗り物			
	通勤の時間	片道（　　）分	混雑の程度	ひどい・普通
妊娠してからの変更点		仕事を休んだ　（妊娠　週（第　月）のとき） 仕事を変えた　（妊娠　週（第　月）のとき） 仕事をやめた　（妊娠　週（第　月）のとき） その他　（　　　）		
産前休業		月　日から　日間		
産後休業		月　日から　日間		
育児休業		月　日から　月　日まで		
（父親・母親）		月　日から　月　日まで		
住居の種類		一戸建て（　階建） 集合住宅（　階建　階・エレベーター：有・無） その他（　　　）		
騒音		静・普通・騒	日当たり	良・普通・悪
同居		子ども（　　人）・夫・夫の父・夫の母・実父・実母 その他（　　人）		

※立ち作業など負担の大きい作業が多い、温湿度が厳しい、たばこの煙がひどい、振動が多い、ストレスが多い、休憩がとりにくい、時間外労働が多いなどの特記事項も記入してください。

出所）厚生労働省省令様式（平成25年4月1日）

図 3.7　母子健康手帳の「妊婦の健康状態・職業と環境」記入欄

(3)　出産後の QOL の維持・向上

授乳期は良好な親子関係を築く大切な時期である。母子保健では，母子健康手帳（図 3.7）の交付に始まり，さまざまな健診や指導・相談に関する環境を整えている。このような制度の充実をはかることにより，父母の肉体的・精神的負担の軽減に役立ち，QOL の維持・向上に有効となる。

(4)　母乳の質と量の保持・改善

乳汁分泌の開始と維持には，プロラクチンやオキシトシンが重要な役割を

コラム 3　おいしい母乳を赤ちゃんに

母乳は血液からできており，母乳の味や成分は，母親の食事内容や喫煙，服薬，搾乳などにより左右される。日による違いのみでなく，１回の授乳でも前半と後半では，味や成分に違いがある。良質で味の良い母乳にするためには，規則正しく，バランスのとれた食事をとり，残った母乳は搾乳することが必要である。

食の細いお母さんや，食生活が乱れているお母さんの母乳を飲んでいる赤ちゃんと，バランスの良い食事をとっているお母さんの母乳を飲んでいる赤ちゃんでは，体格や成長度合いにも歴然とした差があるとの報告もある。つまり，子どもの食育は，離乳食からが開始ではなく，授乳の段階からすでに始まっているのである。授乳中の母親は，栄養のある食事をしっかりとって，おいしい母乳を分泌することをこころがけることが重要である。

表3.6　授乳の支援を進める5つのポイント

①妊娠中から，適切な授乳方法を選択でき，実践できるように，支援しましょう。
②母親の状態をしっかり受け止め，赤ちゃんの状態をよく観察して，支援しましょう。
③授乳のときには，できるだけ静かな環境で，しっかり抱いて，優しく声をかけるように，支援しましょう。
④授乳への理解と支援が深まるように，父親や家族，身近な人への情報提供を進めましょう。
⑤授乳で困ったときに気軽に相談できる場所づくりや，授乳期間中でも，外出しやすく，働きやすい環境づくりを進めましょう。

出所）厚生労働省：授乳・離乳の支援ガイド（2019）

表3.7　母乳育児の支援を進めるポイント

①すべての妊婦さんやその家族とよく話し合いながら，母乳で育てる意義とその方法を教えましょう。
②出産後はできるだけ早く，母子がふれあって母乳を飲めるように，支援しましょう。
③出産後は母親と赤ちゃんが終日，一緒にいられるように，支援しましょう。
④赤ちゃんが欲しがるとき，母親が飲ませたいときには，いつでも母乳を飲ませられるように支援しましょう。
⑤母乳育児を継続するために，母乳不足感や体重増加不良などへの専門的支援，困ったときに相談できる場所づくりや仲間づくりなど，社会全体で支援しましょう。

出所）表3.6と同じ

表3.8　母乳育児成功のための10ヵ条（10ステップ）
2018改訂訳

1a. 母乳代替品のマーケティングに関する国際規準（WHOコード）と世界保健総会の決議を遵守する
1b. 母乳育児の方針を文章にして，施設の職員やお母さん・家族にいつでも見られるようにする
1c. 母乳育児に関して継続的な監視およびデータ管理のシステムを確立する
2．医療従事者が母乳育児支援に十分な知識，能力，技術を持っていることを確認する
3．すべての妊婦・その家族に母乳育児の重要性と方法について話し合いをする
4．出生直後から，途切れることのない早期母子接触をすすめ，出生後できるだけ早く母乳が飲ませられるように支援する
5．お母さんが母乳育児を始め，続けるために，どんな小さな問題でも対応できるように支援する
6．医学的に必要がない限り，母乳以外の水分，糖水，人工乳を与えない
7．お母さんと赤ちゃんを一緒にいられるようにして，24時間母子同室をする
8．赤ちゃんの欲しがるサインをお母さんがわかり，それに対応できるように授乳の支援をする
9．哺乳びんや人工乳首，おしゃぶりを使うことの弊害についてお母さんと話し合う
10．退院時には，両親とその赤ちゃんが継続的の支援をいつでも利用できることを伝える

出所）WHO/UNICEF：The Ten Steps to Successful Breastfeeding, 2018.
日本母乳の会（ユニセフ東京事務所承認済み　2018.10.23）

果たしており，これらホルモンの分泌を促すよう授乳による吸啜刺激をできるだけ早期に開始することが望ましい。オキシトシンは，精神的ストレスにより分泌低下を引き起こす。したがって，授乳の分泌量を確保するためには，頻回な吸啜刺激，十分な休養および睡眠，良好な栄養状態，適切な運動，乳房の手入れやマッサージが重要となる。哺乳後，乳房に母乳が残る場合には，搾乳して乳房を空にしておくと，母乳分泌量維持に効果的である。また，安定した母乳分泌のためには，授乳環境を整え，周囲の人の理解と協力を得ることも必要となる。「授乳・離乳の支援ガイド」（厚生労働省，2019年改訂版）における授乳の支援を進めるポイントと母乳育児を進めるポイントを表3.6，3.7に，WHO/UNICEFの「母乳育児成功のための10ヵ条（10ステップ）」を表3.8に示す。

喫煙，薬，飲酒，カフェインは母乳へ移行しやすいことや，母乳分泌量の低下を招くことから，妊娠期同様，母子へ影響を与えないよう配慮する。また，化学物質やダイオキシンによる母乳汚染は避ける。

(5)　授乳の禁止

乳頭の形態が扁平，陥没，短いなどの場合は，あらかじめ手当てし，スムーズに授乳できるよう準備しておくことが大切である。しかし，乳頭痛がある場合には搾乳に切り替えるなどの処置が必要となる。

その他，心疾患や重症の妊娠高血圧症候群などの母体の疾患が授乳により悪化する，疾患治療のための投薬がある，授乳により乳児に疾患が感染する恐れ*があるなどの場合には授乳の制限あるいは中止の適応となる。

*成人T細胞白血病（ATL）ヒト免疫不全ウィルス（いわゆるエイズ），サイトメガロウイルスなどは，母乳を介して乳児に疾患が感染する可能性がある。

3.7　栄養アセスメント

3.7.1　妊娠時の健康診断

妊娠時の健康診断は，妊娠の正常な経過を確認すること，また異常の有無を診断し，異常がある場合には早期に適切な治療および指導を行うことを目的としている。結果は母子健康手帳に記録し，健康管理に役立たせる。

定期健診は，妊娠23週までは4週間ごと，35週までは2週間ごと，36週以降は1週間ごとを原則とする。むくみ，性器出血，腹痛，ふだんと違ったおりもの，発熱，強い頭痛，めまい，強い不安感などがあったときには，定期健診以外でも医師の診察を受ける必要がある。

3.7.2　臨床診査

妊娠期には，年齢，既往歴，自覚症状，妊娠・出産歴，飲酒・喫煙状況，服薬状況，身体活動，労働状況，生活習慣，食習慣などを調査し，浮腫や貧血，妊娠高血圧，妊娠悪阻などの発症リスクの有無を判定する。また，胎児の発育状況を胎児心音，超音波検査などで確認する。

授乳期には年齢，授乳歴および授乳における支援体制，自覚症状，睡眠時間，新生児・乳児の哺乳状況などを診査する。

3.7.3　臨床検査

検査は妊娠初期，中期，後期の3回実施する。また健診ごとに血圧，尿たんぱく，尿糖を検査する。

妊娠中に貧血やその他妊娠による合併症があった場合には，出産後も引き続き定期的な経過観察が必要となる。

3.7.4　身体計測

健診ごとに，身長，体重，子宮底長（恥骨結合上縁から子宮底までの長さ），腹囲を測定し，母体の健康状態と胎児の発育状況を判定する。

分娩後の体重測定は，妊娠前の状態に戻るまで定期的に行うことが望ましい。

3.8　栄養ケア

3.8.1　やせ（低体重）・肥満

(1)　やせ（低体重）

近年，わが国の若い女性はやせ志向が強く，やせ（低体重）の者の割合が増加している。しかし，非妊時のやせや妊娠中の体重増加が少ない妊婦では，胎児発育不全，低体重児出産，切迫流・早産，貧血のリスクが高い。

また非妊時がやせの妊婦であっても妊娠中の体重増加が多すぎる場合には，帝王切開のリスクが高まる。そのため，妊娠前から妊娠期間を通じて適切な食事を摂取できるよう，望ましい食習慣を確立しておく必要がある。

一方，産後の低体重は母乳分泌量の不足を招くだけでなく，母体の回復を遅らせる。体重減少が著しい場合には，食事の量や内容と疲労との関連を検討し，適切な食事，適度な運動，規則正しい生活をこころがける。

(2) 肥　満

肥満や，中期以降1週間に500g以上の体重増加は，妊娠高血圧症候群，妊娠糖尿病，胎児の巨大化をまねき，帝王切開のリスクが高くなる。また産後に生活習慣病を生じる可能性が増す。したがって，推奨体重増加量を目安に個人差に配慮しながら体重をコントロールすることが重要となる。しかし，**尿中ケトン体***が陽性となるような食事制限は胎児の知能発達に悪影響を与える可能性があるため，極端な制限は好ましくない。「食生活指針」や「食事バランスガイド」を参考に食生活に配慮し，ストレス蓄積を避け，適度な身体活動を行うことが望ましい。

＊尿中ケトン体　体内にケトン体が増加する状態をケトーシス（ケトン症）という。また，アセト酢酸，β-ヒドロキシ酪酸は比較的強い酸であるため，ケトン体の蓄積により体液のpHが酸性に傾くことからケトアシドーシスとも呼ばれている。高脂肪食を摂取した際や絶食の状態など，エネルギー補給のために糖質よりも脂質を利用している場合に尿中にケトン体が検出される。

産後，授乳により妊娠期に増加した体脂肪が消費されるため，妊娠前の体重に戻る。しかし，10ヵ月以上を経過しても体重が戻らない，あるいは体重が増加する状態にあると，肥満が助長され，生活習慣病のリスクも高まる。したがって産後6ヵ月以内に元の体重に戻すことが求められるが，体重が戻らない場合や授乳をしない場合には，定期的に体重を測定し，食事の量や内容，身体活動量などに配慮することが必要となる。

3.8.2 低栄養・摂食障害

低栄養状態では，胎児の発育に影響を及ぼし，低出生体重児出産の可能性が増す。低出生体重児は，将来の生活習慣病発症リスクが高いと報告されている。また，乳汁中の栄養素含有量が低くなり，産後の母体回復も遅い。

出産後数日から起こる一過性の軽度のうつ状態をマタニティーブルーという。主な症状として，抑うつ気分，不安，集中力低下などがみられ，かかりやすい要因としては，高齢，初産，神経質などがある。症状は一過性で予後も良好だが，本格的なうつ病へ発展し，低栄養や摂食障害が起こる可能性もある。周囲の授乳婦への支援と理解を得ることが重要である。

3.8.3 鉄摂取と貧血

妊娠性貧血とは，日本産科婦人科学会で妊娠に起因する貧血と定義されている。妊婦の血液は希釈されていることから，ヘモグロビン11g/dl未満，ヘマトクリット33%未満を貧血と判断する。中期から後期にかけて，血漿量の増加が赤血球増加量よりも大きくなること，胎児の鉄必要量が増加することなどにより，貧血を発症しやすい。妊婦の貧血は，妊娠高血圧症候群，流・早産，微弱陣痛などを誘発する。また，分娩後の母体回復の遅れや乳汁分泌の低下を招きやすい。

予防には，鉄，たんぱく質，ビタミンＣなどの造血を促進する栄養素を摂取すること，偏食や欠食をしないこと，規則正しい生活を送り，適度に運動することなどが有効である。鉄剤を服用する場合には，医師の指示に従うことが必要である。

3.8.4　食欲不振と妊娠悪阻

妊娠初期から主に早朝の空腹時に起こる悪心，吐気，嘔吐，倦怠感，食欲不振をつわりという。つわりは妊婦の約70％が経験するといわれているが，妊娠10～12週には自然に消失する。症状が重く，全身状態の悪化に至るような場合を悪阻という。悪心，嘔吐を繰り返すことにより栄養障害をきたし，著しい体重減少や脱水，肝障害，腎障害に進行すると，治療が必要となる。

つわりや悪阻の病因の詳細は不明だが，悪化させる要因には睡眠不足や疲労などの肉体的要因，さらには不安，家族のサポート不足などによる精神的な負担などがあるといわれている。

つわりが起こる初期には，妊娠に伴うエネルギーや栄養素の負荷はそれほど必要ないので，食べられるものを食べたいときに少量ずつ食べるようにする。特につわりは空腹時に強く感じるため，空腹時や朝の起床時に簡単に食べられるものを用意しておくとよい。嗜好的には，冷たいもの，酸味のあるものが好まれる。

食事量が少なくなることによって便秘を生じやすいので，食物繊維などの摂取をこころがける。また，嘔吐による水分損失を補うため，水分補給は十分に行う。

3.8.5　妊娠糖尿病

妊娠中に初めて発症あるいは発見された糖尿病にいたっていない耐糖能異常は妊娠糖尿病と定義されている。診断基準を表3.9に示す。

妊娠前から妊娠７週まで高血糖状態が続くと，胎児の奇形，流・早産，妊娠高血圧症候群，羊水過

表 3.9　妊娠中の糖代謝異常の診断基準

診断基準

1）妊娠糖尿病　gestational diabetes mellitus（GDM）
　75gOGTT において次の基準の１点以上を満たした場合に診断する。
　①空腹時血糖値　≧92mg/dl　（5.1mmol/l）
　②１時間値　≧180mg/dl　（10.0mmol/l）
　③２時間値　≧153mg/dl　（8.5mmol/l）

2）妊娠中の明らかな糖尿病　overt diabetes in pregnancy（註１）
　以下のいずれかを満たした場合に診断する。
　①空腹時血糖値　≧126mg/dl
　②HbA1c 値　≧6.5％
　＊随時血糖値≧200mg/dl あるいは 75gOGTT で２時間値≧200mg/dl の場合は，妊娠中の明らかな糖尿病の存在を念頭に置き，①または②の基準を満たすかどうか確認する。（註２）

3）糖尿病合併妊娠　pregestational diabetes mellitus
　①妊娠前にすでに診断されている糖尿病
　②確実な糖尿病網膜症があるもの

註１．妊娠中の明らかな糖尿病には，妊娠前に見逃されていた糖尿病と，妊娠中の糖代謝の変化の影響を受けた糖代謝異常，および妊娠中に発症した１型糖尿病が含まれる。いずれも分娩後は診断の再確認が必要である。

註２　妊娠中，特に妊娠後期は妊娠による生理的なインスリン抵抗性の増大を反映して糖負荷後血糖値は非妊時よりも高値を示す。そのため，随時血糖値や75gOGTT 負荷後血糖値は非妊時の糖尿病診断基準をそのまま当てはめることはできない。

出所）日本糖尿病・妊娠学会，日本糖尿病学会合同委員会（2015）

多症が起こりやすく，巨大児，新生児低血糖などの出生頻度が高くなる。また，高血圧が合併すると循環障害が顕著となり，子宮内胎児発育不全となる。

妊娠糖尿病は，産後に糖尿病に進展する可能性が高い。危険因子には，糖尿病の家族歴，高出生体重児分娩の既往歴，35歳以上の妊婦，肥満などがある。治療は，血糖値が空腹時100㎎/dl以下，食後2時間値120㎎/dl以下を目標に，食事療法を中心に行い，必要があればインスリン治療を併用する。

3.8.6 妊娠高血圧症候群

妊娠20週以降に高血圧のみ発症する場合を妊娠高血圧症，高血圧にたんぱく尿あるいは肝機能障害，腎機能障害，神経障害などを伴う場合，妊娠高血圧腎症と分類する（日本産科婦人科学会）。

症状は高血圧，たんぱく尿の順に出現することが多い。重症の場合には肺水腫，肝および腎機能障害，けいれん発作，脳出血を引き起こすことがある。発症は，高血圧の遺伝的素因，肥満，貧血，糖尿病，腎疾患を有している者，過去の妊娠で発症した経験がある者，ストレスの多い者，高齢初産婦に多い。

予防および治療の食事管理の基本は，減塩，摂取エネルギーおよび脂質の質と量の適正化，腎機能障害がなければ高たんぱく食とする。また，発症予防には，十分な睡眠と適切な体重のコントロールが重要となる。さらに精神の安定をはかり，定期健診を受けることが重要である。

3.8.7 栄養と先天性異常

⑴ 葉　酸

葉酸不足は，二分脊椎などの神経管閉鎖障害の発症に関係するため脊髄形成が行われる妊娠初期のみならず，妊娠を計画している段階から欠乏のないようにする。

⑵ ビタミンA

妊婦のビタミンA過剰摂取が奇形を発生することが知られている。特に通常の食事に加え，サプリメントを服用している妊婦において口蓋裂，唇裂のリスクが高いとの報告がある。耐容上限量を超えない摂取をこころがける。

【演習問題】

問1　日本人の食事摂取基準（2020年版）において妊婦に付加量が設定されている栄養素である。正しいのはどれか。2つ選べ。　（2016年国家試験改変）

(1) ビタミンA
(2) ビタミンK
(3) ナイアシン
(4) カルシウム
(5) マグネシウム

解答（1）と（5）

問2　日本人の食事摂取基準（2020年版）において授乳婦に付加量が設定されている栄養素である。誤っているのはどれか。1つ選べ。

（2019年国家試験改変）

(1) ビタミンA
(2) 葉酸
(3) ビタミンC
(4) マグネシウム
(5) 鉄

解答（4）

【参考文献】

石井和：応用栄養学（五明紀春，渡邉早苗，小原郁夫，山田哲雄編）朝倉書店（2005）
村本淳子，東野妙子，石原昌編著：母性看護学1妊娠・分娩（第2版），医歯薬出版（2006）
稲井玲子，山内有信：応用栄養学（吉田勉編）学文社（2004）
岩堀修明：管理栄養士を目指す学生のための解剖生理学テキスト（第4版），文光堂（2019）
青野敏博，植田俊弘，吉岡保，久保隆彦，相良輔：母子にすすめる栄養指導（一條元彦編）メディカ出版（1997）
川上義：周産期医学，**35**（創刊号）615，東京医学社（2005）
河田光博，三木健寿，鷹股亮編：栄養科学シリーズNEXT 人体の構造と機能 解剖生理学（第3版），講談社（2020）
厚生労働省：授乳・離乳の支援ガイド，雇用均等，児童家庭局（2007）
厚生労働省：日本人の食事摂取基準［2020年版］，第一出版（2020）
厚生労働省：妊産婦のための食生活指針―健やか親子21推進検討会報告書，「健やか親子21」推進検討会（2006）
小林美子，高橋佳奈：女性の看護学（吉沢豊予子，鈴木幸子編）メヂカルフレンド社（2000）
関沢明彦編：産科の臨床検査ディクショナリー，メディカ出版（2014）
仁志田博司：新生児学入門，医学書院（2018）
日本糖尿病・妊娠学会，日本糖尿病学会合同委員会（2015）
馬場一憲編：目で見る妊娠と出産，文光堂（2013）
堀川隆：栄養士・介護福祉士のための解剖生理学（雨宮浩編），メディカルレビュー社（2005）
矢嶋聰編：TEXT産科学，南山堂（1994）
矢嶋聰編：TEXT婦人科学，南山堂（1995）
WHO/UNICEF：*The Ten Steps to Successful Breastfeeding*, 2018

4　新生児期・乳児期

4.1　新生児期の生理的特徴と発育

4.1.1　成熟兆候

衛生統計上，**新生児期**は，出生時より27生日（生後4週目まで）をさし，この期間にある乳児を新生児と呼ぶ。そのうちでも生後1週間は体の諸臓器の機能に著しい変化が起こる時期で，早期新生児期と呼ばれる。この時期は，生命に対する危険が特に高いので，注意深い養護が必要である。

4.1.2　新生児期の生理的特徴

(1)　呼吸器系・循環器系の適応

胎児は，子宮内では胎盤を介して酸素を取り込み，二酸化炭素を排泄しており，胎児期の肺はガス交換を行っていない。出生に伴い，肺でのガス交換が開始されるが，肺胞のガス交換面積は成人の20分の1と比較的小さく肺容量も小さいため，代謝が亢進すると呼吸不全に陥りやすい。また，新生児の気道は細く，小さく，軟らかいため分泌物や気道粘膜の炎症などにより閉塞しやすい。呼吸は主に鼻を介しているため，鼻が詰まると呼吸ができなくなる。また，横隔膜による腹式呼吸が主であるため，腹部にガスがたまったり，オムツによる腹部圧迫で横隔膜が挙上すると呼吸困難を招く。

(2)　体水分量と生理的体重減少

身体の構成成分のうち，水分の占める割合は成人が60%であるのに対し，新生児は80%（細胞内液35%，細胞外液45%）と極めて高い。**正期産児**[*1]の出生後3～5日ごろに見られる**生理的体重減少**は出生時体重の約5～10%の範囲で，その大部分が細胞外液の減少による（図4.1）。

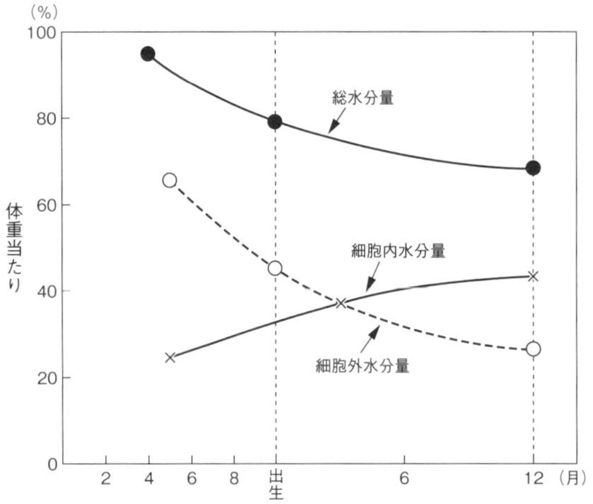

(3)　腎機能の未熟性

新生児は**糸球体濾過値**（GFR）[*2]や尿細管機能も未熟であり，最大濃縮力は700 mOsm[*3]/lで成人の50%である。排泄は覚醒時に行われ，睡眠時には行われない。1日の排尿回数は10～20回で，1日の尿量は300～500 mlである。濃すぎるミルクを与えたり，水分が不足する時には，代謝の老廃物を排泄しきれず体内に蓄積して，発熱（脱

*1 **正期産児**（term infant）37週0日～41週6日の間の妊娠期間で生まれる乳児をいう。

*2 **糸球体濾過値**（glomerular filtration rate：GFR）腎は尿生成の過程で，体内に蓄積する有害代謝産物を排泄し，体液量・濃度を正常化して内部環境の恒常性を維持する機能がある。糸球体濾過は糸球体において血漿より原尿が生成される最初の過程であり，糸球体濾過の程度を判定に用いるものが糸球体濾過値である。

*3 Osm　浸透圧の単位

出所）仁志田博司：新生児学入門 第4版，187，医学書院（2013）

図4.1　体液成分の出生前および出生後の月齢による変化

水症）の原因になることが少なくないため，水分は充分に与えなければならない。一方，水分の排泄機能が未熟なため，過度な水分補給は，浮腫を招く。すなわち，新生児は水分，電解質，酸塩基平衡を維持する能力が低い。

(4)　体温調節の未熟性

新生児は体温調節が可能な温度域が狭いため，外部環境温度に影響されやすく，低体温や高体温になりやすい。新生児の熱産生は，代謝活動，筋肉の収縮，脂肪の分解によって行われている。乳幼児以降，低温環境下では震えによって熱産生が行われるが，新生児では震えによる熱産生はなく，**褐色脂肪組織**の分解による熱産生が行われるのが特徴である。一方，熱の喪失は，輻射，対流，伝導，蒸発の４つの経路からなる。新生児では，①体重に比べて体表面積が大きいこと，②皮膚が薄いため水分透過性が高いこと，③皮下脂肪も少ないため不感蒸泄量が多いこと，④呼吸数が多く体重あたりの分時換気量が大きいことなどから体温を一定に保つことが難しい。

(5)　生理的黄疸

赤血球数は出生時に550～600万/μl近くあり，多血症の状態であるが，肺呼吸開始後，過剰な赤血球は崩壊する。崩壊した赤血球から流出した**ヘモグロビン**が多いことに加え，肝機能も未熟であるため，生後２～４日頃に高**ビリルビン**[*1]血症が一過性に生じる。これを**生理的黄疸**（physiological jaundice）とよぶ。

(6)　摂食・消化管機能の発育

1）消化管の発達調節

胎児では胎盤を通して栄養素が供給されているのに対して，新生児では消化管から栄養摂取ができるように適応していかなくてはならない。胎児は子宮内で**羊水**を**嚥下**することにより，適応のための準備を進めている。羊水中には成長因子や種々のホルモン，酵素などが含まれており，羊水を**嚥下**することによっても消化管の発達が促される。生後の消化管からの栄養摂取開始もまた，消化管の発達を促すための重要な刺激となっている。

2）胃

成人と比べて立位で縦型であり，噴門部の括約筋が未熟なため排気（ゲップ）しやすい構造であるが，**溢乳**しやすい。容積は，新生児で50 ml，３ヵ月児で170 ml，１歳児で400 ml程度である（図4.2）。

3）咀嚼・嚥下機能の変化

乳児の摂食行動は哺乳運動から始まる。哺乳は**原始反射**[*2]により行われている。成熟時であっても生後数日間は吸啜（きゅうてつ）力は弱いが，吸啜を繰り返しているうちに10～30回の連続する吸啜・嚥

*1 **ビリルビン**　血中のビリルビンは老化し破壊された赤血球中に含まれるヘモグロビンが代謝されてつくられる。新生児生理的黄疸の成因としては，母乳中に含まれるプレグナンジオール，遊離脂肪酸，プロスタグランジンなどが肝臓のグルクロン酸転移酵素の活性を阻害することにより，肝臓のビリルビン代謝が低下すること，腸からのビリルビン再吸収が増加することなどがあげられる。

*2 **原始反射**　乳児の哺乳動作は乳児が自分の意志として舌などを動かしているわけではなく学習することなしに行われる。これを哺乳における原始反射という。新生児の反射運動には，哺乳反射，モロー反射，把握反射，ビバンスキー反射，緊張性頸反射，歩行反射，パラシュート反射がある。月齢とともに，探索反射（探す）や捕捉反射（くわえる）などのその他の反射能力も次第に獲得するようになる。

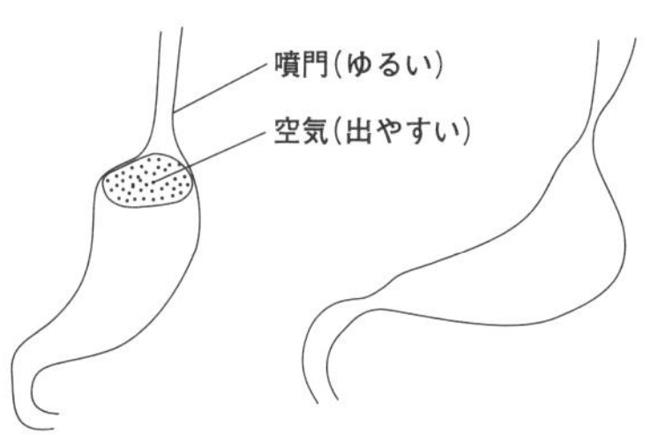

出所）仁志田博司：新生児学入門，医学書院（1988）

図4.2　新生児の胃の形

下運動が可能となっていく*1。3～4ヵ月ごろから自分の意志で吸引する成人の吸引運動に変化し，自律的に哺乳量を調節する自律哺乳になる。嚥下の際にかなりの空気も入るので，哺乳後ゲップをさせないと溢乳することがある。4ヵ月未満には舌挺出（ていしゅつ）反射（口唇の間に固形物が入るとこれを舌先が突き出す反射）がみられるが，4ヵ月ごろから固形食の摂取が可能となり，次第に咀嚼運動ができるようになる。

*1 **副歯槽堤と吸啜こう**　上顎に成人にはみられない歯茎の内側の膨らみ（副歯槽堤）と，さらにその内側にくぼみ（吸啜こう）がある。このくぼみで乳首をとらえて舌を押しあて，蠕動運動を繰り返して乳汁を絞り出す。これには吸引圧（口の中に陰圧を作って乳汁を吸引する）と咬合圧（舌や顎で乳首を圧して乳汁を絞り出す）がある。

4.2　乳児期の生理的特徴と発育

4.2.1　成長・発育

乳児期とは出生してから1歳未満の期間（0～11ヵ月・**新生児期**を含む）をいう。胎児期から出生して少年期に至る期間におけるさまざまな変遷を特に「発育」と表現する。乳児期は一生のうちで最も成長・発育が著しい。

(1)　骨格系

骨は胎生2ヵ月からまず軟骨ができて，次いでカルシウムが沈着して，次第に**硬骨***2に変化していく。生後6ヵ月以前の化骨の状態を見るときには**足根骨**を用いる。女児は男児に比べ，骨の形成は早く始まり，早く終わる。

*2 **硬骨**　硬骨に変化する場合，軟骨の一部にカルシウムが沈着して，骨化の中心点となる。これを骨核という。手根骨と足根骨の骨核は年齢とともに増加し，成熟していく。骨核の数や形は年齢によりほぼ定まっているので，通常はX線で手根骨の化骨数の出現数を調べる。このことを骨年齢（Bone Age）ともいう。この数は年齢と等しいか，または1個多く，12歳で完成する。

(2)　生　歯

乳歯は生後7ヵ月前後から生え始め，2歳半から3歳で20本に生えそろう［乳歯数（本）＝月齢－6］。乳歯萌出の遅速には遺伝の影響があるようで，知能発達とは関係ない。乳歯はほぼ一定の順序で生える。乳歯の石灰化は生後も進むが，歯の完成後は血管がないためカルシウムは補給されない。

(3)　身体各部のつり合い

頭部と**身長**との発育関係により，新生児では四頭身で，2歳では五頭身となる。その後年齢とともに，身長の割合が大きくなっていく（p.75，図5.2）。

4.2.2　心身の発達

乳児の特徴は発育することにある。体位や生理代謝面での急速な成長・発達に加え，運動機能や精神的・知的面でも種々の学習を開始する時期でもある（表4.1）。

(1)　感覚・知覚

視覚，聴覚，嗅覚などの感覚機能は未熟で皮膚や粘膜の触覚と痛覚も鈍い。言葉はヒトが情報伝達や交流を図るための大切な手段である。乳児はかなり早い時期から，積極的に意思を伝達しようとして声を発しており，家族がこれにこたえることで，乳児は言葉を理解し，判断する能力を培う。

(2)　運　動

運動機能は，粗大運動から微細運動へと発達する。粗大運動は，寝返りをする，座る，はう，立つ，歩くといった行為である。微細運動は物をつかむ，物を移動する，鉛筆などで字を書く，クレヨンなどで絵を描くなどの腕や手を使う行為である。微細運動は視覚や触覚と複合して発達する運動機能とも考えられている。その発現・発達の時期や速さは個人差が大きい。

(3)　精神・知性

精神機能の発達は，知能や思考と，社会性（適応）や情緒面の変化から観察できる。乳児期の精神面の特徴は，神経，感覚，運動機能などの成熟とともに，出生直後は未発達だったものが，表情も豊かになり，言語，情緒，社会性なども目覚ましく発達することである。乳児期は大脳皮質が未発達なため，情緒や興奮のコントロールができない。情緒は環境に左右されやすい傾向にあり，性格形成にも大きく影響するともいわれる。

表 4.1　人の心と身体のライフサイクル

ライフステージ	生理機能	精神作用	食生活	異常
胎児	代謝系の未熟性による特殊な栄養要求性	深層心理形成 人格・精神・身体機能形成の萌芽期	食に対する嗜好習慣等の萌芽期	精神・身体発育障害
乳児	精神身体機能の発達，免疫能の獲得	家族・社会とのつながりの認識	母乳哺育の栄養・免疫・心理面の重要性	抵抗性の低下 情緒不安 栄養障害
幼児 少年 青年	生活習慣病準備・予防期 発育のスパート 生活習慣病の危険因子蓄積期（生活習慣病沈黙期）	人格・精神・身体機能の形成期 個人の形成 人格の形成	食生活，嗜好の形成 家庭の料理に対する愛着と関心の形成 母親からの食習慣の伝承 食習慣の広がりと個性の形成	孤食・偏食 不安愁訴 情緒不安 栄養障害 家ばなれ 家出，非行，暴力，自殺，無気力，無責任，無自覚
成人 母性	身体生理機能の充実期 生活習慣病の発症期 妊娠・分娩・育児 胎児への影響	精神機能の充実期	家庭の食生活の完成期	生活習慣病の発症
中高年	身体機能低下	精神機能完熟期，老化	食生活，食習慣の子どもへの伝承	老化の促進 認知症 老年性精神病

出所）　乳幼児の栄養と食生活研究会編：乳幼児の栄養と食生活，3～95，全国保健センター連合会（1996）一部改変

(4)　発達の評価

健康な乳児は**体重**の増加など順調な発育を示し，運動は活発で，機嫌よく，体温・食欲・便通も正しく，十分に眠り，皮膚には弾力や潤いがある。これは身体と精神のあらゆる機能が順調に営まれているということである。

4.2.3　食行動の変化

乳児期の１歳から１歳半ごろになると目的のある行動をするようになる。食事では食物とそれ以外のものの区別がつくようになり，離乳期の後半になると「手づかみ食べ」が始まる。「手づかみ食べ」は食べ物を目で確かめて，物をつかんで，口まで運び，口に入れるという行動の発達である。それを繰り返すうちにスプーンや食器にも関心を持ち，いろいろな食べ物を見る，触れる，味わう体験を通して，自分で進んで食べようとする力を育んでゆく（図 4.3）。

4.3　栄養素の消化・吸収

4.3.1　新生児期の栄養素の消化・吸収

新生児は急速に成長し，その代謝率も成人より高く，より多くのエネル

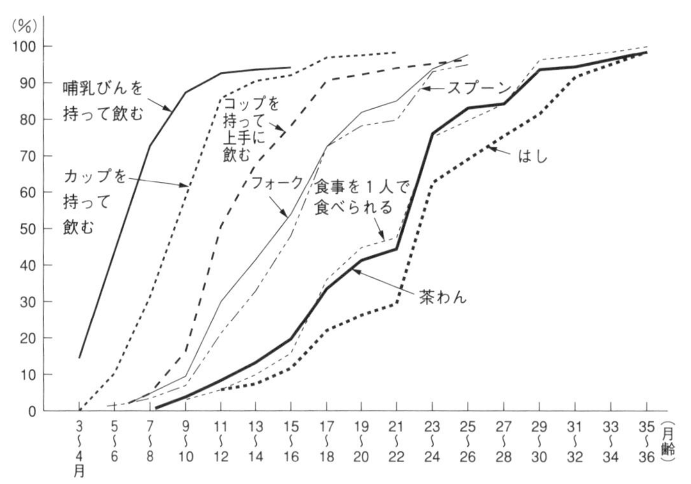

出所） 1986年保健所給食研究報告書，日本児童福祉給食会

図 4.3 食事行動の発達状況

ギー・たんぱく質，その他の栄養素を必要とする。しかし，新生児は唾液の分泌量が少なく，これに含まれる酵素活性も低く，肝臓や皮下への栄養の貯蔵が少ないため，飢餓に対して弱く，低栄養や種々の栄養障害を容易に起こす。

(1) 糖 質

新生児のエネルギー源は主に糖質で１日に必要なエネルギー量の約 45％を占める。最も重要なのは二糖類，特に乳糖である。二糖類に対しては消化酵素（イソマルターゼ，マルターゼ，スクラーゼ）の活性が発達しているため，小腸から吸収されるが，多糖類は，生後３ヵ月頃までは吸収率が悪い。

(2) 脂 質

新生児では胆汁酸プールも少ないため，中性脂肪の消化・吸収には不利な条件が重なっている。しかし，エネルギー源としては重要であり，１日に必要なエネルギー量の約 45％を占めている。多価不飽和脂肪酸ほど吸収がよく，必須脂肪酸のリノール酸が含まれると脂質全体の吸収がよくなり，不足すると発育遅延や皮膚炎などの症状を呈する。母乳やミルク中の脂質含有量は少ないが，母乳の脂質には知能の発育にも必要なアラキドン酸やドコサヘキサエン酸などの多価不飽和脂肪酸が含まれており，牛乳の脂質よりも消化されやすい。膵リパーゼの活性は胎生４ヵ月頃より認められるが，**成熟新生児***でも成人に比べ，活性は低い。

***成熟新生児** 正期産児で 2,500g 以上の児をいう。

(3) たんぱく質

１日に必要なエネルギー量の約 10％をたんぱく質で補っている。母乳やミルク中のたんぱく質は分解・吸収されるが，牛乳に含まれる高分子ペプチドは分解されないため，免疫学的にアレルギーの引き金になると危惧されている。

4.3.2 乳児期の栄養素の消化・吸収

生後５，６ヵ月までの乳児にとって唯一の栄養源は母乳であり，発達に応じて乳汁だけの栄養から半固形食，固形食に進んでいく。乳児の栄養は，十分な授乳栄養，離乳栄養が重要であるが，乳児期は新生児期を含め消化・吸収機能は未熟であり，成人に比べてかなり劣っている。

(1) 炭水化物

炭水化物の分解に関わる酵素活性の発達は種類によって異なる。でんぷんを含まない乳汁を摂取している間はアミラーゼ分泌が少なく，膵液アミラーゼ濃度は成人の10分の1程度である。乳児が人工栄養や離乳食などからでんぷんを摂るようになると，急速に唾液や膵液アミラーゼ分泌は増加する。アミラーゼの活性は徐々に上昇し，1歳ごろには成人と同じレベルに達する。

(2) 脂　質

脂肪の消化・吸収が不十分であり，2～3歳で成人レベルとなる。母乳脂肪はよく吸収されるが，牛乳脂肪では生後数ヵ月間は不良である。

(3) たんぱく質

たんぱく質分解酵素の活性は生後1～2ヵ月から急激に上昇して1歳ではほぼ成人と同じになる。また，腸壁の選択吸収能力が十分発達していないために，異種たんぱく質である牛乳を過剰に与えた場合には，高分子のまま吸収されて**食物アレルギー**につながりやすいといわれている。

たんぱく質分解酵素のトリプシンの働きも一般に未発達である。しかし，乳児の胃液にはレンニン（**凝乳酵素**）が含まれていて，母乳やミルクのカゼインを凝固（**カード**（Curd）という）し，ペプシンによる分解をしやすくする働きをもつ。母乳のカードは細かく柔らか（Soft Curd）であるが，牛乳のカードは大きく固く（Hard Curd），消化性が悪い。

*IgG（免疫グロブリン）→ p.89 参照

4.3.3 栄養素の代謝

(1) 代　謝

乳児期の代謝は不安定であり，少しの刺激から代謝バランスが乱れ，生体に異常をきたすこともある（たとえば，脱水状態など）。酵素系は一般に未発達で働きは低い。

(2) 免　疫

免疫グロブリンは，出生後に本格的に産生され始める。また，胎盤を通過して胎児に移行した母親の**IgG**（主たる**免疫グロブリン**）*の生下時血中値は母体値に等しい。生後より母体由来のIgG値は減少し，児が自らIgGを生産するが，総IgG量は生後3～4ヵ月で最低値となる。乳児はこれ以後の感染には，十分な注意が必要である（図4.4）。

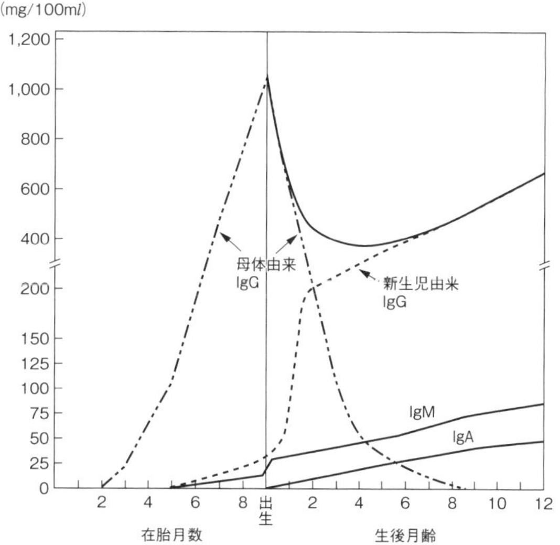

生後1歳で，IgG，IgM，IgAはそれぞれ成人の60%，75%，20%となる。

出所）仁志田博司：新生児学入門 第4版，334，医学書院（2013）

図4.4 免疫グロブリン血中濃度の出生前後の変化

(3) ホルモン

身長を伸ばすうえでは，（脳）下垂体から分泌されるホルモンのうち，**成長ホルモン***1と**甲状腺刺激ホルモン**が重要である。成長に関与するホルモンにはこれらのほかに，甲状腺ホルモンと性ホルモンもあり，これらが共同して働くことにより成長が完成する。

*1 **成長ホルモン**　下垂体から血液中に分泌されると肝臓に働きかけて，IGF-1（Insulin-like growth factor-1）と呼ばれる成長因子を作らせ，血液中に分泌させる。これが骨に到達すると軟骨細胞の増殖が起こって骨が伸びる。このように成長ホルモンは最終的にIGF-1を介して骨の成長を促している。

4.4　栄養アセスメント

乳児期の栄養障害は，成長・発達に大きく影響するため，栄養アセスメントは，**臨床診査**，**臨床検査**，身体計測などを行う。

4.4.1　臨床診査

問診により，栄養状態に関する訴え，栄養，食事歴，現在の状況，家族歴，生活歴を聴取する。また，栄養状態の評価のひとつとして**身体観察**を行う。

4.4.2　臨床検査

栄養アセスメントに使用される検査としては，血清総たんぱく質，血清脂質，血糖，赤血球数，ヘモグロビン，ヘマトクリット，血小板，尿たんぱく，尿糖などがある。

4.4.3　身体計測

(1)　頭　　囲

出生時，頭囲は約33cmである。脳の重量および頭囲の増加は乳児期に最も大きい。満１歳で46cmに達し，これは成人値の80％以上に相当する。頭囲が異常に小さい場合は小頭症，反対に大きすぎる場合には水頭症やくる病などの病気が疑われる。新生児や乳児では前頭部にひし形の柔らかい**大泉門***2にふれる（図4.5）。出生時には頭囲より胸囲が若干少ないのが普通であるが，２～３ヵ月でほぼ同等となり，その後は頭囲より胸囲の方が大きくなる。

*2 **大泉門**　生後１年～１年半ごろに閉鎖し，小泉門は生後まもなく閉じる。

(2)　胸　　囲

出生時の胸囲は，約32cmである。１年で約46cmとなる。胸囲の発達は，栄養状態との関係がきわめて大きい。

(3)　身　　長

出生時は約50cmで，男児は女児よりもわずかに大きい。乳児期の発育は旺盛で，生後３ヵ月までの間に約10cm伸び，４年で約２倍になる（約１m）*3。長期間の発育を判断するには，身長の計測はすぐれている。乳幼児の身長測定は寝かせた状態で測定するマルチン式身長計を用いる。

*3 **身長の個人差**　身長は個人差が大きく，父母の遺伝的影響を多く受ける。季節的影響もあり，春から夏にかけて伸びが大きい。

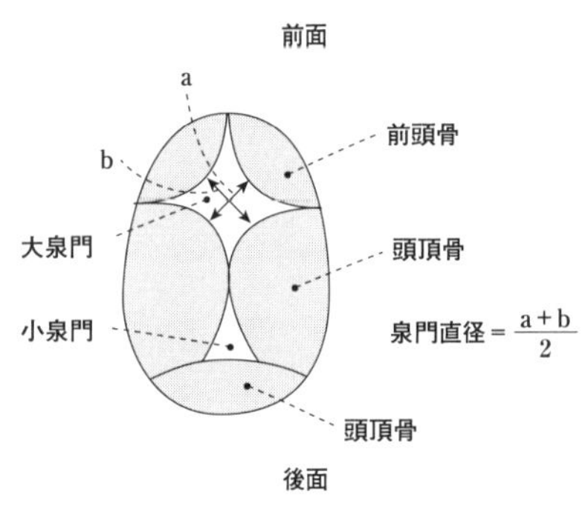

出所）黒田泰弘編：最新育児小児病学，南江堂（1998）

図4.5　大泉門*2と小泉門

(4)　体　　重

出生時体重は約3.0kgである。乳児期は体重増加割合が最も大きい時期である。生後３～４ヵ月で出生時の約２倍，１年で３倍，2.5年で４倍，４歳では５倍となる。乳児期では計測の容易さから，体重は発育の指標とされ，栄養状態の評価，特に哺乳量が十分であるかの判定に用いられる。1日の体重増加量は0〜3ヵ月で30g，3〜6ヵ月で5〜20g，6〜9ヵ月で9g，9〜12ヵ月で8g程度である。しかし，体重は一様に増加するものではなく，1週間ないし1ヵ月間隔の体重の増減を目安として1日体重増加量を算出すればよい。測定は哺乳・食事前がよい。

(5)　発育曲線

2010年に行われた厚生労働省による乳幼児身体発育調査の結果に伴い，母子手帳における「**乳幼児身体発育曲線**」(2014年）が改訂された（図4.6)。母子健康手帳では，保護者に必要以上の不安を与えることを防ぎ，適切な身体評価がなされるようにするため，2002年の母子手帳改正時より10および90**パーセンタイル***曲線が削除され，各月齢の3〜97パーセンタイル値が帯で示されている。

(6)　カウプ指数

生後3ヵ月齢以降（3ヵ月未満には適応しない）の乳幼児の**肥満**度の判定に広く用いられる。身長・体重などの計数値から体格指数（発育指数）が求められる（p.80，図5.6)。カウプ指数は，［体重（g）÷身長（cm）^{2}］×10の計算式により求められる。乳児では，14.5未満はやせすぎ，14.5〜16未満はやせぎみ，16〜18未満は普通，18〜20未満は太り気味，20以上は太りす

＊パーセンタイル　パーセンタイルとは計測値の統計的分布により，例えば同じ月齢児について体重の軽い方から順に並べて，10%（100人いれば10番目）の者の体重を10パーセンタイル値として示したものである。身体の大きさだけで健康状態が判断されるわけではないが，乳児発育の一つのバロメータとなるもので，一般に10〜90パーセンタイルまでの80%の領域内の者は，発育上の問題はないと考えられている。また，50パーセンタイルは中央値と呼ばれている。発育障害を有する者の多くは，3パーセンタイル値以下と97パーセンタイル値以上であり，漏れを少なくするために，10パーセンタイル値以下と90パーセンタイル以上がチェックされている。厚生労働省の調査結果をもとに作成された「乳幼児身体発育曲線」の詳細については，http://www.mhlw.go.jp/toukei/list/73-22b.html 乳幼児身体発育調査：調査の結果「結果の概要平成22年」pp.3〜4（図4.6）を参照のこと。

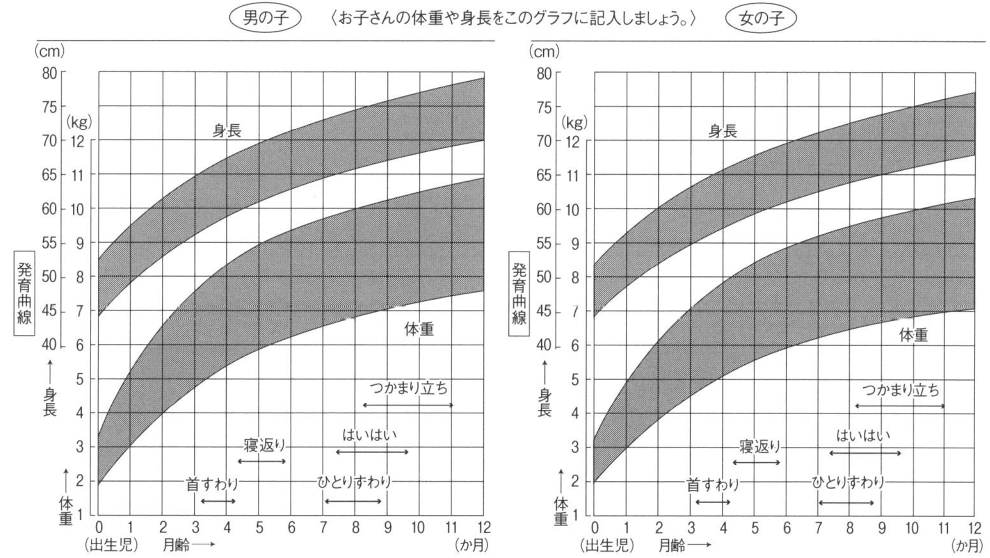

首すわり，寝返り，ひとりすわり，はいはい，つかまり立ち及びひとり歩きの矢印は，約半数の子どもができるようになる月・年齢から，約9割の子どもができるようになる月・年齢までの目安を表したものです。
お子さんができるようになったときを矢印で記入しましょう。

出所）厚生労働省：「母子健康手帳の様式ついて」（省令様式：http://www.mhlw.go.jp/file/06-Seisakujouhou-11900000-Koyoukintoujidoukateikyoku/s2015.pdf）を参照

図4.6　乳児身体発育曲線（平成22年調査）

ぎと判定される。

4.5 栄養と病態・疾患

ここでは低体重と過体重，食物アレルギー，便秘，脱水，下痢症などを取り上げる。

4.5.1 出生時体重

*1 **出生時体重** 初産より経産の方が大。また，喫煙量が多いと低出生体重の傾向がみられる。10歳代の低年齢や，40歳以上の高年齢では発育が悪い。

出生時体重[*1] は男児は女児よりも若干重く，また，個人差のほか，遺伝的要因（特に母親の体格）や年齢，出生順位，妊娠持続，妊娠中の母親の健康，疾病，栄養状態，栄養状況や喫煙，社会的・経済的影響により左右される。

(1) 低出生体重児

出生時体重が2,500g未満の乳児を低出生体重児とし，このうち，1,500g未満で出生した乳児を極低出生体重児，1,000g未満の乳児を超低出生体重児と呼んでいる。母体の栄養状態が悪いと，低出生体重児として生まれてくる傾向がみられる。低出生体重児増加の原因として，医療技術の進歩による新生児の救命率の改善，妊婦の高齢化，不妊治療の増加があると考えられる。低出生体重児の管理は，①保温，②呼吸管理，③**栄養補給**[*2]，④感染予防が四原則である。低出生体重児は体重が軽いほど全身状態が悪く，チアノーゼ，無呼吸発作などがみられる。哺乳反射が未熟なため，誤嚥を起こしやすく，また噴門括約筋の未発達により，吐乳や乳汁の気道内への流入などが起こりやすい。

*2 **栄養補給** 低出生体重児や新生児ではシステインの体内合成が十分でないため，システインは必須アミノ酸として扱われる。

これらの乳児は乳首からの授乳が困難なため，カテーテルによる経管栄養管理が行われる。極小未熟児はグルコースの点滴静注（輸液）を併用し，状態が良ければ，早期に授乳を行うようになった。

(2) 過 体 重

高出生体重児は，一般に出生時体重4,000g以上の児を意味する（アメリカでは4,500g以上）。分娩外傷や仮死の頻度が高くハイリスク児である。

4.5.2 鉄摂取と貧血

貧血は乳幼児の栄養障害のひとつでありヘモグロビンが減少している状態である。乳児期の生理的貧血の時期を過ぎれば，WHOの基準では生後6ヵ月から6歳まではヘモグロビン量11g/d*l*未満の場合を貧血とみなすとしている。

乳児期に見られる鉄欠乏貧血は離乳期貧血として知られている。鉄欠乏性貧血は低出生体重児や，急激な発育がみられる乳児期から幼児期前半の児に発症することが多い。成熟児に対する予防法は，離乳期に入ってから鉄含有量の多い食品を与えることである。これによってある程度予防することが可能であるが，明らかに鉄欠乏状態がある場合には医師，管理栄養士などに相

表 4.2　食物アレルギーの臨床型

臨床型		頻度の多い発症年齢	頻度の高い食物	アナフィラキシーの危険	耐性獲得
新生児･乳児消化管アレルギー		新生児期	牛乳	有り	多い
食物アレルギーの関与する乳児アトピー性皮膚炎		乳児期	鶏卵, 牛乳, 小麦, 大豆など	有り	多い
即時型症状		乳幼児期	年齢によって異なる	高い	鶏卵, 牛乳, 小麦, 大豆などは多く, それ以外は少ない
特殊型	食物依存性運動誘発アナフィラキシー（FDEIA）	学童期～成人期	小麦, エビ, 果物など	高い	少ない
	口腔アレルギー症候群（OAS）	学童期～成人期	果物, 野菜など	低い	少ない

出所）海老澤元宏：厚生労働科学研究班による食物アレルギーの栄養指導の手引き2017（2017）

談しながら経口的に鉄剤を投与する。低出生体重児に対しては維持量から治療量範囲での鉄剤の経口投与を考慮する。

4.5.3　二次性乳糖不耐症

「二次性乳糖不耐症」とは，多くは後天的なもので，ウイルスや細菌による急性胃腸炎に罹患した時に起きる。腸の粘膜がただれて機能が低下し，一時的に乳糖分解酵素の分泌が悪くなって下痢，酸性便をきたす状態をいう。重症な場合には，体重増加不良を起こす。

4.5.4　食物アレルギー（food allergy）

(1)　食物アレルギーの定義

「原因食物を摂取した後に免疫学的機序を介して生体にとって不利益な症状（皮膚，粘膜，消化器，呼吸器，**アナフィラキシー***など）が惹起される現象」をいう。食物アレルギーの原因は食物のたんぱく質であり，それ以外の成分（脂質，糖質など）では基本的に食物アレルギーは起こらない。

*アナフィラキシー　食物，薬物，ハチ毒などが原因で起こる即時型アレルギー反応のひとつで，皮膚，粘膜，消化器，呼吸器症状が同時に2つ以上現れる状態をいう。このうち血圧低下や意識消失など生命をおびやかす重篤な症状を伴うものをアナフィラキシーショックと呼ぶ。

(2)　乳幼児などの食物アレルギー

食物アレルギーは小児から成人期まで様々なタイプがあり（表4.2）新生児期にも人工栄養で消化器症状として血便・下痢などを呈する食物アレルギーが存在する。人工栄養を加水分解乳やアミノ酸乳に変更することにより速やかに改善し，再投与することで症状が誘発されることにより確定される。乳幼児などの低年齢では，消化力が弱いこと，腸管内の分泌型IgAの量が少ないことなどがアレルギー成立の理由と考えられる。乳児の有病率は5～10％程度で，その多くはアトピー性皮膚炎を合併している。

(3)　アレルギーと原因食品

乳幼児の即時型**食物アレルギー**の主な原因は鶏卵，乳製品，小麦が多く（表

4.2)，最初は顔面・頭皮のかゆみを伴う湿疹として発症する皮膚症状例が90％を超える。その後，加齢とともに80～90％は耐性を獲得していく。即時型症状は原因食品を摂取してから，通常2時間以内に出現することが多い。

食物アレルギーの場合の離乳食は必ず専門医と栄養士の協力のもとで，指導を行う。進め方が分からない場合や何を食べさせてよいか不安な場合は，除去を指示されたもの以外は，厚生労働省策定「**授乳・離乳の支援ガイド**」に基づいた離乳食を開始し，進めてよいことを説明し，必要に応じて離乳食の作り方を示す。初めて食べる食物は，患児の体調のよいときに新鮮な食材を十分に加熱し，少量ずつから，症状が出てもすぐに医師の診察を受けられる平日昼間などの時間帯を選んで試すことを助言する。

(4) 除去食と栄養指導

「食物アレルギーの栄養指導の手引き2017」によると，**食物アレルギー**の治療・管理の原則は，正しい診断に基づき必要最小限の原因食物を除去することにある。すなわち，原因食物であっても過度な除去をせず，安全に摂取できる範囲まで食べられる**除去食**が推奨されている。医師の診断のもとに，除去食物が確定した際は，栄養指導が重要となる。原因食物のたんぱく質の特徴（加熱や発酵などによる変化）を考慮しながら，具体的に食べられる食品例を示し，選択できる食品の幅を広げられるようにする。最小限の食物除去であっても，エネルギー・たんぱく質・カルシウム・鉄分・微量栄養素が摂取不足にならないよう，主食，主菜，副菜を組み合わせた献立により，バランスよく栄養素が摂取できるように説明する。特に，除去食物ごとに不足しやすい栄養素がある場合には，それを補う方法を指導する。複数品目に制限が必要な場合や，日常的に使用する調味料や加工食品に除去食物が含まれる場合には，食生活の制限が大きくなるので，使用できる代替食材や加工食品のアレルギー表示についての説明などを行い，患児と保護者の不安を解消し，QOLの維持・向上をはかる。乳幼児期に除去食を実施する場合，食生活の評価は特に重要である。まず，成長発達のチェックと食物除去の見直しを定期的に行う。必要に応じて医師との連携を図り，一般血液検査などの全身状態の評価を行う。食物アレルギーの関与する乳児アトピー性皮膚炎の経過中に末梢血好酸球数の増加・鉄欠乏性貧血・肝機能障害・低たんぱく血症・電解質異常がみられることがあるので必要に応じて一般検査を行う。

表4.3 アレルギー表示について

	特定原材料等の名称
表示義務	えび，かに，小麦，そば，卵，乳，落花生（ピーナッツ）
表示を奨励 （任意表示）	アーモンド，あわび，いか，いくら，オレンジ，カシューナッツ，キウイフルーツ，牛肉，くるみ，ごま，さけ，さば，大豆，鶏肉，バナナ，豚肉，まつたけ，もも，やまいも，りんご，ゼラチン

出所）厚生労働省：食品表示基準に係る通知　別添アレルゲンを含む食品に関する表示 https://www.caa.go.jp/policies/policy/food_labeline/food_labeling_act/pdf/food_labeling_act_190919_0002.pdf（2019.11.28）
厚生労働省：厚生労働科学研究班による食物アレルギーの栄養食事指導の手引き2017 https://www.foodallergy.jp/wp.content/themes/foodallergy/pdf/nutritionalmanual2017.pdf（2019.11.28）

患者数が多い，または症状の重篤度が高い7品目（えび，かに，小麦，そば，卵，乳，落花生（ピーナッツ））が含まれる加工食品については，食品表示法により表示が義務付けられている。また，これ以外の21品目の表示を推奨しているが，推奨品目やそれ以外の食物に表示の義務はない（表4.3）。

4.5.5 乳児下痢症と脱水

乳児期にみられる下痢を主症状とした疾患を乳児下痢症という。原因は主なものには腸管感染が多く，そのうちでもウイルス感染が大多数を占め，特

コラム4 乳幼児におけるアレルギー発症と予後の特徴

平成23年に行われた即時型食物アレルギー全国モニタリング調査では，アレルギー発症の2,954例を調査対象とし，年齢，性別，原因抗原が特定されているものを抽出し，分析した結果が報告されている。その一部について図と表に示した。わが国の乳幼児の食物アレルギーの有病率は約10%であり，表からも即時型の原因食物は卵類，牛乳，小麦が多いことがわかる。成人に比べて，乳幼児では魚卵やピーナッツも重篤な症状を引き起こす場合があり，注意を要する。魚卵によるアレルギーのうち，特にイクラは，ショック症状の原因食物として上位にあげられている。また，ピーナッツは他の抗原と異なり，ロースト（高温加熱）することにより，アレルゲンが強まるため，市販品では加工方法の確認が必要である。アレルギー児の保護者に対して管理栄養士は，食物除去・摂取状況の把握と整理をし，アレルギー食品表示の説明を行い，アレルギー用ミルクや除去食を必要とする離乳食とともに，栄養素バランスを整えるための献立作成法や調理（除去食）の基本手技などを指導する。

しかし，成長とともにアレルギーの有病率は低下し，3歳児で約5%，学童期以降になると1.3～2.6%程度となる。4歳児以降になると甲殻類，果物類，魚類などが新たな原因となることからも示唆されるように，乳幼児期に発症する主な原因食物は成長とともに大部分が摂取可能となり，一般に**3歳までに50%，6歳までに80～90%**が食べられるようになる（**免疫耐性**）。すなわち，医師や園・学校と連携して，除去食から解除を進める指導も管理栄養士の重要な役割となる。

また，アレルギー児においても，従来の厳格除去食療法から変わり，「食物アレルギーの栄養指導の手引き2017」では，食べると症状が誘発される食物だけを除去し，原因物質でも食べられる範囲までは食べることを勧めている。管理栄養士は，患者が医師の指示した範囲の中で，食品や調理方法などを具体的に示して食生活の選択の幅を広げられるように，“必要最小限の除去食の指導”を目標として対応していくことが使命となる。

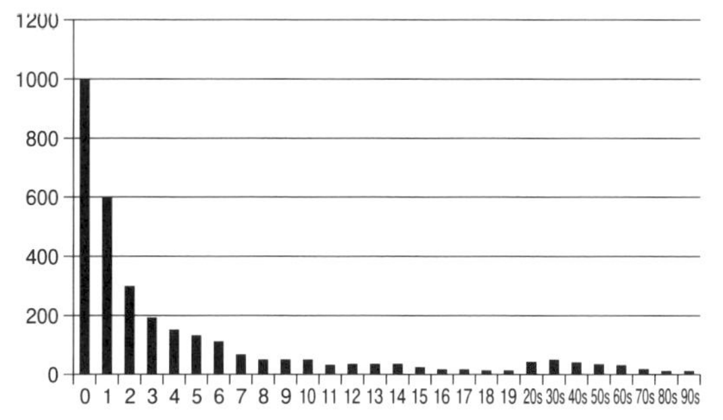

図 年齢ごとの調査症例数

表 年齢別新規発症抗原

	0歳（884）	1歳（317）	2，3歳（172）	4～6歳（109）	7～18歳（117）	≧19歳（106）
1	鶏卵 57.6%	鶏卵 39.1%	魚卵 20.3%	果物類 16.5%	甲殻類 16.2%	小麦 38.6%
2	牛乳 24.3%	魚卵 12.9%	鶏卵 13.4%	鶏卵 15.6%	果物類 12.0%	魚類 12.3%
3	小麦 12.7%	牛乳 10.1%	ピーナッツ 11.0%	ピーナッツ 11.0%	鶏卵 10.3%	甲殻類 11.3%

出所）内閣府：平成24年度食品表示に関する試験検査「即時型食物アレルギーによる健康被害，及びアレルギー物質を含む食品に関する試験検査」―抜粋―
http://www.cao.go.jp/consumer/history/02/kabusoshiki/syokuhinhyouji/doc/130530_shiryou4.pdf（2014.11.5）

に白色調の水様便はロタウイルスで有名である。冬季の乳幼児下痢症の80〜90％はロタウイルスによる。食事療法の基本は脱水の防止であり，水分を摂取させることが大切である。

脱水は，体液の欠乏した状態またはこれによって起こる症候群を意味する。乳幼児では体重あたりの水分量が大きい。また，腎臓が未熟なために尿濃縮力が十分でなく，最終代謝産物の排泄に多くの水分を必要としたり，不感蒸泄量が多いので，容易に脱水に陥りやすい。体重あたりの摂取水分は大人の２倍必要である。

4.5.6　便　　秘

便秘は，排泄回数の減少，硬便，排泄困難になる状態をいう。また，別の定義では３日間以上排便がない場合とするという報告もある。**新生児期**では先天性消化管閉塞あるいは狭窄症，直腸肛門奇形（鎖肛），胎便栓症候群（ゴム状になった胎便が停留している状態），乳児では腸管壁内神経節細胞の欠如によるヒルシュスプルング病や先天性甲状腺機能低下症（クレチン症），二分脊椎症などが便秘の原因として挙げられる。日常的にみられる便秘の多くは，このような原因を持たず特別な治療を必要としないが，前述の疾患などの疑いがみられるような場合は医療機関を受診させる。

離乳期の便秘では，野菜や果物などで食物繊維を多めに摂取することもすすめられる。

4.5.7　発達遅延

発育，発達に及ぼす因子には，大別して先天的因子と後天的因子がある。両者は相互に関連しあうので厳密に分けることは不可能である。先天的因子は遺伝，性差，人種差などが関係する。

後天的因子（環境因子）では栄養，社会・経済的環境，季節，地域差，精神的影響，年代的推移などがあるが，栄養（特に動物性たんぱく質）が発育に強い影響を与えることは明らかである。栄養不足ではまず体重増加が不良となり，長引けば，**身長**の伸びも不良となってくる。実測体重が実測身長に対する標準体重の90％以下を一般にやせとし，80％以下を高度のやせとしている。

近年では栄養法の改善により，栄養失調児はほとんど見られなくなり，逆に**肥満児**の問題がクローズアップされている。肥満の判定には乳幼児ではカウプ指数を用いる（p.80，図 5.6）。一般に乳児肥満にはエネルギー制限を行わない。栄養と運動の両面から肥満予防対策を推進する必要がある。

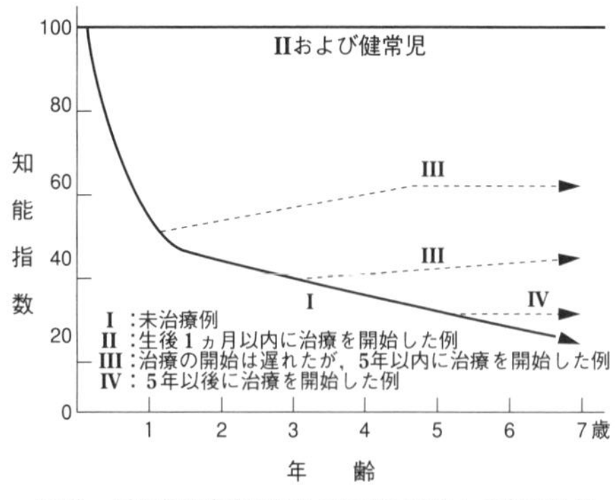

出所）厚生省児童家庭局母子保健課監修：食事療法ガイドブック アミノ酸代謝異常症のために，母子愛育会（1998）

注）折れ線の中にIIIが2ヵ所あるが，原典通りである。

図 4.7　フェニルケトン尿症の治療効果

4.5.8　先天性代謝異常

生まれつき生体内の代謝に関与する酵素などに障害があると，正常に代謝されない物質が体内に蓄積したり，必要な物質が欠乏したりすることによって，発達の遅れや，精神機能の障害などを生ずる。予後不良でほとんどは治療が不可能である。

表 4.4　血中フェニルアラニン値の維持範囲

乳　児　期～幼児期前半	：	2 ～ 4 mg／dl
乳児期後半～小学生前半	：	3 ～ 6 mg／dl
小学生後半	：	3 ～ 8 mg／dl
中　学　生	：	3 ～10mg／dl
そ れ 以 後	：	3 ～15mg／dl

出所）厚生省先天性代謝異常症治療研究班（1995）

日本では，先天性代謝異常を早期発見，早期治療を行うために，1977 年から生後 5 日の新生児を対象として血液検査を行い，新生児マス・スクリーニングが実施されている。2003 年からは，**フェニルケトン尿症**（PKU），メープルシロップ尿症（楓糖尿症），ホモシスチン尿症，ガラクトース血症，クレチン症（先天性甲状腺機能低下症），先天性副腎過形成症の 6 種類の病気が検査の対象となった。特に，PKU は，早期に診断してフェニルアラニンを除去した食事療法*を開始することにより，全く正常な児として成長し発育することが可能となる（図 4.7）。しかし，生後 6 ヵ月から 1 年を経過後に治療を開始したような場合には，栄養障害や知能障害など著しい機能障害をもたらすため，厳しい治療基準が設定されている（表 4.4）。

＊　一部の薬剤や多くの低エネルギー食品および食物には甘味料としてフェニルアラニン化合物であるアスパルテーム®が甘味料として使用されているので摂取を避ける。

先天性代謝異常の者には医師の処方のもとに特殊ミルクを使用する（表 4.5）。ただし，ガラクトース血症（無乳糖・無ガラクトース）以外の 4 疾患は必須アミノ酸としての摂取制限食を指導し，実施しなければならない。

4.6　新生児期・乳児期の栄養補給

新生児・乳児期は，ヒトの生涯で最も成長発達が著しい時期である。この時期における栄養補給には特別な配慮が必要である。

栄養補給に関わる内容や方法として，食事摂取基準，授乳・離乳の支援ガイド，乳汁栄養および離乳栄養について述べる。

4.6.1　乳児期の食事摂取基準（「日本人の食事摂取基準（2020 年版）策定検討報告書」）

(1)　食事摂取基準における乳児期の月齢区分

食事摂取基準の年齢区分において，0 から 1 歳までの乳児期は，月齢で区分されている。これは乳児の身体における生後 1 年間のめざましい成長のなかで，5 ～ 6 ヵ月頃には消化吸収機能の発達に伴う離乳が始まることによる。

エネルギーおよびたんぱく質は 0 ～ 5 ヵ月，6 ～ 8 ヵ月，9 ～ 11 ヵ月の 3 区分，各栄養素は 0 ～ 5 ヵ月，6 ～ 11 ヵ月の 2 区分で示されている。

(2)　エネルギー（推定エネルギー必要量）

身体活動に必要なエネルギーに加え，組織合成に要するエネルギーおよび

表 4.5　先天性代謝異常症と栄養管理

病名	概念	症状	栄養管理	登録陽性者数[1] 頻度
1. フェニルケトン尿症	フェニルアラニンをチロシンに転換する酵素（フェニルアラニン水酸化酵素）が先天的に欠如しているため，アラニンが血液中，体液中に異常蓄積する（特に知的障害児で多量に蓄積）	神経中枢障害（異常脳波，けいれん，精神発達遅延，てんかん様発作）	発育に必要なエネルギー，たんぱく質は十分に摂取 乳児期は治療乳ロフェミルク（低フェニルアラニン特殊ミルク）を用い，血中フェニルアラニン濃度を10mg/dL以下に保つ 離乳食開始後も15mg/dL以下に要注意	登録陽性者数　235 頻度[2]　約1/7万
2. 糖原病	グリコーゲン分解の触媒酵素欠損のためグリコーゲンの異常蓄積と低血糖	肝臓や腎肥大のため腹部膨満を呈し，また，人形様顔貌と低身長，脂質異常症，高尿酸血症性アシドーシス	低血糖防止と脂質異常症防止のために高炭水化物，低脂肪食総エネルギーのうち 炭水化物　70% たんぱく質　20% 脂質　10% エネルギー配分 覚醒時に総エネルギーの2/3 夜間に1/3	登録陽性者数　195 頻度[2] IX型が最多。Ｉ型，Ⅲ型がこれに次ぐ （Ｉ型：1/10万）
3. ガラクトース血症	ガラクトースを分解する酵素の欠損（活性低下）により中間代謝産物の異常蓄積。酵素欠損の部位により3型ある	症状発現は乳汁摂取と深く関与。授乳開始後より嘔吐，下痢の出現から黄疸，白内障，知能障害，低血糖，けいれんなどを起こしてくる	乳糖摂取量を0にすることが大切であるため，乳糖除去ミルクまたは大豆乳を用いる	登録陽性者数　38 頻度[2] Ｉ型約1/90万 Ⅱ型約1/100万 Ⅲ型1/7万～1/16万
4. ホモシスチン尿症	メチオニンからシスチンを生成する途中に生じるホモシスチンの代謝異常のため，ホモシスチンの体内異常蓄積	脳障害，眼症状，血栓症	シスチン添加低メチオニンミルク	登録陽性者数　18 頻度[2]　約1/80万
5. メープルシロップ尿症（楓糖尿症）	脂肪族側鎖アミノ酸（イソロイシン，ロイシン，バリン）から生じるα-ケト酸の分解に障害	尿が楓糖のような甘い臭気を放つ。知能障害	イソロイシン，ロイシン，バリン除去ミルク	登録陽性者数　25 頻度[2]　約1/50万

注 1）国立成育医療研究センター・小児慢性特定疾病情報室－平成25年度の小児慢性特定疾患治療研究事業の疾病登録状況〔確定値〕－ https://www.shouman.jp/research/pdf/20_28/28_01.pdf（2019.11.25閲覧）
2）日本先天代謝異常学会新生児マススクリーニング対象疾患等　診療ガイドライン2015（診断と治療社）
資料）中野慶子：応用栄養学，p. 188（2006）第一出版，一部改変
出所）江田節子他：応用栄養学，85，第一出版（2010）
小児慢性特定疾患治療研究事業における登録データの精度向上に関する研究－平成25年度の小児慢性特定疾患治療研究事業の疾病登録状況〔確定値〕－　国立成育医療研究センター 小児慢性特定疾病情報室
https://www.shouman.jp/research/pdf/20_28/28_01.pdf（2019.11.29）
日本先天代謝異常学会 編集：新生児マススクリーニング対象疾患等　診療ガイドライン　2015，診断と治療社
http://www.jsimd.net/pdf/newborn-mass-screening-disease-practice-guideline2015.pdf（2019.11.29）

エネルギー蓄積量相当分を摂取する必要があり，推定エネルギー必要量（kcal/日）＝総エネルギー消費量（kcal/日）＋エネルギー蓄積量（kcal/日）で求められる。男児では0～5ヵ月で550kcal/日，6～8ヵ月で650kcal/日，9～11ヵ月で700kcal/日，女児では0～5ヵ月で500kcal/日，6～8ヵ月

で600kcal/日，9～11ヵ月で650kcal/日である。身体活動レベルはⅡのみ示されている。0～5ヵ月はライフステージ上で最も，体重増加が著しい時期であるため，体重1kg当たりの必要量も最も高いことが特徴である。

(3)　各栄養素の指標と算定

乳児期の食事摂取基準における各栄養素の指標は目安量で示されている。これは，推定平均必要量や推奨量を決定するための実験が乳児では不可能であることが理由である。ゆえに健康な乳児が摂取する母乳の質と量が乳児の栄養状態に望ましいと考えられ，母乳栄養の場合を想定した数値が目安量として示されている。数値は母乳の**哺乳量**（生後0～5ヵ月0.78*l*/日，6～8ヵ月0.60*l*/日，9～11ヵ月0.45*l*/日，6～11ヵ月区分の場合は0.53*l*/日）と母乳に含まれる各栄養素濃度から算定される。ただし，ビタミンA，ビタミンD，ヨウ素については目安量および耐容上限量，鉄については6ヵ月以降，推定平均必要量，推奨量が示されている。離乳開始後（6～8ヵ月，9～11ヵ月）については，母乳および離乳食からの摂取量が算出され，目安量算定のための参照値とされた食事摂取基準の栄養素（34種類）のうち，たんぱく質，脂質，カルシウム，鉄について以下に示す。

1）たんぱく質（目安量）

乳児0～5ヵ月の場合，母乳栄養でたんぱく質欠乏を来たすことがないという根拠に基づき，哺乳量と母乳のたんぱく質濃度（12.6g/*l*）から算出された9.83g/日を丸めて10g/日，同様に6～8ヵ月は15g/日，9～11ヵ月は25g/日とされた。

2）脂質（目安量）

脂質は，生後0～5ヵ月児で50%エネルギーである。生後6～11ヵ月は乳汁と離乳食の両方から栄養を得ている。この時期は幼児期への移行期と考えられ，0～5ヵ月児の目安量と1～2歳児の目安量（中央値）の平均が用いられ40%エネルギーである。*n*-3系脂肪酸は0～5ヵ月では0.9g/日，生後6～11ヵ月0.8g/日，*n*-6系脂肪酸は乳児期0～11ヵ月を通して4g/日である。

3）カルシウム（目安量）

カルシウムは，生後0～5ヵ月児で200mg/日である。これは母乳のカルシウム濃度250mg/*l*×哺乳量＝195mg/日を丸めた数値である。6ヵ月以降の乳児については母乳と離乳食双方に由来するカルシウムが考慮されているもので250mg/日である。

4）鉄（生後0～5ヵ月は目安量，生後6～11ヵ月は推定平均必要量，推奨量）

満期出産で正常な子宮内発育を遂げた出生時体重3kg以上の新生児は，生後4ヶ月頃までは体内に貯蔵されている鉄を利用して正常な鉄代謝を営むことから，生後0～5ヵ月では母乳からの鉄摂取が十分と考えられ，母乳中の鉄濃度0.426mg／l×哺乳量の算出値を丸めて0.5mg／日。なお，日本の生後6ヵ月の母乳栄養児には低ヘモグロビン濃度が認められていることから，生後6～11ヵ月は小児と同様に推定平均必要量が算定されて3.5mg／日。推奨量は個人間の変動係数が見積もられ，推定平均必要量に推奨量算定係数1.4が乗じられ男児5.0mg／日，女児4.5mg／日になっている。

4.6.2 乳児期の授乳・離乳支援（「授乳・離乳の支援ガイド（2019年改訂版）」）

授乳・離乳の支援ガイド（2019年改定版）は，Ⅰ授乳・離乳に関する動向，Ⅱ授乳・離乳の支援（授乳及び離乳支援にあたっての考え方）：Ⅱ−1授乳編，Ⅱ−2離乳編から構成されており，参考資料には災害時の妊産婦及び乳幼児などに対する支援なども掲載されている。2007年3月以降これまで活用されてきた旧ガイドに替わり，本ガイドは授乳及び離乳を取り巻く社会環境などの変化を背景にした授乳及び離乳を通じた育児支援の視点重視，母親等の気持ちや感情の受け止め，寄り添いを重視した支援促進，多機関，多職種の保健医療従事者における授乳及び離乳に関する基本的事項の共有と一貫した支援の推進をしていくという基本的な考え方に基づいて，2019年3月に厚生労働省より公表された。

具体的には，①授乳・離乳を取り巻く最新の科学的知見などを踏まえた適切な支援の充実，母乳率の増加及び育児ブルー（うつ）の増加から，②授乳開始から授乳リズムの確立時期の支援内容の充実，考え方が大きく変化した，③食物アレルギー予防に関する支援の充実，これまでに掲載されていない，④妊娠期からの授乳・離乳の支援等に関する情報提供の有り方などが改定のポイントとしてあげられている。

4.6.3 乳児期の栄養補給法

乳児期の栄養補給は，乳汁期と離乳期に区別される。ここでは乳汁期の栄養補給に関わる内容や方法について述べる。

乳汁栄養とは，生後5ヵ月頃までは乳汁主体による栄養補給のことである。これに用いられる乳汁が母乳である場合を**母乳栄養**，母乳以外の育児用調製粉乳などを用いる場合を**人工栄養**，母乳と育児用調製粉乳の両方を混合で用いる場合を**混合栄養**という。乳児においては母乳栄養が最良である。しかしながら，母乳栄養での育児割合は一定に高いというわけではない。この理由として背景にある社会・経済状況による影響が考えられる。

4.6.4 栄養補給法の種類

(1) 母乳栄養

1) 母乳（初乳・移行乳・成熟乳）について

母乳とは出産後母親の乳腺から分泌される乳汁であるが，日数経過とともに色や質が変化する。出産後７日間ほどは帯黄白色でやや粘り気があり，これを**初乳**という。その後は米のとぎ汁のような白色に徐々に変化していく。色，質ともに安定するのは出産後おおよそ２週間以降であり，これを**成熟乳**という。初乳から成熟乳が分泌される間の乳汁を**移行乳**という（p.33，表 3.1）。

初乳は成熟乳に比べてたんぱく質やミネラル成分が豊富である。また**免疫グロブリン A（IgA）**を多く含んでおり，**新生児の感染予防***に重要な役割を果たしている。移行乳は免疫グロブリンやたんぱく質含有量が減少する一方で脂肪分や糖分が増加してくる。その後は成分濃度も一定になり分泌量も増してくる。むろん成熟乳にも**免疫グロブリン**，**リゾチーム**や**ラクトフェリン**等の抗菌性物質は含まれている。母乳は牛乳に比較して糖質（乳糖）が多くたんぱく質が少なくカゼインも少ない（表 4.6）。このような種々の栄養素成分組成の母乳は乳児の発育に理想的であるとともに乳児の未熟な体内諸器官・機能における消化，吸収，代謝に負担が少なく最適である。

表 4.6 人乳と牛乳との成分組成比較（100g中）

		人乳	牛乳
水分	g	88	87.4
たんぱく質	g	1.1	3.3
脂質	g	3.5	3.8
炭水化物	g	7.2	4.8
灰分	g	0.2	0.7
ナトリウム	mg	15	41
カリウム	mg	48	150
カルシウム	mg	27	110
リン	mg	14	93
鉄	mg	0.04	0.02
ビタミンA	μg	46	38
ビタミンB_1	mg	0.01	0.04
ビタミンB_2	mg	0.03	0.15
ナイアシン	mg	0.2	0.1
ビタミンC	mg	5	1

＊ビタミンAはレチノール活性当量

出所）七訂日本食品成分表（2018）による

＊ **新生児の感染予防** 免疫物質や抗菌性物質が含まれるため母乳栄養児は感染性の疾病にかかりにくい（低罹患性である）。

2) 母乳栄養の進め方

出産後なるべく早期に開始することが望ましい。**授乳法**については現在，乳児が乳汁を欲する時に欲するだけ与えるという**自律授乳方式**が一般的に行われている。ここで留意すべきことは，授乳不足にならないよう乳児の要求を正しく判断することである。乳児の様子において授乳時間が 30 分以上かかる，授乳の間隔が短い，機嫌が悪い，また体重の増え方が思わしくないなどの場合は，授乳不足が疑われる。原因としては母乳の分泌または乳児の機能に問題がある場合が考えられる。母乳の分泌は母体の栄養・健康状況，乳腺などの状態や行動に影響されることが少なくない。

授乳量については乳児の吸啜の状態により増減することがあるので，十分な母乳分泌量，授乳の確保と維持のために母親の栄養・健康状況や行動，乳児の様子については特に留意する必要がある。

授乳間隔・回数は，生後１ヵ月ほどすると一定になる。生後１～３ヵ月頃までは３時間おきに１日６～７回，その後は約４時間おきに５回程度で，授乳回数は夜間の授乳が減り１日５～６回の生活リズムに合わせ調整されていく。１回の授乳時間はおおよそ 15 分程度である。授乳量は１回が［(120～130)＋月齢×10］m*l* と概算される。

*1 **利用効率**　母乳の組成は生理機能の未熟な乳児に至適で，たんぱく質・脂肪などの代謝負担が最も少なく，かつ利用効率が高い。

*2 **母子の情緒**　乳児の吸啜刺激により射乳ホルモンであるオキシトシンが分泌され，これは母親の子宮の収縮を促進するなど母体の回復を早める働きがある。授乳による肌の触れ合いがボディコンタクト，スキンシップなどを通して，乳児の人格形成や母親の心身の健康にもよい影響を与える。また，乳児突然死症候群の発症の危険性低下について，近年母乳が推奨されている。

*3 **ビタミンK₁を含む食品**　参考：糸引き納豆（50g）870μg，モロヘイヤ（60g）435μg，カットわかめ（1g）1600μg など。

3）母乳栄養の利点

①**利用効率***1，②死亡率・罹患率の低下傾向（特に**初乳**），③消化吸収が良い，④アレルギー性疾患の発症抑制，⑤腸内病原菌繁殖抑制，⑥産後の母体回復と**母子の情緒***2 の安定，⑦経済効率などがあげられる。

4）母乳栄養の問題点と留意事項

最良な母乳でも以下のような問題点が存在するので留意が必要となる。

①　母乳性黄疸

母乳栄養の場合，母乳に含まれるビリルビンの代謝を阻害する因子により1ヵ月以上にわたり黄疸がみられることがある。これは**生理的黄疸**とは異なるものである。

②　乳児ビタミンK欠乏性出血症

母乳栄養児の腸内菌叢はビフィズス菌が最優性であることから腸内疾患や感冒に罹りにくいが，ビタミンKが生産されない。このため**乳児ビタミンK欠乏性出血症**という頭蓋内出血を惹起し重症な脳障害や死に至ることもある。この発症を防ぐために現在では，生後24～48時間内および生後1ヵ月の時点で**ビタミンK_2シロップ**を経口投与している医療機関が多い。なおビタミンKを含む母乳分泌には，母親が**ビタミンK_1を含む食品***3 摂取に努めることが有用である。

③　母乳とウイルス性感染

母親がある種のウイルスに感染すると，母乳を介して乳児に感染することが明らかにされている。成人T細胞白血病（ATL）の場合には授乳期間を短くすることとされている。**エイズウイルス（HIV）**や**サイトメガロウイルス**の場合は感染確率が高いため授乳は禁忌である。

④　母乳と薬剤

母親が薬剤を服用している場合，薬剤の母乳への移行量は1％未満とされている。しかしながら，抗痙攣剤，強心剤，利尿剤，降圧剤，ホルモン剤やある種の抗生物質など重い副作用が知られている薬剤の場合は，医師の指示を受けることが望ましい。

⑤　母乳と嗜好品（アルコールとたばこ）

母親が飲酒した場合，短時間で母乳中にアルコールが出現し乳児に移行することが知られている。さらに長期的な飲酒や飲酒量が増えた場合には，乳児の**吸啜**刺激による母乳中の**プロラクチン**分泌量が低下し，母乳の分泌量が減少するという。一方，母親が出産後に喫煙した場合は母乳の分泌量や成分組成に影響を及ぼすことが明らかになっている。

⑥　母乳と環境汚染物質

毒性の強いダイオキシン，PCB，DDT，水銀（表3.5）などの環境汚染物質は母親の体内に入ると脂肪組織に蓄積され，母乳から高濃度で検出されることが報告されている一方，過去20年程度の間に半分以下に低下しているという報告もあり，現在母親や乳児への悪影響は観察されていない。

(2)　人工栄養

母乳分泌の不足，母乳禁忌，授乳障害，その他の事情などの理由で母乳栄養を行えない場合，母乳以外の乳汁（代用品）で乳児を育てることが必要になるが，この栄養補給法を人工栄養といい育児用粉乳が用いられる。わが国での人工栄養は調製粉乳が主である。

1）人工栄養に用いる育児用粉乳について

育児用粉乳は，主に牛乳を加工することで，カゼインと乳清の割合，必須脂肪酸組成，亜鉛をはじめとしてタウリン，ラクトフェリン，ビフィズス菌，オリゴ糖，DHAなどの脂肪酸，ビタミンK，ビタミンEなどの配合や増強により調整されて，母乳成分組成に近づけられている。このほか大豆加工乳等がある。育児用粉乳の種類は，①調製粉乳（乳児用調製粉乳，フォローアップミルク，低出生体重児用粉乳），②特殊ミルク（ミルクアレルゲン除去食品，低ナトリウム粉乳，無乳糖粉乳，大豆たんぱく調製粉乳，MCT乳，先天性代謝異常用粉乳他）があり，乳等省令（食品衛生法）による名称，特別用途食品（健康増進法）としての名称，一部，医薬品として許可された製品がある。

①　調製粉乳

・乳児用調製粉乳

調製粉乳とは「生乳，牛乳もしくは特別牛乳又はこれらを原料として製造した食品を加工し，又は主原料とし，これに乳幼児に必要な栄養素を加えた粉末状にしたものをいう」と「乳及び乳製品の成分規格等に関する法令」（乳等省令）で「乳固形分50％以上，水分5.0％以下，細菌数5万以下，大腸菌群陰性」と規定されている。乳児用調製粉乳は，一般に市販されている健康児を対象とした人工栄養に用いられる粉乳であり，0ヵ月から離乳期あたりまで用いられる。

・フォローアップミルク（離乳期幼児期用粉乳）

離乳期以降に牛乳の代用品として用いられ，母乳代替食品ではない。離乳が順調に進んでいる場合は摂取する必要はないが，離乳が順調に進まず鉄欠乏症のリスクが高い場合や適当な体重増加がみられない場合には，医師に相談したうえで必要に応じて活用することなど検討する。

育児用粉乳に比べて，たんぱく質と無機質が多い成分組成となっている。フォローアップミルクの鉄含有量は育児用ミルクの約1.4倍である。亜鉛や銅の添加は認められていない。この製品は使用開始月齢の6ヵ月と9ヵ月のものがあるが，前述のとおり離乳期に使用する必要はない。

・低出生体重児用粉乳

出生時体重が2,500g未満の低体重児は，哺乳能力が低く1回哺乳量も少なく栄養素摂取量が不足しやすい。また母乳栄養が不可能であるため，医師の処方に基づいて用いられる低出生体重児用粉乳が与えられる。乳児用粉乳に比べ，エネルギー，たんぱく質，糖質，無機質，ビタミン類が多く，脂肪は少なく，現在では低タンパク質血症，貧血，低リン血症性クル病に対応するような組成調整がされている。

② 特殊ミルク（特殊治療乳）

特殊ミルクとはある特定の疾患に重点を置いて使用するために開発・供給されているもので，医師の処方箋が必要な医療用医薬品や医師が特殊ミルク事務局に供給要請する先天性代謝異常症の治療乳としての登録特殊ミルク（22品目），心・腎疾患や脂質代謝異常症の治療乳などの登録外特殊ミルク（13品目），のほかに市販品があり入手方法上で分類される。表4.7は市販品の一部である牛乳アレルゲン除去ミルクなどとその組成を示すものである。

成分調整上の分類としては，以下のようなミルクがある。

・ミルクアレルゲン除去粉乳（ミルクアレルギー疾患用）

たんぱく質分解乳とアミノ酸混合乳がある。前者は，たんぱく質を加水分解することで抗原量を1ppm未満に低減したミルクである。ガゼインを分解したもの，ホエイたんぱく質を分解したもの，その組み合わせのものが市販されている。後者は，20種類のアミノ酸をバランスよく配合した粉末にビタミン，ミネラルを添加したもので，牛乳たんぱくを全く含んでいない。

・低ナトリウム粉乳

心臓，腎臓，肝臓疾患児用のミルクで，ナトリウムを5分の1以下に減量したもの。

・無乳糖粉乳

乳糖分解酵素欠損や乳糖の消化吸収力が低下した際に使用し，乳糖のみを除去しブドウ糖に置き換えたもので下痢や腹痛を防ぐ。

・大豆たんぱく調製粉乳

牛乳たんぱく質に対するアレルギー児用ミルク。大豆を主原料とし，大豆に不足するメチオニン，ヨウ素を添加し，ビタミンとミネラルが強化されたもの。

・MCT乳

脂肪吸収障害児用ミルクで，炭素数6～10の中鎖脂肪酸（MCT）のみを脂肪分として用いているため，容易に吸収される。

・乳児用液体ミルク（乳児用調整液状乳）

液状の人工乳を容器に密封したものであり，常温での保存が可能なもの。利点としては，調乳の手間が無く消毒した哺乳瓶に移し替えてすぐに飲むこ

表 4.7　市販特殊ミルクの一部とその組成

分類	その他				
適用例	ミルクアレルギー 乳糖不耐症		牛乳アレルギー 乳糖不耐症 ガラクトース血症	ミルクアレルギー 大豆・卵等たんぱく質不耐症	
品名	明治ミルフィー HP	明治エレメンタル フォーミュラ	ビーンスターク ペプディエット	ニュー MA-1	MA-mi
会社名	明治	明治	ビーンスターク・スノー	森永乳業	森永乳業
標準組成	製品100g中	製品100g中	製品100g中	製品100g中	製品100g中
蛋白質 g	11.7*	11.5*	12.9*	13.0*	12.6*
(アミノ酸)		(13.6)			
脂質 g	17.2**	2.5**	20.6**	18.0**	20.0**
炭水化物 g	66.2***	78.8***	61.0***	63.5***	62.2***
灰分 g	2.4	2.5	2.7	2.5	2.5
水分 g	2.5	3.0	2.8	3.0	2.7
エネルギー kcal	462****	391	481	466	477
フェニルアラニン mg	372※	510※	480（※アミノ酸値）	609	402
イソロイシン mg	766	720	600	691	730
ロイシン mg	1,034	1,380	1,030	1,200	1,166
バリン mg	234	800	750	843	745
メチオニン mg	214	360	290	343	253
スレオニン mg	1,055	690	620	550	756
トリプトファン mg	200	280	150	217	185
リジン mg	1,290	1,140	970	1,024	1,110
ヒスチジン mg	262	400	330	368	275
アルギニン mg	248	690	400	435	363
アスパラギン酸 mg	1,552	900	900	916	1,206
シスチン mg	283	360	200	208	185
グルタミン酸 mg	3,124	1,710	2,910	2,905	2,537
グリシン mg	193	650	210	248	230
プロリン mg	1,159	970	1,130	1,381	975
セリン mg	648	650	750	708	619
チロシン mg	352	730	500	316	302
アラニン mg	552	650	380	384	551
ビタミンA μg	360	310	420	600	540
ビタミン B_1 mg	0.6	0.6	0.4	0.4	0.4
ビタミン B_2 mg	0.9	0.9	0.8	0.7	0.7
ビタミン B_6 mg	0.3	0.3	0.4	0.3	0.3
ビタミン B_{12} μg	4	4	2	2	2
ビタミンC mg	50	50	50	50	50
ビタミンD μg	6.3	5.3	8.6	9.3	9.3
ビタミンE mg α-トコフェロールとして	6	6	4.0	6.3	6.7
パントテン酸 mg	3.9	4.2	5.5	3	3
ナイアシン mg	6	6	6.0	7.5	5
葉酸 μg	200	200	100	100	100
ビタミンK μg	24	25	17	25	25
カルシウム mg	370	380	400	400	400
マグネシウム mg	41	42	37	45	45
ナトリウム mg	170	185	270	160	160
カリウム mg	550	450	530	540	540
リン mg	205	220	230	240	220
塩素 mg	320	320	310	360	330
鉄 mg	6.4	6.5	6	6	6
銅 μg	310	320	312	320	320
亜鉛 mg	3.0	2.8	2.6	3.2	3.2
標準調乳濃度 (W/V%)	14.5%	17%	14%	15%	14%
調乳液の浸透圧 (mOsm/kg・H_2O)	280	400	280	320	280
備考	*乳清たんぱく質分解物 ** 必須脂肪酸調整脂肪 *** 可溶性多糖類 64.0 フラクトオリゴ糖 2.2 **** フラクトオリゴ糖 1g を 2kcal として計算 ※実測値	*アミノ酸混合物 ** 必須脂肪酸調整脂肪 *** 可溶性多糖類 ※実測値	*乳蛋白質分解物 ** 精製植物性脂肪 (サフラワー油・パーム油・パーム核分別油, えごま油) *** デキストリン 53.1 しょ糖 8.0 ※実測値	*乳蛋白質消化物 ** 精製植物性脂肪 *** 可溶性多糖類 57.65 しょ糖 5.0 難消化性オリゴ糖 0.85	*乳蛋白質消化物 ** 精製植物性脂肪 *** 可溶性多糖類 55.8 しょ糖 5.0 乳糖 0.5 難消化性オリゴ糖 0.9

※実測値（ビーンスタークペプディエットのアミノ酸値）

出所）特殊ミルク共同安全開発委員会広報部会編（2014）

とができ，地震等の災害時のライフライン断絶の場合でも水，燃料等を使わずに授乳することができる。使用上の留意点として，製品により，容器や設定されている賞味期限，使用方法が異なるため，使用する場合は，製品に記載されている使用方法等の表示を必ず確認することである。

2）調乳について

育児用粉乳は一定の処方に従って配合調整し，衛生面に細心の注意を払い乳児に与えられる。この操作を調乳という。調乳には**無菌操作法**[*1]と**終末殺菌法**[*2]がある。調乳濃度は月齢に関係なく同一で単一処方である。標準濃度での組成は製品により若干の差はあるが，約70kcal/dl，たんぱく質1.7%，脂質3.55%，糖質7～8%，灰分0.3%程度である。

3）調乳量，授乳回数および授乳について

授乳量，授乳回数（授乳間隔）は0ヵ月で80～120ml×7～8回/日（2～2時間半），生後1～3ヵ月で120～200ml×6回（3時間），4～5ヵ月では200ml×5回/日（4時間），また1回の授乳量が多い場合は回数を減らすこともある。

授乳は，**人工乳首**[*3]と哺乳瓶を用いて行うが，**各々の種類**[*4]はさまざまである。授乳中には乳児が乳汁と一緒に空気をのみ込まないよう**哺乳瓶**を傾け乳首内に空気が入らないように配慮する。授乳が終わったら，乳児を垂直に抱きかかえ背中を軽くさするなど胃にたまった空気を吐かせる（排気・ゲップ）。

(3)　混合栄養

母乳の不足や授乳時間に継続的に母乳を与えられない状況下にある場合，1日または1回の授乳に母乳と育児用粉乳を用いる，つまりは母乳栄養と人工栄養の両栄養補給法を用いる方法である。

4.6.5　離乳期の栄養補給

生後おおよそ5～6ヵ月以降の乳児期後半頃になると，これまでは極めて重要であった乳汁栄養の栄養素組成や一定の形状をもたない液体による補給では，健全な成長発達のために不十分なものとなる。

この時期は胎児期に体内に蓄えられていた鉄やカルシウムの減少がみられ，また必要な種々のミネラルやビタミンが不足してくる。このような状態が長期間続いた場合，健全な発育に悪影響を及ぼすことなる。

不足してくるエネルギーや栄養素を補完するために乳汁から幼児食に移行する過程を離乳という。この時期の栄養補給法として，成長に伴う必要な栄養素と量および機能発達に適切な形状を段階的に固形食へと移行していく必要がある。この期間に与える食事を**離乳食**という。

離乳の目的は①乳児の成長に伴う栄養素の補充，②咀嚼機能をはじめとする摂食機能の推進，③精神発達の助長，④適正な食習慣の確立である。

*1 **無菌操作法**　授乳のたびに1回分を調乳する。調乳前には必ず手を洗い，哺乳びんと乳首を消毒し，清潔に保つ。50～60℃の湯ざましを哺乳びんに入れ，そのなかに粉量の1回分を正確に計量して入れる。家庭向き。

*2 **終末殺菌法**　一度に調合して分注し，加熱殺菌して冷蔵保存する。施設・病院向き。

*3 **人工乳首の種類**　材質：天然ゴム製に比べイソプレンゴム，シリコンゴム製は硬い。
穴の形状とサイズ：丸穴状のものはS,M,Lがある。他にスリーカット，クロスカットがある。

*4 **各々の種類**　材質：ガラス製，プラスチック製があり，後者が軽量である。
サイズ（容量）：大（200～240ml），中（120～150ml），小（50ml）

	離乳の開始 ➡ 離乳の完了			
	以下に示す事項は、あくまでも目安であり、子どもの食欲や成長・発達の状況に応じて調整する。			
	離乳初期 生後5～6か月頃	離乳中期 生後7～8か月頃	離乳後期 生後9～11か月頃	離乳完了期 生後12～18か月頃
食べ方の目安	○子どもの様子をみながら1日1回1さじずつ始める。 ○母乳や育児用ミルクは飲みたいだけ与える。	○1日2回食で食事のリズムをつけていく。 ○いろいろな味や舌ざわりを楽しめるように食品の種類を増やしていく。	○食事リズムを大切に、1日3回食に進めていく。 ○共食を通じて食の楽しい体験を積み重ねる。	○1日3回の食事リズムを大切に、生活リズムを整える。 ○手づかみ食べにより、自分で食べる楽しみを増やす。
調理形態	なめらかにするつぶした状態	舌でつぶせる固さ	歯ぐきでつぶせる固さ	歯ぐきで噛める固さ
1回当たりの目安量				
Ⅰ　穀類（g）	つぶしがゆから始める。 すりつぶした野菜等も試してみる。 慣れてきたら、つぶした豆腐・白身魚・卵黄等を試してみる。	全がゆ 50～80	全がゆ 90～軟飯80	軟飯90～ ご飯80
Ⅱ　野菜・果物（g）		20～30	30～40	40～50
Ⅲ　魚（g）		10～15	15	15～20
又は肉（g）		10～15	15	15～20
又は豆腐（g）		30～40	45	50～55
又は卵（個）		卵黄1～ 全卵1／3	全卵1／2	全卵1／2～ 2／3
又は乳製品（g）		50～70	80	100
歯の萌出の目安		乳歯が生え始める。		1歳前後で前歯が8本生えそろう。 離乳完了期の後半頃に奥歯（第一乳臼歯）が生え始める。
摂食機能の目安	口を閉じて取り込みや飲み込みが出来るようになる。	舌と上あごで潰していくことが出来るようになる。	歯ぐきで潰すことが出来るようになる。	歯をつかうようになる。

※衛生面に十分に配慮して食べやすく調理したものを与える

出所）「授乳・離乳の支援ガイド（2019年改定版）」 https://www.mhlw.go.jp/content/11908000/000496257.pdf

図 4.8　離乳食の進め方の目安

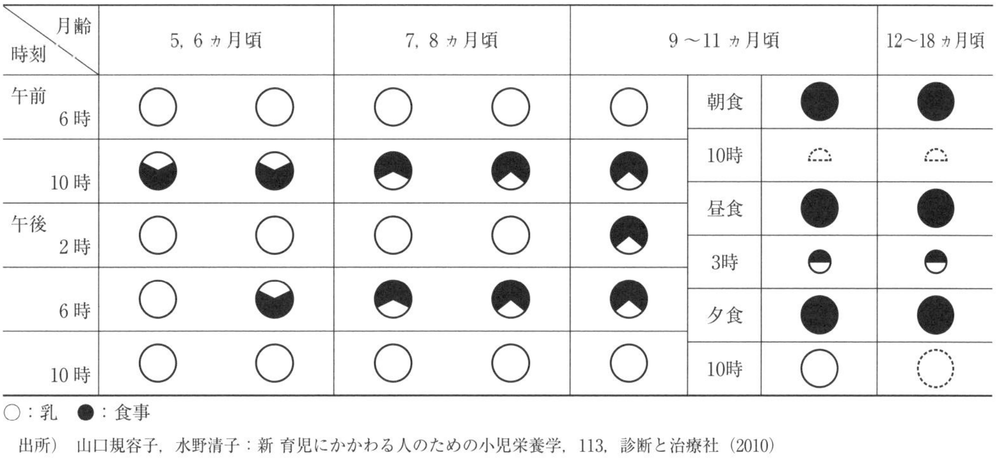

時刻＼月齢	5，6ヵ月頃		7，8ヵ月頃		9～11ヵ月頃
午前6時	○	○	○	○	○
10時	◕	◕	◕	◕	◕
午後2時	○	○	○	○	◕
6時	○	◕	◕	◕	◕
10時	○	○	○	○	○

	9～11ヵ月頃	12～18ヵ月頃
朝食	●	●
10時	◠	◠
昼食	●	●
3時	◓	◓
夕食	●	●
10時	○	◌

○：乳　●：食事

出所）山口規容子，水野清子：新 育児にかかわる人のための小児栄養学，113，診断と治療社（2010）

図 4.9　離乳の進行形式

(1)　離乳の開始・進行・完了・離乳食の進め方の目安［授乳・離乳支援ガイド（2019年改訂版）］

厚生労働省が策定した「授乳・離乳の支援ガイド」に示されている離乳の開始から完了まで，離乳食の進め方の目安など「離乳の支援ポイント」を以下に示す。

1）離乳の開始（離乳の開始前の果汁の扱い・スプーン使用開始時期）

離乳開始とは，なめらかにすりつぶした状態の食物を初めて与えた時をいう。開始時期の子どもの発達状況の目安としては，首のすわりがしっかりして寝返りができ５秒以上座ることができる，スプーンなどを口に入れても舌で押し出すことが少なくなる（哺乳反射の減弱），食べ物に興味を示すなどがあげられる。その時期は生後５～６ヵ月頃が適当である。なお離乳開始前の乳児にとって，最適な栄養源は乳汁（母乳または育児用ミルク）であり，離乳開始前に果汁やイオン飲料を与えることの栄養学的な意義はみとめられていない。また，蜂蜜は乳児ボツリヌス症を引き起こすリスクがあるため１歳を過ぎるまでは与えない。

2）離乳の進行（図 4.8，図 4.9）

離乳の進行は，子どもの発育及び発達の状況に応じて食品の量や種類及び形態を調整しながら，食べる経験を通じて摂食機能を獲得し成長していく過程である。食事を規則的に摂ることで生活リズムを整え，食べる意欲を育み，食べる楽しさを体験していくことを目標とする。初期，中期，後期，完了期の食べ方および食事の目安は，図 4.8 のとおりである。ここでは各期における離乳食の目的や意義について述べる。

①　離乳初期（生後５ヵ月～６ヵ月頃）：離乳食を飲み込むこと，その舌触りや味に慣れることが主目的である。

②　離乳中期（生後７ヵ月～８ヵ月頃）：離乳食を１日１回から２回に増やすことで，生活リズムを確立していく。母乳または育児用ミルクは離乳食の後に与え，離乳食とは別に母乳は子どもの欲するままに，育児用ミルクは１日３回程度与える。舌，顎の上下運動への移行，唇の左右対称の引きがみられ，平らな離乳食用のスプーンを下唇にのせ上唇が閉じるのを待つなど，摂食機能の発達を促す。

③　離乳後期（生後９ヵ月～11ヵ月頃）：生後９ヵ月頃から始まる手づかみ食べは，子どもの発育及び発達において積極的にさせたい行動である。食べ物を触ったり握ったりすることで，その固さや触感を体験し食べ物への関心につながり自らの意志で食べようとする行動につながる。

3）離乳の完了

離乳の完了とは，形あるものをかみつぶすことができるようになり，エネルギーや栄養素の大部分を母乳または育児用ミルク以外の食物からとれるようになった状態をいう。その時期は生後12ヵ月から18ヵ月頃である。母乳又は育児用ミルクは，子どもの離乳の進行及び完了の状況に応じて与える。なお，離乳の完了は，母乳又は育児用ミルクを飲んでいない状態を意味するものではない。

⑵ 食品の種類と調理

1）食品の種類と組合せ

与える食品は，離乳の進行に応じて，食品の種類を増やしていく。

a. 離乳の開始では，おかゆ（米）から始める。新しい食品を始めるときには1さじずつ与え，乳児の様子を見ながら量を増やしていく。慣れてきたらじゃがいもや人参などの野菜，果物，さらに慣れてきたら豆腐や白身魚など，種類を増やしていく。

b. 離乳が進むにつれ，魚は白身魚から赤身魚，青皮魚へ，卵は卵黄から全卵へと進めていく。食べやすく調理した脂肪の少ない肉類，豆類，各種野菜，海藻と種類を増やしていく。脂肪の多い肉類は少し遅らせる。野菜類には緑黄色野菜も用いる。ヨーグルト，塩分や脂肪の少ないチーズも用いてよい。

c. 牛乳を飲用として与える場合は，鉄欠乏性貧血予防の観点から1歳を過ぎてからが望ましい。

d. 離乳食に慣れ1日2回食に進む頃には，穀類（主食），野菜（副菜）・果物，たんぱく質性食品（主菜）を組み合わせた食事とする。また，家族の食事から調味する前のものを取り分けたり，薄味のものを適宜取り入れたりして，食品の種類や調理方法が多様となるような食事内容とする。

e. 母乳育児の場合，生後6ヵ月の時点でヘモグロビン濃度が低く，鉄欠乏を生じやすいとの報告がある。またビタミン欠乏の指摘もあることから，母乳育児を行っている場合は，適切な時期に離乳を開始し，鉄やビタミンDの供給源となる食品を積極的に摂取するなど，進行を踏まえてそれらの食品を意識的に摂りいれることが重要である。

2）調理形態・調理方法

離乳の進行に応じて食べやすく調理したものを与える。子どもは細菌への抵抗力が弱いので，調理を行う際には衛生面に十分に配慮する。

a. 食品は，子どもが口の中で押しつぶせるように十分な固さになるように加熱調理をする。

b. 初めは「つぶしがゆ」とし，慣れてきたら粗つぶし，つぶさないままへと進め，軟飯へと移行する。

c. 野菜類やたんぱく質性食品などは，初めはなめらかに調理し，次第に粗くしていく。

d. 調味について，離乳の開始頃では調味料は必要ない。離乳の進行に応じて，食塩，砂糖など調味料を使用する場合は，それぞれの食品のもつ味を生かしながら，薄味でおいしく調理する。油脂類も少量の使用とする。

e. 離乳食の作り方の提案に当たっては，その家庭の状況や調理する者の調理技術等に応じて，手軽に美味しく安価でできる具体的な提案が必要である。

(3) 食物アレルギーの予防について

1) 食物アレルギーとは

食物アレルギーとは，特定の食物を摂取した後にアレルギー反応を介して皮膚・呼吸器・消化器あるいは全身性に生じる症状のことをいう。有病者は乳児期が最も多く，加齢とともに漸減する。食物アレルギーの発症リスクに影響する因子として，遺伝的素因，皮膚バリア機能の低下，秋冬生まれ，特定の食物の摂取開始時期の遅れが指摘されている。乳児から幼児早期の主要原因食物は，鶏卵，牛乳，小麦の割合が高く，そのほとんどが小学校入学前までに治ることが多い。

2) 食物アレルギーへの対応

食物アレルギーの発症を心配して，離乳の開始や特定の食物の摂取開始を遅らせても，食物アレルギーの予防効果があるという科学的根拠はないことから，生後5～6ヵ月頃から離乳を始めるように情報提供を行う。

離乳を進めるに当たり，食物アレルギーが疑われる症状がみられた場合，自己判断で対応せずに，必ず医師の診断に基づいて進めることが必要である。なお，食物アレルギーの診断がされている子どもについては，必要な栄養素等を過不足なく摂取できるよう，具体的な離乳食の提案が必要である。

(4) 市販の離乳食：ベビーフード

母親の就業率増加などの社会状況から，種類が豊富で利便性の高い離乳食が開発・市販され，生後4～5ヵ月以降の乳児に利用されている。この市販の離乳食は「ベビーフード」と呼ばれ，現在約500種類以上の製品がある。その形状は，ウエットタイプとドライタイプに分類される。ウエットタイプは，レトルト製品，瓶やその他容器に密封・殺菌された液状または半固形状の製品がある。ドライタイプは，必要に応じ水またはその他のものによって還元調整して摂食できる粉末状，顆粒状，フレーク状，固形状等の製品がある。両者とも果汁類，果実，野菜類，米飯・穀物類および混合品類などがあり，その原料は穀類，たんぱく質製品，野菜類，果実類などである。ベビーフードは，あくまでも離乳用の製品で，FAO/WHOの勧告の国際規格と日本ベビーフード協会の自主規格に基づいて製造されている。自主規格では味付けとして塩分の目安となるナトリウム，(乳児に供する食品にあたっては100g 当り 200㎎以下：塩分約 0.5％以下)，摂食時の物性，食品添加物，衛生管理，残留農薬，遺伝子組み換え食品，商品表示などが示されている。

利点が多くあげられる反面，①多種類の食材を使用した製品はそれぞれの味や固さが体験しにくい。②ベビーフードだけで１食を揃えた場合は栄養素などのバランスが取りにくい場合がある。③製品によっては子どもの咀しゃく機能に対して硬さが適当でないことがあるなどの課題もあげられている。水分補給用として乳児用イオン飲料が市販されているが，発熱時など発汗や下痢など水分が通常以上に消耗した際など症状の回復や治療を目的として製品化されたものであるため，無機質成分を多く含有し腎機能への負担が大きくなることもあり，健康な乳児には白湯，麦茶，うすめの番茶などを用いるとよい。

4.7　栄養ケアのあり方

4.7.1　新生児・乳児期の栄養ケア

新生児・乳児期の栄養はその後の成長発達に影響を及ぼす。ヒトとして人間として確立していくための大切な時期であることの認識を踏まえ，栄養補給の内容や方法についてのケアが重要となる。短期間に著しい成長発達するこの時期のケアは，個人差にも配慮して発達段階を見極め，アセスメントに応じた乳汁，離乳食補給，栄養教育，他職種との連携が必要となる。新生児期には医療関係機関などでのケアがあり，その後は養育・保護者のもとにおかれ，乳児健診ごとに行われるアセスメント・ケアとなる。養育・保護者の第一人者は母親である。母親は特にその子育てに不安を抱き訴え，疑問も多く持つ。乳汁期では「母乳栄養と人工栄養の差異」「母乳の分泌」「授乳のタイミングや間隔」「授乳時の乳児の様子」「母親自身の食事内容」「粉ミルク（育児用調製粉乳）の調整濃度」「粉ミルクの種類」など，離乳期では「離乳食を進めていくペース」「離乳食と乳汁量の調整」「果汁や麦茶などの水分補給」などがある。抱いている不安に対しては，これを助長することのないように留意し，疑問については適確に対応しなければならない。母親の不安や訴えに耳を傾けるとともに，乳児の栄養状態をよく観察しながら，望ましい栄養補給法，栄養教育を施していくことである。

4.7.2　適切な食習慣の形成と食環境の整備など社会的支援

子育てにおいて不安感が最も高い時期は出産直後であるが，２～３ヵ月に向かって減少し，離乳開始の時期にあたる４～６ヵ月で再び上昇する。このことから離乳に関する支援の必要性が推察される。**母子保健**に関わる**乳児健**

診の場において，離乳食教室の開催周知と参加しやすくなるような支援が重要となる。また，乳児健診以外に離乳の支援に向けた継続的なサポート体制の確立，整備や充実が望まれる。

子どもの“食べる力”を育んでいくためには，その発達を支援する環境づくりが必要である。授乳期には，母乳（または育児用粉乳）を，優しい声かけと温もりを通してゆったりと飲むことで，心の安定がもたらされ，生理的な食欲が育まれていく。離乳期には，離乳食を通して，少しずつ食べ物に慣れながら，おいしく食べた満足感を共感することで，意識的に食べる意欲が育まれていく。一人ひとりの子どもが，広がりのある食の世界とかかわり，そして人とのかかわりを通して，食べる力を育み，健やかな心と身体を育んでいくことができるように社会全体で取り組んでいくことが求められる。

【演習問題】

問 1　新生児期・乳児期の栄養に関する記述である。正しいのはどれか。1 つ選べ。

（2018 年国家試験）

(1) 頭蓋内出血の予防として，ビタミン A を投与する。
(2) 母乳性黄疸が出現した場合には，母親のカロテン摂取量を制限する。
(3) 乳糖不耐症では，乳糖強化食品を補う。
(4) ビタミン D の欠乏により，くる病が起こる。
(5) フェニルケトン尿症では，フェニルアラニンを増量したミルクを用いる。

解答（4）

問 2　母乳の成分に関する記述である。正しいのはどれか。1 つ選べ。

（2018 年国家試験）

(1) 乳糖は，成熟乳より初乳に多く含まれる。
(2) ラクトフェリンは，初乳より成熟乳に多く含まれる。
(3) 吸啜刺激は，プロラクチンの分泌を抑制する。
(4) 母乳の脂肪酸組成は，母親の食事内容の影響を受ける。
(5) 母親の摂取したアルコールは，母乳に移行しない。

解答（4）

問 3　離乳の進め方に関する記述である。正しいものはどれか。1 つ選べ。

（2014 年国家試験）

(1) 吸啜反射による動きが活発になってきたら，離乳食を開始する。
(2) 離乳を開始して 1 ヵ月過ぎた頃から，離乳食は 1 日 2 回にしていく。
(3) 舌と上あごでの押しつぶしが可能になってきたら，歯ぐきでつぶせる固さのものを与える。
(4) 離乳の完了とは，乳汁を飲んでない状態をさす。
(5) 咀しゃく機能とは，離乳の完了より前に完成される。

解答（2）

問 4　離乳の進め方に関する記述である。正しいものはどれか。1 つ選べ。

（2017 年国家試験）

（1）離乳の開始は，生後 2，3 か月頃が適当である。

（2）離乳食を 1 日 3 回にするのは，離乳開始後 1 ヵ月頃である。

（3）舌でつぶせる固さのものを与えるのは，生後 7，8 ヵ月頃からである。

（4）フォローアップミルクは，育児用ミルクの代用品として用いる。

（5）吸啜反射の減弱は，離乳完了の目安となる。

解答（3）

【参考文献】

厚生労働省：「日本人の食事摂取基準（2020 年版）」策定検討会報告書（案），https://h-crisis.niph.go.jp/wp-content/uploads/2019/02/20190225110539_content_10901000_000482088.pdf（2020 年 2 月 25 日）

栄養学レビュー編集委員会編：母体の栄養と児の生涯にわたる健康，50 ～ 55，建帛社（2007）

前原澄子編：母性Ⅱ，193 ～ 201，中央法規出版（2011）

今津ひとみ，加藤尚美編：母性看護学，116 ～ 120，医歯薬出版（2006）

山口規容子，水野清子：新 育児にかかわる人のための小児栄養学，113，診断と治療社（2010）

厚生労働省：「授乳・離乳の支援ガイド（2019 年改定版）」https://www.mhlw.go.jp/content/000497123.pdf（2020 年 2 月 25 日）

主婦の友社編：母乳育児ミルク育児の不安がなくなる本，112 ～ 127，主婦の友社（2012）

戸谷誠之編：応用栄養学，148，南江堂（2012）

【引用文献】

特殊ミルク共同安全開発委員会広報部会編：特殊ミルク，第 50 号（2014 年 11 月：99 ～ 127）

5 幼 児 期

5.1 幼児の生理的特徴

幼児期は満1歳から5歳の小学校就学に至るまでの間をいい，幼児前期（1～2歳），幼児後期（3～5歳）に分類でき，乳児期に次いで成長・発達が著しい時期である。身体諸器官の発育は，スキャモン（Scammon）の発育曲線に示されているとおりである（図5.1）。この曲線は20歳での発育を100％として示したもので，一般型，神経型，リンパ型，生殖型の4つのパターンに分類したものである。一般型は，身長・体重，肝臓・腎臓などの胸腹部臓器の成長を示しており，乳幼児期で急速に発育しその後は緩やかになる。神経系型は，出生直後から急激に発育し5歳ごろまでに成人の80％に達する。またリンパ系型は，免疫力を向上させる胸腺・扁桃・リンパ節などのリンパ用組織の発育を示し，乳幼児期に著しい発育を示している。生殖型は，男児の陰茎・睾丸，女児の卵巣・乳房・子宮などの発育を示しており，12歳ごろまではわずかに成長するが，その後急速に発育する。

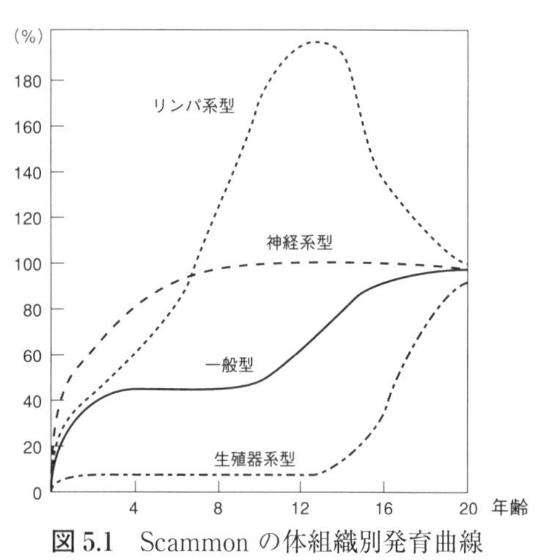

図5.1 Scammonの体組織別発育曲線

また，幼児期は運動機能や精神面の発達も著しく，自立心や社会性を身につける時期でもある。

5.2 幼児期の成長と発達

5.2.1 身長・体重

乳児期と比べ幼児期では，成長は緩やかになるが発育は著しい。平成22年度乳幼児身体発育調査（表5.1）によると，体重は生後1年で出生時の約3倍（約9kg）となる。1～2歳で約2.5kg増加し，その後は1年間に約2kgずつ増加する。

身長は生後1年で出生時の約1.5倍（約70cm）となる。1～2歳で約12cm，その後は1年間に7～8cmずつ伸び，4歳頃には出生時の約2倍（約100cm）となる。

出生時の頭囲は胸囲よりも大きいが，1歳ごろには胸囲と頭囲がほぼ同じになり，その後は頭囲よりも胸囲が大きくなる。また，出生時は皮下脂肪が多く身長と頭長の割合が4：1と丸みを帯びた体型であるが，徐々に皮下脂

表 5.1　幼児の体重・身長・胸囲・頭囲（平均値）

年・月齢	男子 体重（kg）	男子 身長（cm）	男子 胸囲（cm）	男子 頭囲（cm）	女子 体重（kg）	女子 身長（cm）	女子 胸囲（cm）	女子 頭囲（cm）
1 年 0 ～ 1 月未満	9.28	74.9	46.1	46.2	8.71	73.3	44.8	45.1
1 ～ 2	9.46	75.8	46.4	46.5	8.89	74.3	45.1	45.4
2 ～ 3	9.65	76.8	46.6	46.8	9.06	75.3	45.3	45.6
3 ～ 4	9.84	77.8	46.9	47.0	9.24	76.3	45.5	45.9
4 ～ 5	10.03	78.8	47.1	47.3	9.42	77.2	45.8	46.1
5 ～ 6	10.22	79.7	47.3	47.4	9.61	78.2	46.0	46.3
6 ～ 7	10.41	80.6	47.6	47.6	9.79	79.2	46.2	46.5
7 ～ 8	10.61	81.6	47.8	47.8	9.98	80.1	46.5	46.6
8 ～ 9	10.80	82.5	48.0	47.9	10.16	81.1	46.7	46.8
9 ～ 10	10.99	83.4	48.3	48.0	10.35	82.0	46.9	46.9
10 ～ 11	11.18	84.3	48.5	48.2	10.54	82.9	47.1	47.0
11 ～ 12	11.37	85.1	48.7	48.3	10.73	83.8	47.3	47.2
2 年 0 ～ 6 月未満	12.03	86.7	49.4	48.6	11.39	85.4	48.0	47.5
6 ～ 12	13.10	91.2	50.4	49.2	12.50	89.9	49.0	48.2
3 年 0 ～ 6 月未満	14.10	95.1	51.3	49.7	13.59	93.9	49.9	48.7
6 ～ 12	15.06	98.7	52.2	50.1	14.64	97.5	50.8	49.2
4 年 0 ～ 6 月未満	15.99	102.0	53.1	50.5	15.65	100.9	51.8	49.6
6 ～ 12	16.92	105.1	54.1	50.8	16.65	104.1	52.9	50.0
5 年 0 ～ 6 月未満	17.88	108.2	55.1	51.1	17.64	107.3	53.9	50.4
6 ～ 12	18.92	111.4	56.0	51.3	18.64	110.5	54.8	50.7
6 年 0 ～ 6 月未満	20.05	114.9	56.9	51.6	19.66	113.7	55.5	50.9

出所）厚生労働省：平成 22 年乳幼児身体発育調査より
https://www.mhlw.go.jp/stf/houdou/0000042862.html

肪は減少し，細長く（5 ～ 6 頭身）なってくる（図 5.2）。

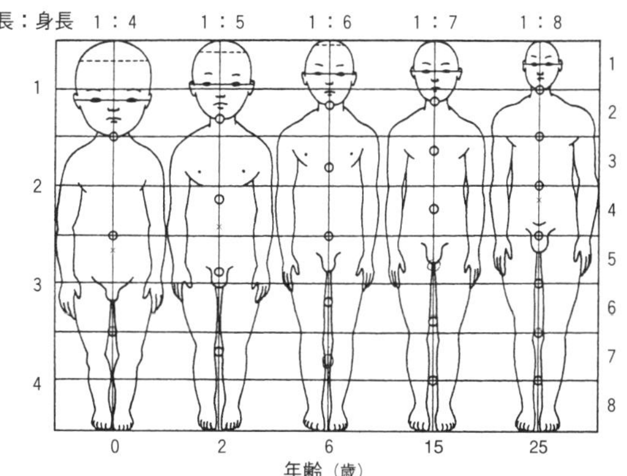

図 5.2　ストラッツによる身体各部の割合

5.2.2　口腔機能

乳歯は，生後 6 ～ 7 ヵ月ごろから生えはじめ，1 歳半で 16 本，3 歳で上下 20 本が生えそろい噛みあわせができるようになる（図 5.3）。1 ～ 3 歳にかけては咀嚼に重要な第二乳臼歯が生えて噛む能力が急激に発達するが，幼児期の咀嚼力は十分とはいえない。この時期は柔らかい食物を好む傾向にあるが，ある程度硬い食物も食べさせてあごの発達を促し，永久歯の正しい萌芽や歯肉を丈夫にして歯の健康の基礎をつくる時期である。乳児期から幼児期にかけて，さまざまな食物を口にすることで，味覚や咀嚼の機能が発達する。一方，虫歯予防には十分気をつけることが大切である。

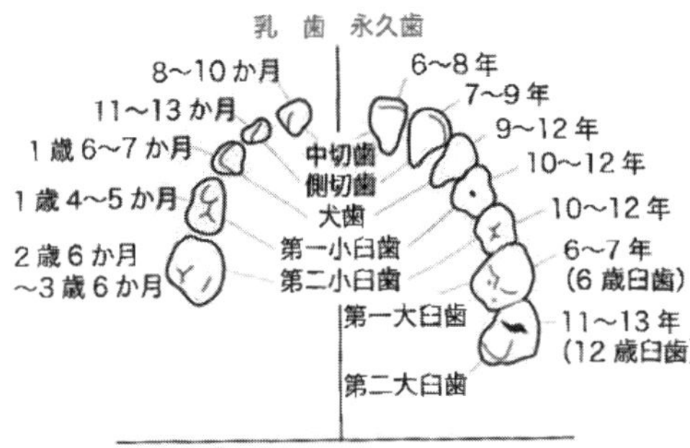

出所）飯塚美和子，瀬尾弘子，曽根眞理枝，濱谷亮子：最新子どもの食と栄養，68，学建書院（2017）

図 5.3 歯が生える時期

5.2.3 消化機能

胃は，新生児の筒状から変化し 3 歳〜 5 歳には成人の形状に近くなる。また，容量は 1 歳で約 400m*l*, 5 歳で約 800m*l* となり，徐々に成人（3L）に近づき，1 回あたりの食事量が増える。唾液腺の発達，消化酵素の分泌量の増加により消化機能は高まるが，細菌に対する抵抗力は成人に比べるとまだ弱く，肝臓の解毒作用も 8 歳ごろまで未熟で，消化不良や下痢を起こしやすい。

5.2.4 運動機能

幼児期は，神経系，筋肉，骨格，関節などの発達に伴い，手指や下肢を中心とした運動ができるようになる。1 歳〜 1 歳半には歩行，2 歳ごろには走る，階段の昇降，3 歳〜 5 歳ごろには片足立ち，三輪車にのる，スキップができるなどの粗運動や形を描く・クレヨンでぬる，衣類の着脱などの親指と人差し指を使った微細運動もできるようになる（表 5.2）。食事では，手づかみで食べていたものが食具を使えるようになる。2 歳ころにはスプーンを使えるようになり，5 歳ころには箸を使えるようになる。

表 5.2 標準的な乳幼児の発達

	粗大運動	微細運動	社会性	認知	発語
3 − 4 ヶ月	首がすわる	おもちゃをつかんでいる	あやすと声を出して笑う	おもちゃを見ると活発になる	キャーキャー声を出す
6 − 7 ヶ月	座位保持（数秒）	おもちゃの持ち替え	人見知りする	イナイイナイバーを喜ぶ	マ，バなどの声を出す
9 − 10 ヶ月	つかまり立ち	積み木を打ち合わせる	身振りをまねる		喃語
1 歳	数秒立っている	なぐり書きする	親の後追いをする	「おいで」「ちょうだい」を理解	意味のあることば(1つ)
1 歳半	走る	コップからコップへ水を移す	困った時に助けを求める	簡単なお手伝いをする	意味のあることば(3つ)
2 歳	ボールをける	積み木を横に並べる	親から離れて遊ぶ	指示した体の部分を指差す	二語文を話す
3 歳	片足立ち（2 秒）	まねて○を書く	ままごとで役を演じる	色の理解（4 色）	三語文を話す
4 歳	ケンケンできる	人物画（3つ以上の部位）	簡単なゲームを理解	用途の理解（5つ）	四一五語文を話す
5 歳	スキップできる	人物画（6つ以上の部位）	友達と協力して遊ぶ	ジャンケンがわかる	自分の住所を言う
6 歳		紐を結ぶ		左右が分かる	自分の誕生日を言う

出所）厚生労働省：子どもの心の診療医テキスト，4（2008）より

5.2.5 精神機能・社会性

出生時の子どもの脳重量は約 350g で，生後 1 〜 2 年で約 3 倍となり 4 〜 6 歳で成人（1,200 〜 1,500g）の約 9 割に達する。これに伴い言語，知能，情緒，社会性の発達がみられ，自分の意思や要求を表現するようになる。幼児期はすべての感情が分化する時期でもあり（図 5.4），2 〜 3 歳には第一反抗期がみられる。偏食や食欲不振が表れやすいのもこの時期からである。

幼児期の社会性は，生活の場が家庭（小さな社会）から，保育所・幼稚園など地域社会へと広がっていくのに伴い，人間関係も家族から地域の子ども

へと拡大する。3～4歳になると，コミュニケーションの能力が発達し，保育所・幼稚園などで年齢の近い子どもたちと遊びを通して社会性が育まれる。また，家族や仲間たちとの食事は社会性を養うための良い手段となる。

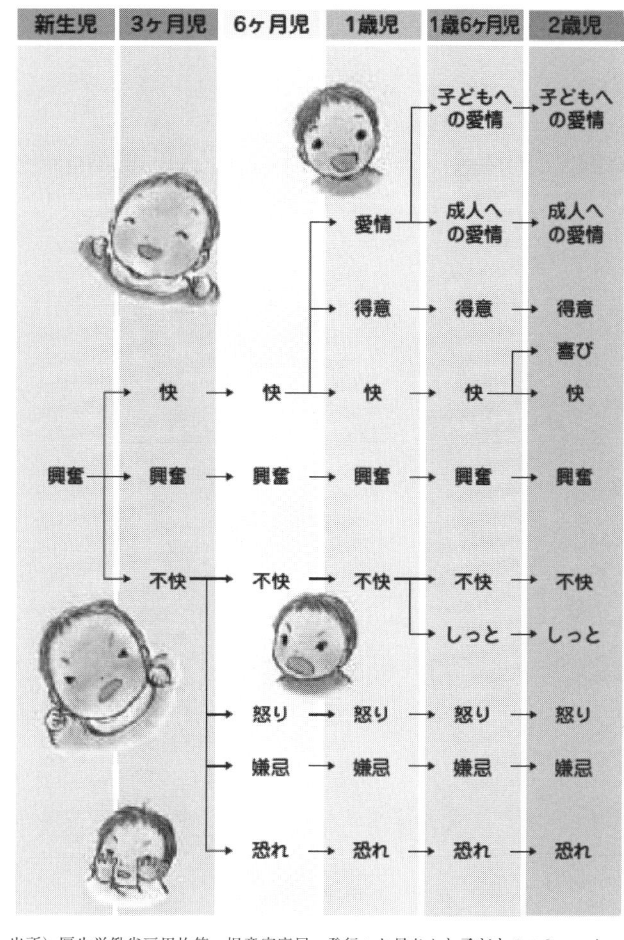

出所）厚生労働省雇用均等・児童家庭局　発行：お母さんと子どものコミュニケーションのために－ 0～3歳までのお子さんのお母さんへのヒント集 －5（2004）

図 5.4　感情の分化

5.2.6　生活習慣

幼児期は，生活習慣の基礎をつくる時期で，食事・排泄・睡眠を基本とした規則正しい生活習慣を身につけることが大切である。睡眠時間は1～2歳で11～13時間，3歳～6歳で10～11時間，それぞれ昼寝を含めて必要であり，睡眠時間を十分に確保するためには遅くとも夜10時までには就寝させて，生活のリズムをつける習慣化が大切である。しかし，幼児の食事時間や睡眠時間は，保護者の影響を受けやすい。平成27年乳幼児栄養調査から，午後10時以降に就寝する子ども（0～6歳）の割合は，保護者の就寝時間が遅くなるほど高い傾向にある。

5.3　幼児期の栄養アセスメント

5.3.1　食事摂取基準

幼児期に必要なエネルギーや各栄養素は，「日本人の食事摂取基準（2020年版）」に準じる。ライフステージ別の留意点として，小児の耐容上限量に関して情報が乏しく，算定できないものが多くあるが，これは多量に摂取しても健康障害が生じないことを保証するものではないことから十分に注意すべきである。

(1)　エネルギー

1歳～17歳は成長期であることから，幼児期の推定エネルギー必要量は，身体活動に必要なエネルギーに加えて，組織合成に必要なエネルギーと組織増加分のエネルギー（エネルギー蓄積量）を加えて摂取する必要がある。また，1～2歳と3～5歳の身体活動レベルは，レベルⅡ（ふつう）のみ設定されており，1～2歳では1.35，3～5歳では1.45である。推定エネルギー必要量は，1～2歳男児950kcal/日・女児900kal/日，3～5歳男児1,300kcal/日・女児1,200kcal/日に設定されている。

幼児の胃の容量は小さくて1回の食事摂取量も少ないことから，食事回数が3回ではエネルギーや栄養素が不足するため，補食（間食）する必要がある。1日のエネルギー配分の目安は，朝食：昼食：夕食：間食＝25～30％：30％：25～30％：10～20％が望ましいとされている。間食の内容は，旬の果物，いも類，ご飯類，牛乳・乳製品を中心に，朝・昼・夕の食事で摂りきれなかった栄養素を補給し，砂糖含有量の多い菓子類や脂肪の多い食べ物は避けた方がよい。

(2) たんぱく質

幼児期のたんぱく質推定平均必要量は，たんぱく質維持必要量と成長にともなう蓄積量から要因加算法によって算出され，推奨量は，推奨量算定係数を1.25として求められている。たんぱく質の推定平均必要量は，男女ともに1～2歳児で15g/日，3～5歳児で20g/日，推奨量は男女ともに1～2歳児で20g/日，3～5歳児で25g/日に設定されている。

(3) 脂　質

1歳～17歳の脂肪エネルギー比率の目標量は20～30％に設定されている。また，n-6系脂肪酸とn-3系脂肪酸は目標量が設定されており，n-6系脂肪酸は，男女とも1～2歳児で5g/日，3～5歳男児7g/日・女児6g/日，n-3系脂肪酸は，1～2歳男児0.7g/日・女児で0.8g/日，3～5歳男児1.3g/日・女児1.1g/日に設定されているが飽和脂肪酸は設定されていない。

(4) ビタミン

脂溶性ビタミンのうち，ビタミンAが欠乏すると，成長阻害や神経系の発達抑制が観られるほか，乳幼児では角膜乾燥症から失明に至ることもあることから，ビタミンAには推定平均必要量，推奨量が設定されている。推奨量は1歳～2歳男児400μgRAE/日・女児350μgRAE/日，3～5歳男児500μgRAE/日・女児400μgRAE/日と設定されている。他にもビタミンD，ビタミンE，ビタミンKには目安量が設定されている。また，水溶性ビタミンについてはビタミンB_1，ビタミンB_2，ナイアシン，ビタミンB_6，ビタミンB_{12}，葉酸，ビタミンCで推定平均必要量，推奨量が設定されており，パントテン酸，ビオチンには目安量が設定されている。さらに，ビタミンA，ビタミンD，ビタミンE，ナイアシン，ビタミンB_6，葉酸には耐容上限量が設定されており過剰摂取には十分留意する必要がある。

(5) ミネラル

幼児期はカルシウムや鉄の蓄積が高まる。摂取不足にはならないよう注意が必要である。鉄は①ヘモグロビン中の鉄蓄積，②非貯蔵性組織鉄の増加，

③貯蔵鉄の増加，により成長に伴って鉄が蓄積される。鉄の推奨量は男女ともに１～２歳児 4.5㎎ / 日，３～５歳男児 5.5㎎ / 日・女児 5.0㎎ / 日と設定されている。他にも，カルシウム，マグネシウム，亜鉛，銅，ヨウ素，セレンで推定平均必要量，推奨量が設定されており，カリウム，リンは目安量が設定されている。また，ナトリウムでは目標量が設定されている。耐容上限量は，鉄，ヨウ素，セレンで設定されている。

5.3.2　身長体重計測

幼児期の栄養状態はその後の身体発育や知能の発達に大きく影響する。この時期の栄養評価は身体的所見や身体計測を中心に行い，身体所見（顔色，皮膚のつやや表情など）を観察し，幼児とその保護者の食事調査から総合的に判断する。

身長・体重・頭囲・胸囲の計測値を，厚生労働省が 10 年ごとに公表している乳幼児身体発育調査（最新は平成 22 年）をグラフに示した身体発育曲線（性別，月齢，年齢別のパーセンタイル値）と比較して発育の状況を判定する（図 5.5）。中央値を 50 パーセンタイルとし，3 パーセンタイルから 97 パーセンタイルまでが正常とされる。また，その範囲外の場合は，直ちに異常とはいえないが経過観察および精査が必要となる。

体格指数は，身長および体重の計測値から発育状態を総合的に判断するのに用い，乳幼児期はカウプ指数（図 5.6）を用いる。カウプ指数は，体重（kg）/ 身長（cm）^{2} × 10^4 で算出し，判定基準は年齢によって変化する。

5.3.3　臨床検査

幼児の栄養状態を血清たんぱく質や血清アルブミンから，貧血の判定には，血清ヘモグロビンやヘマトクリットから評価する。

(1)　血清タンパク質

血清タンパク質の約 70％を占めるアルブミンは，半減期が２～３週と長く，潜在性の欠乏状態を早期に判定することはできない。そこで，短期的にたんぱく質の栄養状態を知るためには，半減期が短いプレアルブミン，トランスフェリン，レチノール結合たんぱく質を用いて判断する。

(2)　ヘモグロビン・ヘマトクリット

ヘモグロビン濃度は鉄欠乏性貧血の指標に用いられ，またヘマトクリットも同様に貧血の指標に用いる。

(3)　血清脂質

血清脂質はエネルギーや脂質の摂取量において過不足の栄養状態の指標となる他，小児メタボリックシンドロームの診断基準*としても用いられる。

(4)　尿タンパク質・尿糖

尿タンパクは腎機能の障害による急性糸球体腎炎，ネフローゼ症候群，尿

＊小児メタボリックシンドローム
平成 17 年（2005）に日本内科学会などの８つの医学系の学会が合同して，成人のメタボリックシンドローム診断基準が示された。2 年後，平成 19 年（2007）に厚生労働省研究班より，小児におけるメタボリックシンドロームの診断基準が示された。

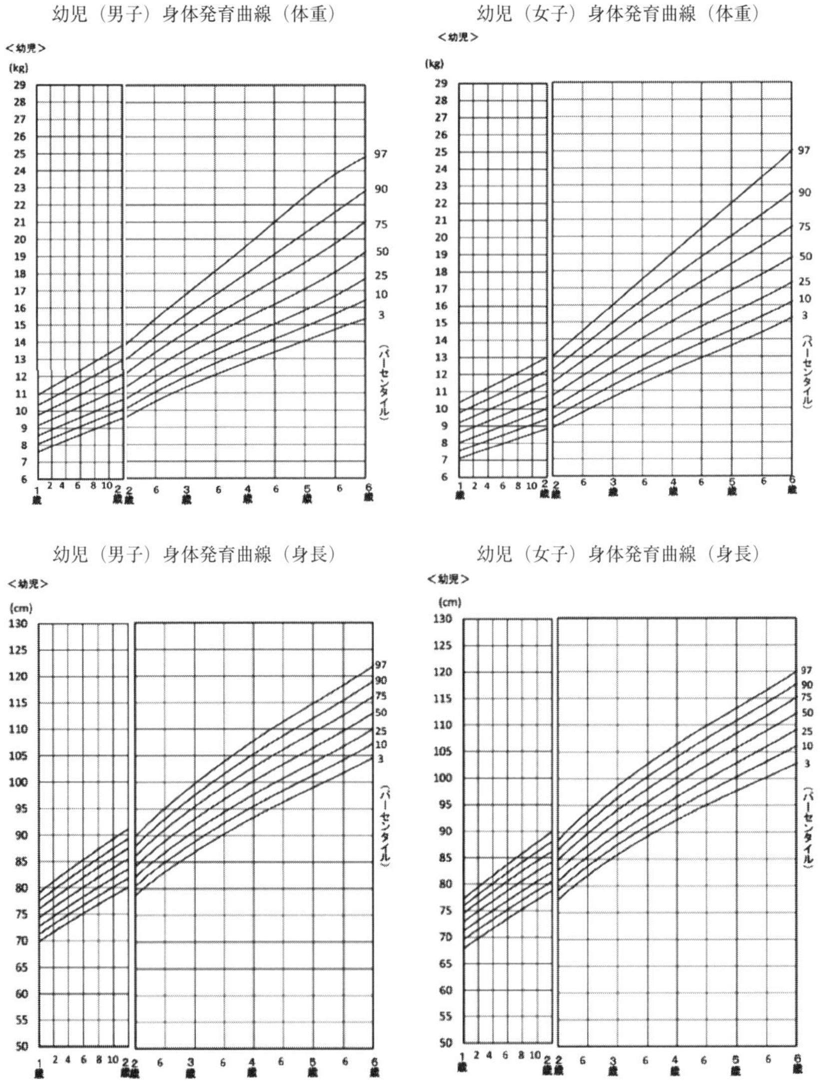

幼児（男子）身体発育曲線（体重）

幼児（女子）身体発育曲線（体重）

幼児（男子）身体発育曲線（身長）

幼児（女子）身体発育曲線（身長）

出所）厚生労働省：平成 22 年度乳幼児身体発育調査より
https:/www.mhlw.go.jp/toukei/list/dl/73-22-01.pdf（2020 年 2 月 29 日閲覧）

図 5.5　幼児の身体発育曲線

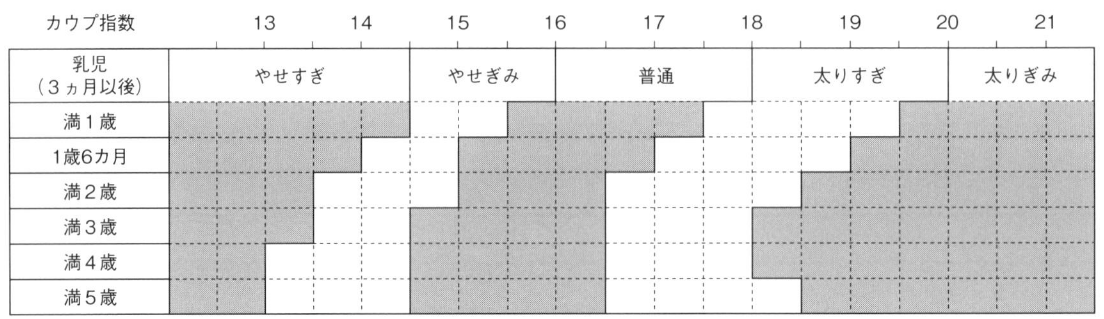

図 5.6　カウプ指数による発育状況の判定

糖は1型糖尿病の早期発見の指標となる。

5.4 栄養ケア

5.4.1 やせ・低栄養

やせとは，一般的に標準体重の－20%以下である場合を指し，幼児（3～5歳）では，カウプ指数14.5以下の場合にその傾向があるといえる。やせは，欠食や少食，偏食などによる摂取エネルギー不足が原因で起こる場合と，消化器疾患や内分泌疾患が原因で起こる場合がある。やせ，またはその傾向にあると判定される場合であっても，運動が活発で食欲もあり健康な場合は，体重増加の推移を観察する。

乳幼児の場合，皮膚の緊張喪失，しわ，胸部皮下脂肪の減少，腹部の膨隆がみられる場合，低栄養が疑われる。代表的な低栄養による疾病には，次の二つがある。

マラスムス（Marasmum）：1歳未満に多く，エネルギーとたんぱく質の両方の欠乏がある状態で，体重の著しい減少，筋肉の消耗や下痢などがみられ，血圧低下，貧血，免疫能の低下を生じる。

クワシオルコル（Kwashiorkor）：1～3歳に多く，エネルギーは比較的必要量を満たしているが，たんぱく質の欠乏がある状態で，全身の浮腫を特徴とする。脂肪肝，下痢，皮膚炎，食欲不振がみられ，貧血，低アルブミン症，免疫能の低下を生じる。

5.4.2 過体重・肥満

肥満は摂取エネルギーが消費エネルギー量を上回ることで起こる単純性肥満と，内分泌異常など疾病と関連した症候性肥満がある。幼児期の肥満の多くは単純性肥満で，一般的には標準体重の＋20%以上である場合を指し，幼児（3～5歳）では，カウプ指数16.5以上の場合にその傾向があるといえる。また，幼児期は脂肪細胞の増殖が活発で，一度増殖した脂肪細胞の数は減少することがないため，学童期や成人期まで移行しやすく，将来，生活習慣病になる危険性が高い。

肥満児に対する食事管理は，成長期であることを考慮してたんぱく質の制限は行わない。また，極端なエネルギー制限は行わず，糖分の多い食物や清涼飲料の摂取を控え，遊びや運動など活動量を増やすことが重要である。

5.4.3 脱　水

幼児の体に占める水分の割合は約70%で成人よりも10%ほど高い。脱水症は，血清ナトリウム濃度により高張性脱水，等張性脱水，低張性脱水に分類され，幼児期に見られる主な脱水症は等張性脱水症である。また，幼児は体重1kgあたりの水分必要量が成人の2倍であるため，脱水症を起こしやすい。

脱水症の主な原因は，水分摂取量の不足，下痢・発熱・嘔吐・暑熱環境下などによる水分喪失である。幼児は発汗量も多く，十分な水分補給とともにミネラルなどの補給が必要となる。

5.4.4 う　歯

う歯は口腔内に存在するストレプトコッカス・ミュータンス菌が食物中の糖を分解して歯垢（プラーク）を形成し，菌が生成した酸によって歯の表面のエナメル質を溶かす疾患である。唾液には，酸性に傾いた口腔内をアルカリ性に戻し，再石灰化を促す働きがある。う歯の発生頻度は，間食頻度が多いほど，また菓子由来のエネルギー比率が大きいほど高い。したがって，砂糖を多く含む菓子の量を減らすことや，食後の正しい歯磨き（プラークの除去）をすることで，う歯の発生予防へ繋がる。

5.4.5 貧　血

幼児期は，鉄需要の増加や鉄の摂取不足からなる鉄欠乏性貧血が生じやすい。小児における鉄欠乏性貧血は，急速な成長による鉄需要の増加，食事性鉄摂取不足，たんぱく漏出性胃腸炎や食物アレルギーによる鉄吸収障害が原因となる。特に離乳が順調に進んでいない場合は，離乳食だけでは十分な栄養素量の確保が難しく，鉄の摂取不足から鉄欠乏性貧血に陥りやすい。その場合，鉄分などの栄養素を補給するためにフォローアップミルク*を利用するとよい。

*フォローアップミルク　離乳食が軌道に乗った後，離乳食の栄養の偏りを補う目的で開発・販売されているミルクのことをいう。育児用粉乳と比べ，たんぱく質・無機質を多く含む。したがって，離乳食で不足しがちな鉄分やカルシウムを補うことができる。

5.4.6 偏食・食欲不振

偏食とは，長期間にわたって特定の食品の好き嫌いが続いている状態である。第一反抗期がみられる２～３歳ころから増加する。特定の食品に対する偏食がみられる場合，栄養価的に代替できる食品で補えば問題はない。ただし，栄養素の偏りや，食生活への影響が考えられる場合には，原因の特定などの対応が必要となる。

また，幼児期の食欲は個人差が大きく，同じ子どもであっても日内変動が大きいこともある。食欲不振の原因としては，生活リズムの乱れ，不規則な間食，活動量が低く空腹を感じないなどがある。生まれつき食が細い子もいるが，う歯や食物アレルギーなど疾病による場合があるため注意が必要である。

5.5 幼児期の食生活上の問題点

乳幼児期で作られた食生活の基礎は学童期で完成する。幼児期の食習慣は，将来にも大きな影響を及ぼすことから，偏食のない規則正しい食習慣を身につけることが大切である。

平成 27 年乳幼児栄養調査の結果（図 5-7，図 5-8）によると，「現在子どもの食事で困っていること」として，2～3歳未満では「遊び食べをする」が最も多く，3～4歳未満，4～5歳未満，5歳以上では「食べるのに時間がかかる」が最も多い。他にも「偏食する」,「むら食い」,「食事よりも甘い飲み物やお菓子を欲しがる」などがある。

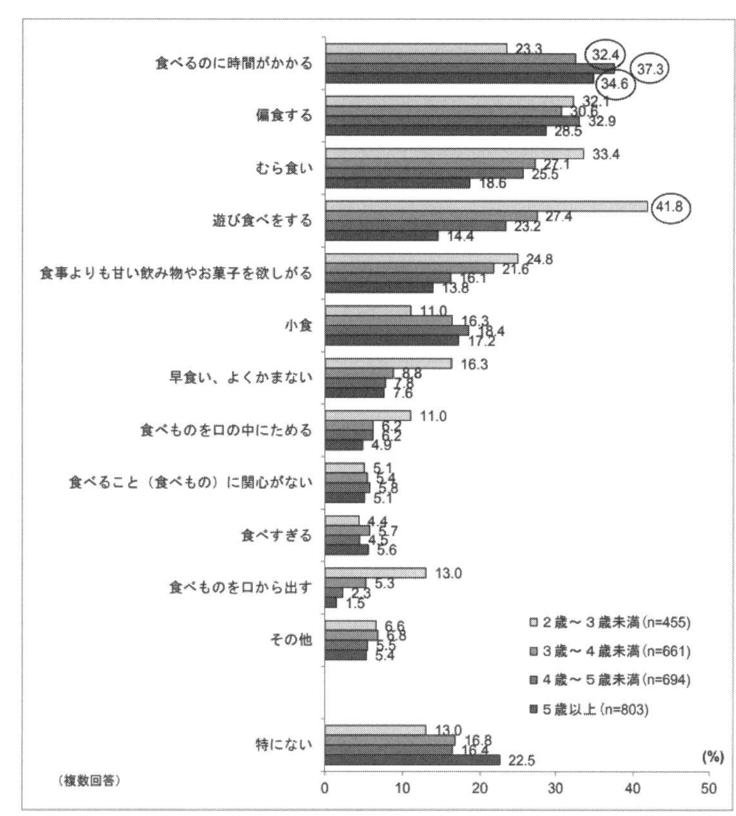

出所）厚生労働省：平成 27 年乳幼児栄養調査より
https://www.mhlw.go.jp/file/06-Seisakujouhou-11900000-Koyoukintoujidoukateikyoku/0000134207.pdf（2020 年 2 月 29 日閲覧）

図 5.7　現在子どもの食事で困っていること

また，朝食習慣について，毎日朝食を「必ず食べる」と回答した子どもが 93.3%，保護者の割合は 81.2% で，「必ず食べる」子どもの割合を保護者の朝食習慣別にみると，保護者が「必ず食べる」と回答した場合，子どもも「必ず食べる」と回答する割合が 95.4% と最も高かった。一方，保護者が「ほとんど食べない」または「全く食べない」と回答した場合，「必ず食べる」と回答する子どもの割合が 8 割を下回った。このことから，子どもの食生活・食環境は，保護者の影響を受けていることが考えられる。したがって，子どもの食生活上の問題点を改善するためには，子どもと保護者両方の食生活・食環境の見直しと改善が必要となる。

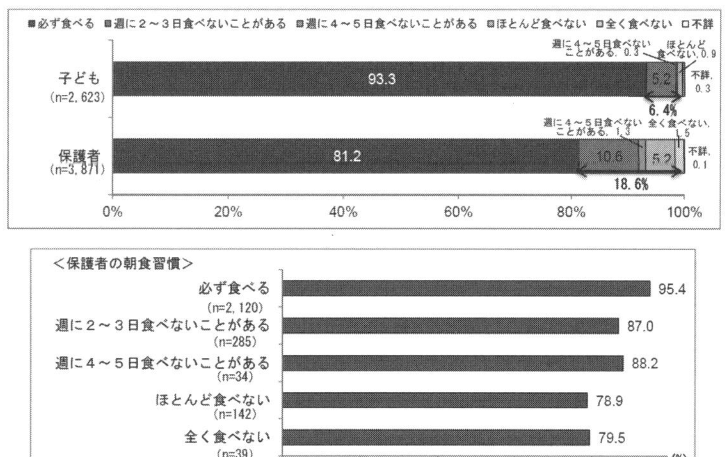

出所）厚生労働省：平成 27 年乳幼児栄養調査より
https://www.mhlw.go.jp/file/06-Seisakujouhou-11900000-Koyoukintoujidoukateikyoku/0000134209.pdf（2020 年 2 月 29 日閲覧）

図 5.8　朝食習慣

5.6　保育所給食

「保育所における食事の提供ガイドライン」（平成 24 年

厚生労働省）より，保育所は，子どもにとっては家庭と同様に「生活する場」であり，保育所での食事は心身両面からの成長に大きな役割を担っている。保育所給食の役割は，「発育・発達のための役割」，「教育的役割」，「保護者支援の役割」の 3 つが挙げられている。さらに，「保育所保育指針」（平成 29 年改訂厚生労働省）では，第 3 章「健康及び安全」の中で「食育の推進」が位置付けられ，乳幼児期から日々の食事を通して，生涯にわたって健康で質の高い生活を送る基本となる「食を営む力」の基礎を培うことが求められる。

保育所給食は，「児童福祉施設における『食事摂取基準』を活用した食事計画」に基づき実施される。保育所における給与栄養目標量の設定は，子どもの実態把握，アセスメントの結果から，1 日の推定エネルギー必要量，栄

コラム 5「保育所給食の現状」

全国の保育所における食事の提供の実態 ～栄養士配置状況について～

厚生労働省では全ての都道府県・指定都市・中核市の合計 107 自治体に保育所での食事の提供について調査を行った。結果を以下に示す。

食事の提供形態は，「自園調理」が 90.7%，「外部委託（外部人材により自園の施設を用いて調理を行うもの）」が 6.9%と，自園調理が最も多かった。しかし，栄養士の配置状況については，「委託先」が 85.1%，「自治体に配置」が 3.1%，「自園」が 2.8%と自園での栄養士配置が最も少ない状況が明らかになった。

保育所における食事提供ガイドラインでは，食物アレルギーをもつ子どもへの対応において，園児の保護者，担当保育士，給食担当者（管理栄養士・調理師），看護師等が連携し，緊急時の対応など情報交換を密に行うことが求められているが，その実施に当たっては大変困難な状況がうかがえる。また，園児たちの食物アレルギーの種類も多岐に渡ることから，保育所への管理栄養士の配置が必要である。

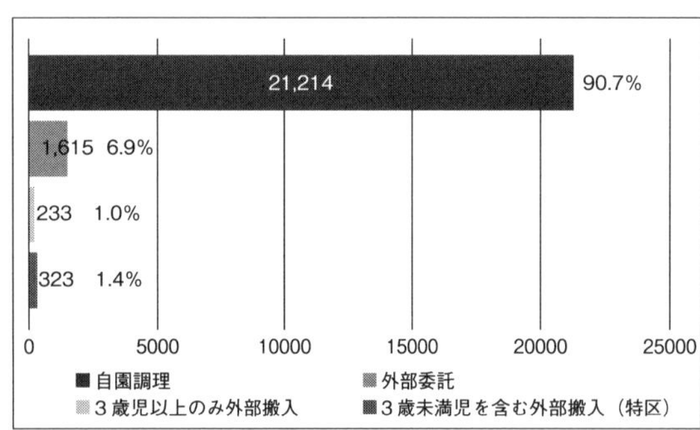

出所）保健所における食事提供のガイドライン（平成 24 年 3 月）p.10 より

図 5.9　保育所での食事提供の実態

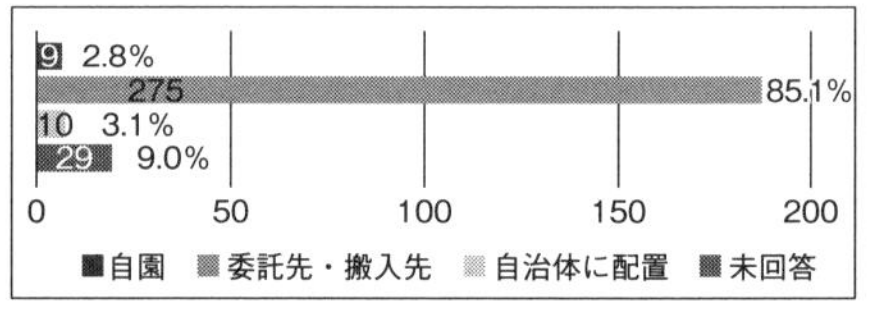

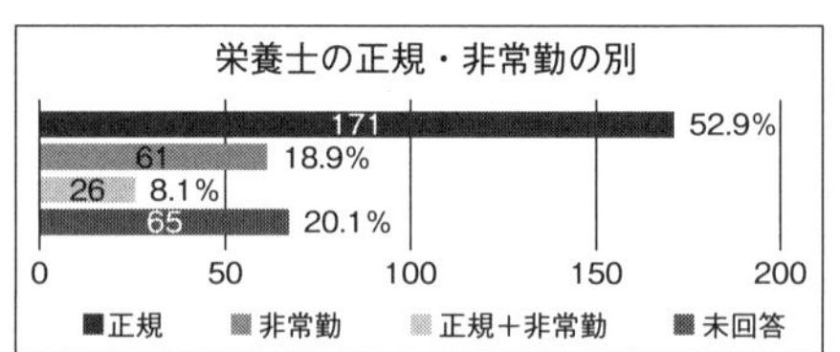

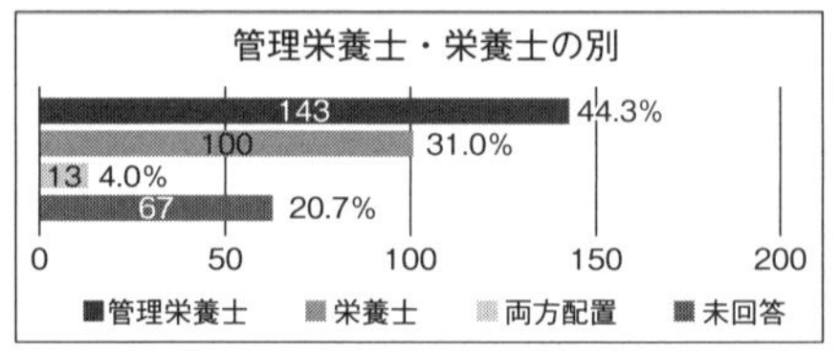

出所）保健所における食事提供のガイドライン（平成 24 年 3 月）p13 より

図 5.10　栄養士配置状況

表 5.3 保育所における給与栄養量 1～2歳児（例）

	エネルギー (kcal)	たんぱく質 (g)	脂質 (g)	ビタミンA (μgRE)	ビタミンB_1 (mg)	ビタミンB_2 (mg)	ビタミンC (mg)	カルシウム (mg)	鉄 (mg)
食品摂取基準（1日あたり）	950	31～48	21～32	400	0.5	0.6	35	450	4.5
軽食＋おやつの比率	50%	50%	50%	50%	50%	50%	50%	50%	50%
給与栄養目標量	480	16～24	11～16	200	0.25	0.3	18	225	2.3

表 5.4 保育所における給与栄養量 3～5歳児（例）

	エネルギー (kcal)	たんぱく質 (g)	脂質 (g)	ビタミンA (μgRE)	ビタミンB_1 (mg)	ビタミンB_2 (mg)	ビタミンC (mg)	カルシウム (mg)	鉄 (mg)
食品摂取基準（1日あたり）	1,300	42～65	29～43	500	0.7	0.8	40	600	5.5
軽食＋おやつの比率	45%	45%	45%	50%	50%	50%	50%	50%	50%
給与栄養目標量（主食を含む）	585	19～30	13～20	250	0.35	0.4	20	300	2.8
給与栄養目標量（主食を除く）	400	15～26	13～19	250	0.33	0.39	20	297	2.7

出所）児童福祉施設における「食事摂取基準」を活用した食事計画（厚生労働省，平成 27 年）より

養素量を算出し設定する。1～2歳児では，昼食及び間食で1日の給与栄養量の50%，3～5歳児では，昼食及び間食で1日の給与栄養量の45%を提供する（表5-3，表5-4）。

献立作成上の留意点

①旬の食材を使用するなど季節感を考慮する。
②食に関する嗜好や体験が広がり深まるよう，幅広い種類の食品を取り入れる。
③咀しゃくや嚥下機能，食具使用の発達状況等を観察し，その発達を促すことができるよう，食品の種類や調理方法に配慮する。
④素材の味を活かし，料理の味付けは薄味にする。（大人の好みに合わせない）。
⑤食べる楽しさを体験できるよう，おいしく変化に富んだ献立にする。（行事食等）
⑥郷土料理や地元の食材を使った料理を提供し，地域の食文化を楽しめるようにする。
⑦決まった時間に，安全性にも配慮した食事が提供できるよう，調理員の人員や能力に合わせて無理なく作業ができるように配慮する。
⑧予算の範囲内で，無駄なく食品が利用できるように配慮する。

（「児童福祉施設における『食事摂取基準』を活用した食事計画」より抜粋）

【演習問題】

問 1　スキャモンの発育曲線の型とその特徴の組み合わせである。正しいのはどれか。1 つ選べ。　（2017 年国家試験）

（1）一般型――――乳児期より学童期に急激に増加する。
（2）神経型――――他の型より早く増加する。
（3）生殖器型―――出生直後から急激に増加する。
（4）リンパ型―――思春期以降に急激に増加する。
（5）リンパ型―――20 歳頃に最大となる。

解答（2）

問 2　幼児期に関する記述である。正しいのはどれか。1 つ選べ。

（2019 年国家試験）

（1）1 年間の体重増加は乳児より大きい。
（2）体脂肪率は，乳児期に比べて高くなる。
（3）カウプ指数による肥満判定基準は男女で異なる。
（4）貧血の主な原因は，鉄欠乏である。
（5）間食は，総エネルギー摂取量の約 30％とする。

解答（4）

問 3　成長・発達に伴う変化に関する記述である。正しいのはどれか。1 つ選べ。

（2018 年国家試験）

（1）頭囲と胸囲が同じになるのは 4 歳頃である。
（2）体重 1kg 当たりの摂取水分量は．成人期より幼児期の方が多い。
（3）カウプ指数による肥満判定基準は，年齢に関わらず一定である。
（4）乳幼児身体発育曲線における 50 パーセンタイル値は，平均値を示している。
（5）微細運動の発達は，粗大運動の発達に先行する。

解答（2）

【参考文献】

厚生労働省雇用均等・児童家庭局保育課：平成 22 年度乳幼児身体発育調査結果の概要
厚生労働省雇用均等・児童家庭局保育課：子どもの心の診療医テキスト（2008）
厚生労働省：保育所における食事提供ガイドライン（平成 24 年 3 月）
厚生労働省雇用均等・児童家庭局保育課：保育所保育指針の改定について（平成 29 年 6 月）
厚生労働省雇用均等・児童家庭局母子保健課：平成 27 年乳幼児栄養調査結果の概要
厚生労働省：児童福祉施設における「食事摂取基準」を活用した食事（平成 27 年）
厚生労働省：「日本人の食事摂取基準」策定検討委員会報告書（案）（平成 31 年）
渡邉令子，伊藤節子，瀧本秀美編：応用栄養学，145 ～ 169，南江堂（2015）
北島幸枝編：応用栄養学，121 ～ 143，化学同人（2019）
木戸康博，小倉嘉夫，眞鍋祐之編：応用栄養学，119 ～ 135，講談社（2017）
飯塚美和子，瀬尾弘子，曽根眞理枝，濱谷亮子編：最新子どもの食と栄養，122 ～ 137，学建書院（2017）
大関武彦：小児のメタボリックシンドローム概念と日本人小児の診断基準　循環器疾患等生活習慣病対策総合研究事業～小児期メタボリック症候群の概念・病態・診基準の確立及び効果的介入に関するコホート研究～，平成 19 年度総合研究報告書（2008）

6 学　童　期

6.1　学童期の特性

6歳から11歳までの小学校で学ぶ時期を学童期という。この時期は乳児期，幼児期より緩やかな成長を示すが，骨格や筋肉の増大に伴って体格が大きくなる時期であり，体力や運動能力においても発達してくるのが特徴である。

また，この時期は第二次発育急進期に備えて栄養摂取の不足のないようにすることが大切である。知能の発達も著しく，社会性も広がる学童期では，よりよい心身の発達が望まれる。活発な体の働きによる消費エネルギーだけでなく，成長・発育のために無機質・ビタミンなども十分に摂取させる必要がある。食習慣，食嗜好の完成する時期でもあり多種多様な食品の摂取が望まれる。

6.2　学童期の成長・発達

6.2.1　身体の発育*

学童期の身長・体重の増加は幼児期よりもさらに安定し，発育速度は1年間ほぼ一定である。身長は脚・骨盤，脊椎，および頭蓋を合わせた全長であり，この時期の栄養状態が最も大腿骨量に反映され，身体発育の指標としてよく用いられる（表6.1）。2018（平成30）年度の身長を親の世代（昭和63年度の数値）と比較すると，最も差がある年齢は男子では12歳で1.8㎝高くなっている。女子では11歳で0.9㎝高くなっている。身長の年間発育量は男子では11，12歳，女子では9，10歳で伸びが著しくなっており，最大発育量を示す年齢は女子の方が男子に比べ2歳早くなっている。

学童期の身長がよく伸びる時期は，骨の成長が盛んな時期でもある。学童期以前は主として胴の成長がみられ，幼児体型から小児体型への変化がみられるが，学童期以降は足の伸長がみられ，やがて成人型への体型となる。

2018年度の体重を親の世代と比較すると，最も差がある年齢は，男子は12歳で1.1kg重く，女子は10，11歳で0.6kg重くなっている。2018年度の調査の体重増加（表6.2）をみると，男子では11歳から12歳時で著しく，12歳時には最大の発育量を示している。女子もまた9歳から11歳で著しく，11歳時に最大発育量を示している（表6.2）。

座高は内臓器官を包む躯幹の長さに関連しており，形態学的より生理学的

＊**身体の発育**　成長期における身体発育は4期に大別でき，Ⅰ期は胎生期から乳児期の急激な発育を示す第一次発育急進期といわれるものであり，Ⅱ期は幼児期から学童期前半で，比較的緩やかな発育を示す。Ⅲ期は学童期後半から思春期で第二次発育急進期といわれる。Ⅳ期は発育速度が減少し，やがて停止して成熟に至るまでの期間をさす。

表 6.1　年齢別　身長の平均値

（cm）

区　分			平成30年度 A	平成29年度 B	前年度差 A－B	昭和63年度 C（親の世代）	世代間差 A－C
男	幼稚園	5歳	110.3	110.3	0.0	110.8	△ 0.5
	小学校	6歳	116.5	116.5	0.0	116.7	△ 0.2
		7	122.5	122.5	0.0	122.3	0.2
		8	128.1	128.2	△ 0.1	127.9	0.2
		9	133.7	133.5	0.2	133.0	0.7
		10	138.8	139.0	△ 0.2	138.2	0.6
		11	145.2	145.0	0.2	144.1	1.1
	中学校	12歳	152.7	152.8	△ 0.1	150.9	1.8
		13	159.8	160.0	△ 0.2	158.4	1.4
		14	165.3	165.3	0.0	164.1	1.2
	高等学校	15歳	168.4	168.2	0.2	167.7	0.7
		16	169.9	169.9	0.0	169.6	0.3
		17	170.6	170.6	0.0	170.3	0.3
女	幼稚園	5歳	109.4	109.3	0.1	110.1	△ 0.7
	小学校	6歳	115.6	115.7	△ 0.1	115.9	△ 0.3
		7	121.5	121.5	0.0	121.6	△ 0.1
		8	127.3	127.3	0.0	127.2	0.1
		9	133.4	133.4	0.0	132.9	0.5
		10	140.1	140.1	0.0	139.3	0.8
		11	146.8	146.7	0.1	145.9	0.9
	中学校	12歳	151.9	151.8	0.1	151.2	0.7
		13	154.9	154.9	0.0	154.6	0.3
		14	156.6	156.5	0.1	156.3	0.3
	高等学校	15歳	157.1	157.1	0.0	157.0	0.1
		16	157.6	157.6	0.0	157.5	0.1
		17	157.8	157.8	0.0	157.8	0.0

注）1. 年齢は，各年4月1日現在の満年齢である。以下の各表において同じ。
　　2. 網掛け部分は，5～17歳のうち前年度差がある部分及び世代間差の男女それぞれの最大値を示す。
　　3.「△」は減少を示す。以下の各表において同じ。
出所）文部科学省：平成30年度学校保健統計調査報告書

機能で意味を持つ。

女子は男子より早く思春期スパートが現われるので，11歳直後より身長が男子より高くなる。男子のスパートの始まりとピークの到達は2年遅れる。女子では発育の早い者は10歳ごろから第二次性徴が現われる。第二次性徴には内分泌系の発達が大きく関与している。男子の場合は変声，精通，胸郭の発達など男らしさが強調される。女子では，乳房の膨らみ，初潮，皮下脂肪の沈着など丸みのある体型になる。

学童期は乳歯から永久歯に生えかわる時期でもある。永久歯の生歯は合計32本であるが，このうち知歯を除く28本の歯が12～14歳ころには生えかわる。「健康日本21（第二次）」では，学童期のう蝕予防の目標項目として，2022年には12歳時における1人平均う歯数（DMF指数）1歯未満である都道府県の増加とし，具体的な目標として28都道府県の達成を目指している。

6.2.2 脳・免疫機能の発達

脳・神経組織の発育は 10 ～ 12 歳ころには完成する。

学童期は，脳の重量が増加し，頭脳の機能が発達充実していく時期でもある。脳の健全な成長，発育とは脳を構成する神経細胞間ネットワークを作り上げることだが，それを支えるには十分な栄養，体内環境，社会経験，運動，遊び，食事を通したさまざまな刺激が必要である。この時期は，技巧的な全身運動が可能になり，手先は，８歳くらいからその運動は精巧かつ速さを増し，顕著な発達がみられる。学童期の神経系の発達は筋肉の発達を伴う。精神面では学校生活など社会性を通して自己抑制，協調性が増し，社会性が急速に発達する。論理的，抽象的思考ができるようになり，理解力，記憶力，創造力がより進む。

免疫系では **IgM と IgG** *の血中濃度は学童初期には成人の血中濃度になるが，IgM は学童期後半に成人のレベルに達する。リンパ系器官は胸腺，リ

表 6.2　年齢別　体重の平均値

(kg)

区分			平成30年度 A	平成 29 年度 B	前年度差 A－B	昭和 63 年度 C（親の世代）	世代間差 A－C
男	幼稚園	5 歳	18.9	18.9	0.0	19.2	△ 0.3
	小学校	6 歳	21.4	21.4	0.0	21.4	0.0
		7	24.1	24.1	0.0	23.9	0.2
		8	27.2	27.2	0.0	26.9	0.3
		9	30.7	30.5	0.2	30.0	0.7
		10	34.1	34.2	△ 0.1	33.5	0.6
		11	38.4	38.2	0.2	37.4	1.0
	中学校	12 歳	44.0	44.0	0.0	42.9	1.1
		13	48.8	49.0	△ 0.2	48.3	0.5
		14	54.0	53.9	0.1	53.6	0.4
	高等学校	15 歳	58.6	58.9	△ 0.3	58.5	0.1
		16	60.6	60.6	0.0	60.6	0.0
		17	62.4	62.6	△ 0.2	61.8	0.6
女	幼稚園	5 歳	18.5	18.5	0.0	18.9	△ 0.4
	小学校	6 歳	20.9	21.0	△ 0.1	20.9	0.0
		7	23.5	23.5	0.0	23.3	0.2
		8	26.4	26.4	0.0	26.3	0.1
		9	30.0	29.9	0.1	29.6	0.4
		10	34.1	34.0	0.1	33.6	0.5
		11	39.1	39.0	0.1	38.5	0.6
	中学校	12 歳	43.7	43.6	0.1	43.6	0.1
		13	47.2	47.2	0.0	47.3	△ 0.1
		14	49.9	50.0	△ 0.1	49.9	0.0
	高等学校	15 歳	51.6	51.6	0.0	52.0	△ 0.4
		16	52.5	52.6	△ 0.1	52.7	△ 0.2
		17	52.9	53.0	△ 0.1	52.7	0.2

注）網掛け部分は，5 ～ 17 歳のうち前年度差がある部分及び世代間差の男女それぞれの最大値を示す。
出所）文部科学省：平成 30 年度学校保健統計調査報告書

***IgM，IgG　免疫グロブリン**　血清中にあり，抗体として作用を発揮するグロブリンで，ヒトでは IgG, IgM, IgA, IgD, IgE の 5 クラスが存在する。IgG は分子量 16 万，2 本の L 鎖と 2 本の γ 鎖からなる。ヒト血清中では最も多い免疫グロブリンで感染防御に重要な役割を持つ。胎盤通過性である。

IgM は分子量 90 万，2 本の L 鎖と 2 本の μ 鎖とからなる 7s サブユニットのペンタマーで抗体活性は高い。一般に胎盤通過性は低い。

ンパ組織，扁桃などで 10 ～ 12 歳までに発育し，感染への抵抗力を増す。

6.2.3　身体活動度

学童期には，規則正しい食生活と運動の習慣を身につけることが大切である。運動をすることにより体力がつくとともに社会性なども発達させることができる。この時期には骨格筋量が増し，呼吸，循環機能が上昇し，握力・背筋力も向上してくる。また，人体の全骨量の増加にも大切な時期である。骨の正常な発達には運動が必要で，運動には筋肉の発達が欠かせない。

運動をすることは健康増進のために重要である。適度な運動によって肥満の予防，脂質異常症の予防も可能である。

1990 年にはライフステージの特性に応じた「健康づくりのための食生活指針」が策定され，特性に応じた具体的な目標が策定された。(p.222，付表 4.1)。

運動機能の発達は肺活量測定による呼吸機能検査，筋力を評価する背筋力・握力のほかに平衡感覚，敏捷性，持久力などの面から評価される。文部科学省の体力・運動能力調査の年次推移をみると，最近の学童の走・跳・投の基礎的運動能力は低下傾向にある。

6.2.4　自己管理能力の発達

この時期は自己管理能力の完成する重要な時期である。6 歳までに心理的に独立し，7 歳から 9 歳くらいには社会性の発達がみられる。9 歳から 11 歳ごろには社会性，情緒の発達はより複雑になる。学童期の子どもにとって，親または家族は食物の選択，準備，調理に関わる存在であるから，親や家族をみながら成長し，食物摂取の判断を身につけていく。好き嫌いのパターンはこの時期に確立される。子ども自身の食物摂取管理能力を高めることは，生涯にわたる食生活習慣の確立と適正体重の管理を確立していく上でも重要な要素である。

6.2.5　生活習慣の変化

学童期も高学年になるほど塾通い，部活動，けいこ事などにより生活習慣が大きく変化する。室内での遊びが多いことによる運動不足，塾通いなどによる生活時間の乱れ，就寝時間の遅れ，夜食の習慣化などから肥満傾向を示す学童が増加している。このような生活習慣の変化は，食生活の変化と相まって子どもの生活習慣病の原因ともなる。

6.3　栄養状態の変化

6.3.1　身長，体重，体組成

この時期は体重の増加よりも身長の増加が著しい。肥満の問題とともにやせも問題になる。

食生活の変遷により，特に動物性食品の大幅な摂取増加がみられ，身長と体重は増加し，体格は向上している。発育は男女ともに早熟化している。

皮下脂肪厚は男子は6歳から11歳まで漸増するが，12歳でとまる。女子は9歳ごろから著しい増加傾向を示し思春期までこの傾向は続く。

6.3.2 食習慣の変化

学童期は食事の嗜好，規則性，食品摂取などの食習慣が確立する時期である。近年の学童の生活は塾通い，けいこ事など学校生活以外の拘束時間が長くなり，遊びを含む自由時間が少なくなる傾向がある。このような学童では，運動不足，就寝時間の遅れ，夜食の習慣化がみられ，その結果，睡眠時間の不足から，「朝食を食べる時間がない」「食欲がない」などの理由により，朝食の欠食などがみられる。欠食は必要な栄養素，特にたんぱく質や無機質，ビタミンの不足をきたし疲れやすくなったり，貧血など健康不良を起こしやすくなる。欠食は摂取栄養素のバランスを欠くだけでなく，昼食までの空腹時間が長くなり，体力の消耗，持久力や集中力の低下などの弊害も招く。また，1日2回食で1食当たりの食事量が多くなると，インスリンの分泌が過剰になり，糖尿病や肥満症など生活習慣病の原因となる。

家族の生活リズムの違いから，ひとりで食べる孤食や子どもだけで食べる子食，嗜好を優先して家族と違ったものを食べる個食などが増え，共食の機会が減少するとともに食事づくりへの関わり，参加も減少する。

また，ファストフードやインスタント食品，スナック菓子などの高脂肪，高エネルギー，塩分の多い食品の摂取が増えている。不規則な間食は次の食事への食欲を減退させ，食欲不振を招きやすいため，量と質の両面からの指導が必要となる。

この時期の誤った食習慣の定着は子どもの生活習慣病の発症や将来の発症の危険性を高めるものであり，食生活の自立に向けて，学童期からの規則正しい食事の習慣づけが重要である。

6.4 栄養アセスメント

栄養アセスメントは大きく分類すると身体的調査（臨床診査，身体計測，生化学的，臨床検査など）と食事摂取調査に分類できる。

6.4.1 臨床検査

(1) 血　圧

小児の高血圧症では**本態性***の頻度は低い。90％以上は二次性であり，肥満症や腎疾患によるものが多い。

＊**本態性高血圧症**　原因疾患が特に認められない原因不明の高血圧症。体質的，遺伝的な要因が強い高血圧症をさす。

(2) 血清たんぱく質

アルブミン量は食事からのたんぱく質摂取量の影響による変動が大きいため，総たんぱく質値とともにたんぱく質栄養状態の指標として用いられている。

(3) 血清脂質

学童期の血清脂質検査は生活習慣病予防の点から重要になってくる。

(4) 血糖および尿糖

血漿静脈血の血糖値が空腹時で126㎎/dl以上，随時で200㎎/dl以上，経口ブドウ糖負荷試験（1.75g/kg，最大75 gのブドウ糖負荷）2時間値が200㎎/dl以上のいずれかであり，かつヘモグロビンA1cが6.5%以上であれば**糖尿病**[*1]と診断する。

*1 **糖尿病**　インスリン作用や分泌の絶対的あるいは相対的欠乏による高血糖と炭水化物・脂質・たんぱく質代謝障害に特徴づけられる疾患。高血糖の症状として口渇，多飲，多尿，体重減少，易疲労感などがある。
1型糖尿病は，インスリンを分泌する膵β細胞が崩壊した結果で小児糖尿病の多くは1型糖尿病である。
2型糖尿病は，インスリン抵抗性とインスリン分泌の両者が発症に関連している。遺伝的素因に過食・運動不足・肥満・ストレスなど後天的環境因子が加わることで発症すると考えられる。

小児糖尿病は1型が主だが，最近は2型糖尿病もみられる。2型糖尿病の発症率は東京都の調査「学童糖尿病健診」成績（2005）では10万人当たり小学生で1人，中学生4～7人で，そのうち4分の3には肥満がみられる。中等度以上（肥満度30%以上）の肥満で，家族に2型糖尿病発症者がいる小児は検査を受けるなど注意が必要である。

(5) ヘモグロビン・ヘマトクリット

WHOの基準では，学童の場合ヘモグロビン量12g/dl以下を貧血としている。ヘマトクリットは血液中の血球の容積率を示すが，ヘモグロビンと同様にこれらの低下は貧血の指標となる。この時期のヘマトクリットの正常値は40%である。

(6) 尿たんぱく

腎疾患としては，小中学生では糸球体腎盂炎の頻度が最も高い。疾患の種類に合った食事療法，食事指導を行うことが必要である。

6.4.2　身体計測

体格と身長から算出される体格指数により，栄養状態を評価する。

学童期の体格を客観的に求める方法として，ローレル指数がよく用いられる。一般的には120～140を正常，100未満をやせ，160以上を肥満とする。

ただし，**ローレル指数**[*2]は身長による変動が大きく，身長の低い者では大きく，高い者では小さく出る。身長別の肥満基準は身長110～129㎝で180以上，130～149㎝で170以上，150㎝以上で160以上を肥満としている。

*2 **ローレル指数**→ p.11参照

年齢における身体計測値をグラフにしたものを成長曲線という。集団の平均値および偏差を示したものと個人の値をある期間ごとに追跡したものがある。文部科学省では学校保健統計調査として，児童，生徒および幼児の発育および健康状態を明らかにすることを目的として行っている。

また，身体の各種器官の発育速度は一様でなく，器官により大きく異なっている。発育パターンはScammonにより一般型，神経系型，リンパ系型，生殖器系型の4型に分類され，20歳の器官や臓器重量を100としたときの発育曲線で示されている（図5.1）。リンパ系型は幼児期から学童期にかけて急速に発育し，10歳で成人の2倍に達し，その後低下する。生殖器系型は思春期以降に急激に発育する。

6.5 栄養ケア

6.5.1 肥満*とやせ

学童肥満には成人肥満と同様に高血圧症，脂質異常症，耐糖能異常など生活習慣病を伴う者もみられる。

標準体重を用いて肥満度を表す方法がある。

肥満度＝［(実測体重－身長別標準体重)／身長別標準体重］× 100

肥満度が20％以上を肥満とする。30％を超すと中等度，50％を超すと高度とされる。小学生高学年や中学生の肥満が問題とされるのは将来の成人肥満に繋がりやすいということ，また，成人の糖尿病や動脈硬化などが，小児期に高度肥満だった者からの発症が多いことが指摘されているからである。学童の肥満傾向の出現率は小学生では年齢とともに増加している。

学童期は成長期でもあるので，成人の肥満治療のような低エネルギー食は望ましくない。まず肥満度の軽減に重点をおき，運動量を増やす，生活習慣の見直しを行うことが大切である。

痩身傾向児とは標準体重に対して80％以下のものをいう。出現率は肥満

＊**肥満の定義**　体の構成成分のうち，脂肪組織の占める割合が，過剰に増加した状態をさす。摂取エネルギーが消費エネルギーを上回った結果，脂肪蓄積が増えた肥満を単純性肥満という。何らかの疾患が原因で肥満になる場合は症候性肥満という。

表 6.3　学童期の身長別標準体重を求める係数

年齢＼係数	男		女	
	a	b	a	b
5	0.386	23.699	0.377	22.750
6	0.461	32.382	0.458	32.079
7	0.513	38.878	0.508	38.367
8	0.592	48.804	0.561	45.006
9	0.687	61.390	0.652	56.992
10	0.752	70.461	0.730	68.091
11	0.782	75.106	0.803	78.846
12	0.783	75.642	0.796	76.934
13	0.815	81.348	0.655	54.234
14	0.832	83.695	0.594	43.264
15	0.766	70.989	0.560	37.002
16	0.656	51.822	0.578	39.057
17	0.672	53.642	0.598	42.339

出所）日本学校保健会：児童生徒の健康診断マニュアル（平成27年度改訂版）』

（参考）平成30年度調査の平均身長の場合の標準体重

年齢	男			女		
	平均身長（cm）	平均身長時の標準体重(kg)	平均体重（kg）	平均身長（cm）	平均身長時の標準体重(kg)	平均体重（kg）
5	110.3	18.9	18.9	109.4	18.5	18.5
6	116.5	21.3	21.4	115.6	20.9	20.9
7	122.5	24.0	24.1	121.5	23.4	23.5
8	128.1	27.0	27.2	127.3	26.4	26.4
9	133.7	30.5	30.7	133.4	30.0	30.0
10	138.8	33.9	34.1	140.1	34.2	34.1
11	145.2	38.4	38.4	146.8	39.0	39.1
12	152.7	43.9	44.0	151.9	44.0	43.7
13	159.8	48.9	48.8	154.9	47.2	47.2
14	165.3	53.8	54.0	156.6	49.8	49.9
15	168.4	58.0	58.6	157.1	51.0	51.6
16	169.9	59.6	60.6	157.6	52.0	52.5
17	170.6	61.0	62.4	157.8	52.0	52.9

出所）文部科学省：平成30年度学校保健統計調査報告書

表 6.4　年齢別　肥満傾向児及び痩身傾向児の出現率

（%）

区　分		肥満傾向児					
		男子			女子		
		平成30年度 A	平成 29 年度 B	前年度差 A－B	平成30年度 A	平成 29 年度 B	前年度差 A－B
幼稚園	5 歳	2.58	2.78	△ 0.20	2.71	2.67	0.04
小学校	6 歳	4.51	4.39	0.12	4.47	4.42	0.05
	7	6.23	5.65	0.58	5.53	5.24	0.29
	8	7.76	7.24	0.52	6.41	6.55	△ 0.14
	9	9.53	9.52	0.01	7.69	7.70	△ 0.01
	10	10.11	9.99	0.12	7.82	7.74	0.08
	11	10.01	9.69	0.32	8.79	8.72	0.07
中学校	12 歳	10.60	9.89	0.71	8.45	8.01	0.44
	13	8.73	8.69	0.04	7.37	7.45	△ 0.08
	14	8.36	8.03	0.33	7.22	7.01	0.21
高等学校	15 歳	11.01	11.57	△ 0.56	8.35	7.96	0.39
	16	10.57	9.93	0.64	6.93	7.38	△ 0.45
	17	10.48	10.71	△ 0.23	7.94	7.95	△ 0.01

（%）

区　分		痩身傾向児					
		男子			女子		
		平成30年度 A	平成 29 年度 B	前年度差 A－B	平成30年度 A	平成 29 年度 B	前年度差 A－B
幼稚園	5 歳	0.27	0.33	△ 0.06	0.35	0.29	0.06
小学校	6 歳	0.31	0.47	△ 0.16	0.63	0.64	△ 0.01
	7	0.39	0.53	△ 0.14	0.53	0.61	△ 0.08
	8	0.95	0.95	0.00	1.19	1.07	0.12
	9	1.71	1.57	0.14	1.69	1.86	△ 0.17
	10	2.87	2.66	0.21	2.65	2.43	0.22
	11	3.16	3.27	△ 0.11	2.93	2.52	0.41
中学校	12 歳	2.79	2.96	△ 0.17	4.18	4.36	△ 0.18
	13	2.21	2.26	△ 0.05	3.32	3.69	△ 0.37
	14	2.18	2.05	0.13	2.78	2.74	0.04
高等学校	15 歳	3.24	3.01	0.23	2.22	2.24	△ 0.02
	16	2.78	2.50	0.28	2.00	1.87	0.13
	17	2.38	2.09	0.29	1.57	1.69	△ 0.12

出所）文部科学省：平成 30 年度学校保健統計調査報告書

傾向児と比べて低い。やせについては，体型を気にする年ごろから増加傾向を示すと思われる。男子よりも女子に「やせ願望」がみられる傾向がある。

6.5.2　貧　　血

学童期後半の女子は発育急進期にあり，筋肉や血液の増加と初潮などで鉄の需要が増大する。この時期に偏食，欠食，ダイエット志向が重なると思春期にかけて，潜在性の鉄欠乏性貧血になりやすい。栄養素の不足が生じないようにすることが大切である。

6.5.3 生活習慣病

(1) 脂質異常症

脂質異常症は主に血清中の総コレステロール値が高値になることであるが，小児では血清コレステロール値が200mg/dl以上の者を対象としている。

血清中の総コレステロール値は学童期では女子は男子より高値であり，中学生は小学生より低値となり，その後高値となるといわれる。小児のコレステロール血症は肥満症との相関が高く，過食と運動不足が主な原因とされている。運動不足と脂質異常症との関連要因としては，エネルギーや脂質の過剰摂取，脂質代謝に関連する脂肪酸代謝や脂質合成酵素活性の上昇があげられている。有酸素運動（13章参照）には脂質代謝を改善し，インスリンの感受性を高める効果がある。

学童期における脂質異常症への対応の主体は，食事・運動など生活指導である。食事指導では食物繊維やビタミンC，β-カロテン，フラボノイドを多く含む野菜，果物，海藻，豆類などの摂取をこころがける。

(2) 高血圧症

小児高血圧症の診断基準では小学生男女ともの収縮期血圧は135mmHg，拡張期血圧80mmHgとされ，収縮期血圧・拡張期血圧のいずれかが基準値以上の者が高血圧症とされている。高血圧症の者は小学生では少ない。

(3) 糖 尿 病

成人の糖尿病の多くは２型糖尿病といわれるが，小児の糖尿病の多くは１型糖尿病であり，膵臓のβ細胞の大部分が破壊されるか，機能を失ってインスリンの分泌をほとんどしないために発症する。１型糖尿病には生活習慣は関係ないとされており，特に小学校入学前の年少時において急激な発症経過をとることが多い。基本となる治療法としてインスリン療法が必要となる。１型糖尿病の食事療法は，制限するのではなく成長・発育に必要なエネルギーを十分かつバランスよく与えることが重要である。

１型糖尿病の経年的な変化はほとんどないが，２型糖尿病は増加傾向にある。２型糖尿病の原因については遺伝的背景が強く，過食や肥満といった環境要因も発症に関与している。学校検尿での尿糖検査導入の結果，小児期，特に中学生に発症のピークがあることが示されている。２型糖尿病の治療の中心は食事療法，運動療法である。肥満の改善で糖尿病が改善されることも多い。発症の予防や治療における食生活や生活習慣の改善が必要である。

(4) 小児期メタボリックシンドローム

2005（平成17）年４月に成人のメタボリックシンドロームの診断基準が策定されたが，これをうけて，2007（平成19）年５月に厚生労働省研究班は小児期メタボリックシンドローム（6～15歳）の暫定的な診断基準を策定した。

表 6.5　小児のメタボリックシンドローム診断基準

(1)	腹囲	中学生 80cm 以上，小学生 75cm 以上，もしくは，腹囲(cm)÷身長(cm)＝0.5 以上	
(2)	血中脂質	中性脂肪 かつ／または HDL-コレステロール	120mg/dl 以上 40mg/dl 未満
(3)	血圧	収縮期血圧 かつ／または 拡張期血圧	125mgHg 以上 70mgHg 以上
(4)	空腹時血糖		100mg/dl 以上

※（1）があり，（2）～（4）のうち 2 項目を有する場合にメタボリックシンドロームと診断する。

出所）厚生労働省科学研究循環器疾患等総合研究事業（主任研究者，大関武彦・浜松医科大教授）(2006)

ウエスト周囲径は，小学生 75cm 以上，中学生 80cm 以上に加えて，空腹時血糖 100mg/dl 以上，中性脂肪 120mg/dl 以上かつ／または HDL コレステロール 40mg/dl 未満，収縮期血圧 125mmHg 以上かつ／または拡張期血圧 70mmHg 以上の 3 項目のうち，2 項目以上当てはまる場合としている（表 6.5）。

6.5.4　成長・発達，身体活動に応じたエネルギー・栄養素の補給

学童期の子どもは年齢にふさわしい栄養素の摂取にこころがけるべきであり，多種多様な栄養素に富んだ食物の選択，十分なエネルギーの摂取が大切である。主要食品群別摂取量をみると，肉類，卵，乳類，魚介類の充足は十分であるが，その他のいも類，野菜類，果実類の充足状況は低い。

(1)　エネルギー

基礎代謝基準値は，幼児期より低下するが成人期より高く学童期後半で成人と同様になる（p.204，付表 3.2）。基礎代謝基準値は男子では 6 ～ 7 歳で 44.3kcal/kg/日，8 ～ 9 歳で 40.8kcal/kg/日，10 ～ 11 歳で 37.4kcal/kg/日，女子では 6 ～ 7 歳で 41.9kcal/kg/日，8 ～ 9 歳で 38.3kcal/kg/日，10 ～ 11 歳で 34.8kcal/kg/日である。推定エネルギー必要量(EER)は，男子 6 ～ 7 歳では，1,350 ～ 1,750kal/日，8 ～ 9 歳では，1,600 ～ 2,100kcal/日，10 ～ 11 歳では，1,950 ～ 2,500kcal/日，女子 6 ～ 7 歳では 1,250 ～ 1,650kcal/日，8 ～ 9 歳では，1,500 ～ 1,900kal/日，10 ～ 11 歳では，1,850 ～ 2,350kal/日である。学童期の身体活動レベル（PAL）は 3 区分（低いⅠ，ふつうⅡ，高いⅢ）に分けられている（p.205，付表 3.4）。

(2)　たんぱく質

成長が徐々に遅くなるに従い，たんぱく質の推奨量は男子では 6 ～ 7 歳 30g/日，女子は 30g/日，8 ～ 9 歳では男女ともに 40g/日，10 ～ 11 歳では男子では 45g/ 日，女子では 50g/日となる。たんぱく質の体重当たりのたんぱく質維持必要量は全年齢区分で男女ともに同一の 0.66g/kg/ 日を用いて算定する。必須アミノ酸含有量の多い動物性たんぱく質を 40％以上摂取すると良い。

(3)　脂　質

学童期の脂肪エネルギー比率は男女ともに 20 ～ 30％で成人期の 18 歳以上と同じである。飽和脂肪酸の％エネルギーは 6 ～ 7 歳，8 ～ 9 歳，10 ～ 11 歳で男女ともに 10 以下である。n-6 系脂肪酸の目安量は 6 ～ 7 歳の男子

では8g/日，女子では7g/日，8～9歳の男子では8g/日，女子では7g/日，10～11歳の男子では10g/日，女子では8g/日，n−3系脂肪酸の目安量は6～7歳男子で1.5g/日，女子で1.3g/日，8～9歳男子で1.5g/日，女子で1.3g/日，10～11歳男女ともに1.6g/日と定められている。日本人の食事摂取基準2020年版より飽和脂肪酸の目標量が定められた。

(4) ビタミンとミネラル

学童期はカルシウムと鉄の不足にならないように注意が必要である。

鉄はミオグロビンやヘモグロビンの増加により需要が高まる。鉄の推奨量は6～7歳の男子，女子ともに5.5mg/日，8～9歳の男子で7.0mg/日，女子で7.5mg/日，10～11歳の男子で8.5mg/日，女子では月経なしの場合8.5mg/日，月経ありの場合12.0mg/日となり，10歳女子から月経ありの推奨量が算出されている。

6.5.5 学校給食

わが国の学校給食は1889（明治22）年山形県の小学校で経済的困窮家庭の児童に昼食を供給するために始められたが，その後1954（昭和29）年に学校給食法が制定され実施されてきた。学校給食は児童生徒の体位の向上，栄養教育の浸透などの成果をあげた。現在でも学童期における学校給食の役割は大きいといえる。

(1) 学校給食の意義と目標

現在の学校給食は学習指導要領で「特別活動の中の学級活動」に位置づけられており，健康教育の一環として実践的･総合的な食教育が求められている。

コラム6 間食（お菓子・ジュースについて）

学童期の間食は幼児期と同様に栄養補給が目的であり，空腹を満たすだけでなく精神的な満足感や安心感につながるものとしての役割も大きい。しかし，間食の量と時間によっては食欲減退の原因ともなる。

市販の菓子食品のエネルギー量（例）

食品名	目安量	重量(g)	エネルギー(kcal)
ポテトチップス	1袋	70	390
どら焼き	1個	80	227
ショートケーキ	1個	95	326
プディング	1個	90	113
バニラアイスクリーム（普通脂肪）	1個	120	216

資料）常用量による市販食品成分早見表第2版，5訂増補食品成分表より作成。

ケーキ，スナック菓子，アイスクリームなどの菓子類は砂糖や脂肪を多く含む高エネルギー食品であり，多量に含まれる砂糖は，吸収速度も速く血糖の上昇も高いといわれている。包装されているスナック菓子はあとをひきやすく食べ過ぎてしまいがちなので，大袋より小袋のものを選び，量を調節するとよい。ケーキ類も砂糖，脂肪が多く含まれ1個のエネルギーが高いので食べる量に注意が必要である。和菓子は洋菓子に比べ低エネルギーではあるが，食べ過ぎはよくない。ジュースの糖質も吸収が速く，また，いったん飲み始めるととまらないのが問題である。イオン飲料なら安心と思い与える親もいるが，がぶ飲みには注意が必要である。飲み物はう歯予防のためにも砂糖の入っていないお茶類をとるようにこころがけよう。

学校給食法第１条には目的として「学校給食が児童及び生徒の心身の健全な発達に資するものであり，かつ，児童及び生徒の食に関する正しい理解と適切な判断力を養う上で重要な役割を果たすものであることにかんがみ，学校給食及び学校給食を活用した食に関する指導の実施に関し必要な事項を定め，もって学校給食の普及充実及び学校における食育の推進を図る」とある。

第２条には目標としてつぎの７項目があげられている。

① 適切な栄養の摂取による健康の保持増進を図ること。

② 日常生活における食事について正しい理解を深め，健全な食生活を営むことができる判断力を培い，及び望ましい食習慣を養うこと。

③ 学校生活を豊かにし，明るい社交性及び協同の精神を養うこと。

④ 食生活が自然の恩恵の上に成り立つものであることについての理解を深め，生命及び自然を尊重する精神並びに環境の保全に寄与する態度を養うこと。

⑤ 食生活が食にかかわる人々の様々な活動に支えられていることについ

表 6.6 幼児・児童・生徒１人１回当たりの学校給食摂取基準

区　分	基　準　値							（参考）1日の食事摂取基準に対する学校給食の割合
	児童（6～7歳）の場合	児童（8～9歳）の場合	児童（10～11歳）の場合	生徒（12～14歳）の場合	夜間課程を置く高等学校の生徒の場合	特別支援学校の幼児の場合	特別支援学校の生徒の場合	
エネルギー （kcal）	530	650	780	830	860	490	860	必要量の３分の１
たんぱく質 （g）	学校給食による摂取エネルギー全体の 13 ～ 20%							同左
脂質 （%）	学校給食による摂取エネルギー全体の 20 ～ 30%							同左
ナトリウム（食塩相当量） （g）	2 未満	2 未満	2.5 未満	2.5 未満	2.5 未満	1.5 未満	2.5 未満	目標量の３分の１未満
カルシウム （mg）	290	350	360	450	360	290	360	推奨量の 50%
マグネシウム （mg）	40	50	70	120	130	30	130	推奨量の３分の１程度（生徒は 40%）
鉄 （mg）	2.5	3	4	4	4	2	4	推奨量の 40% 程度（生徒〈12 ～ 14 歳〉は３分の１程度）
ビタミン A（μgRAE）	170	200	240	300	310	180	310	推奨量の 40%
ビタミン B_1 （mg）	0.3	0.4	0.5	0.5	0.5	0.3	0.5	推奨量の 40%
ビタミン B_2 （mg）	0.4	0.4	0.5	0.6	0.6	0.3	0.6	推奨量の 40%
ビタミン C （mg）	20	20	25	30	35	15	35	推奨量の３分の１
食物繊維 （g）	4 以上	5 以上	5 以上	6.5 以上	7 以上	4 以上	7 以上	目標量の 40% 以上

注）1　表に掲げるもののほか，次に掲げるものについても示した摂取について配慮すること。
亜鉛……児童（6～7歳）2mg，児童（8～9歳）2mg，児童（10～11歳）2mg，生徒（12～14歳）3mg，夜間課程を置く高等学校の生徒 3mg，特別支援学校の幼児 1mg，特別支援学校の生徒 3mg。
2　この摂取基準は，全国的な平均値を示したものであるから，適用にあたっては，個々の健康および生活活動等の実態並びに地域の実情に十分配慮し，弾力的に運用すること。
3　献立の作成に当たっては，多様な食品を適切に組み合わせるよう配慮すること。
出所）文部科学省：学校給食実施基準の一部改正について（通知）（2018）より抜粋
30 文科初第 643 号

ての理解を深め，勤労を重んずる態度を養うこと。

⑥ 我が国や各地域の優れた伝統的な食文化についての理解を深めること。

⑦ 食料の生産，流通及び消費について，正しい理解に導くこと。

(2) 学校給食の現状

学校給食には主食（パン，米飯）とミルクおよびおかずの完全給食と，ミルクとおかずの補食給食，ミルクのみのミルク給食がある。2018 年の完全給食の実施状況は小学校で 98.5%，中学校で 86.6%であった。米飯給食は導入が開始された 1978 年には完全給食校の 36.2%の実施であったが，2018 年は 100%であり，平均実施回数も週当たり 3.5 回と定着している。

学校給食の調理形態は，単独校方式と共同調理場方式とがある。公立小・中学校における調理方式別実施状況は，小学校単独方式 58.1%，共同調理場方式 41.1%，中学校単独校方式が 29.5%，共同調理場方式が 60.2%だが，近年共同調理場方式への変更，パートタイム職員の活用，外部委託の割合の増加などがみられる。国および地方の厳しい財政状況下で合理化推進の指導を受けているためであるが，文部科学省は合理化の実施にあたって，学校給食の質の低下を招くことのないように指導している。

(3) 学校給食の食事内容

文部科学省は，学校給食摂取基準（表 6.6）と標準食品構成表を提示している。学校給食摂取基準の 1 日の食事摂取基準に占める比率は，エネルギー 33%，たんぱく質はエネルギーの 16.5%を基準値

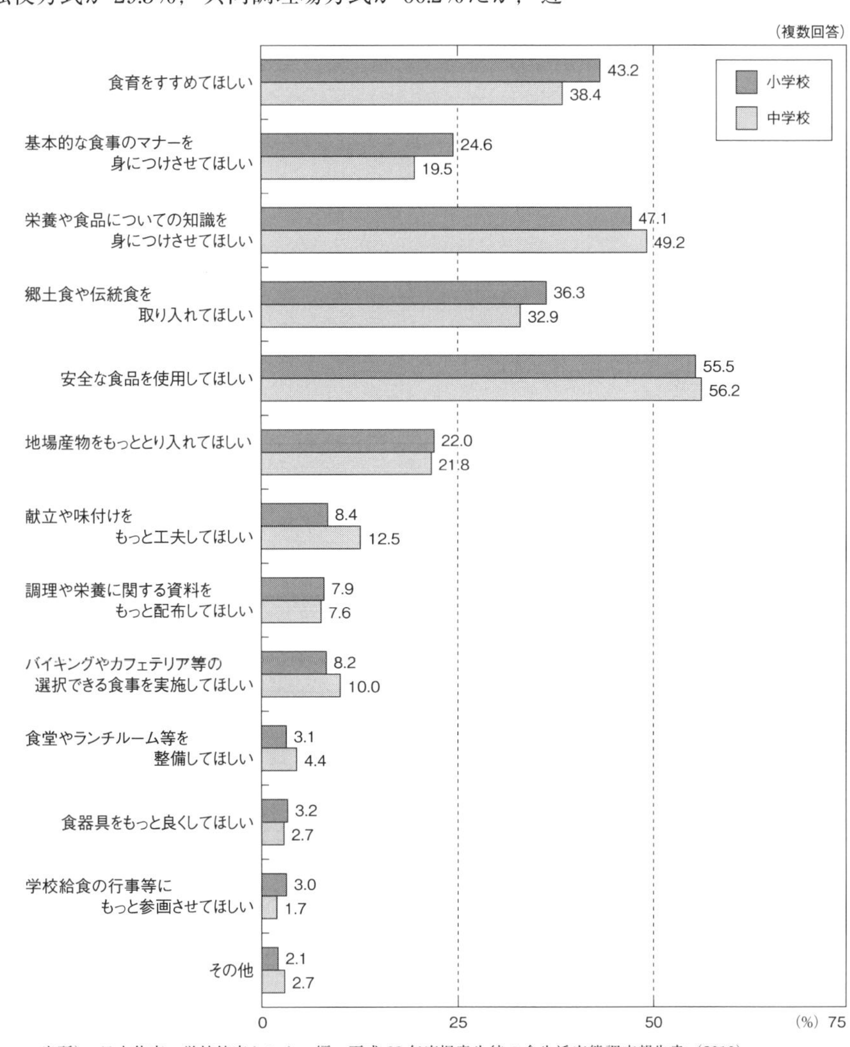

出所）日本体育・学校健康センター編：平成 22 年度児童生徒の食生活実態調査報告書（2010）

図 6.1 学校給食に望むこと

とし，範囲を13 ～ 20%，鉄40%，ビタミン40%となっており，家庭で不足しがちなカルシウムの割合は一日の推奨量の50%に設定されている。脂肪エネルギー比は20 ～ 30%とされ，食物繊維は目標量の40%と食塩は目標量の33%の基準も示されている。マグネシウム40%，亜鉛については目標値が示されている。

実施においては地域性なども考慮し，バイキング方式や郷土食の導入などを図ることも重要である。また，集団給食として，安全性の確保，食中毒の防止の徹底などには特に注意をはらう必要がある。

食物が豊富に出回り，食生活も豊かになり飽食時代といわれる現在，就業する母親が増加している状況のなかで，1日の食事摂取状況をみると学校給食に依存している割合が多いことも指摘されている。このことからも，学校給食に寄せる期待はなお大きい。図6.1は学校給食の要望を示したものであるが，安全性，知識，マナーの定着についての要望が高い。

(4) 栄養教諭

文部科学省は2004年度に食に関する専門性と教育に関する資質を併せ有する栄養教諭養成に関わる制度を創設し，学校で子どもたちが望ましい習慣と自己管理能力を身に付けられるように食に関する指導体制の充実を図った。栄養教諭は学校給食の管理に加え，学校給食を生きた教材として活用し，効果的な食事を行うことがその職務とされ，健康教育の専門教諭として期待されている。

【演習問題】

問1 学校保健統計調査による，むし歯（う歯）の未処置歯がある者の割合の学校別推移の組合せである。正しいのはどれか。1つ選べ。(2013年国家試験)

	小学校		高等学校
(1)	低下傾向	――――	低下傾向
(2)	低下傾向	――――	上昇傾向
(3)	上昇傾向	――――	変化なし
(4)	変化なし	――――	低下傾向
(5)	上昇傾向	――――	上昇傾向

解答 (1)

問2 学童期のエネルギーと肥満に関する記述である。正しいのはどれか。1つ選べ。 (2017年国家試験)

(1) 基礎代謝基準値（kcal/kg体重 / 日）は，幼児期より低い。

(2) 推定エネルギー必要量は，基礎代謝量（kcal/ 日）と身体活動レベルの積である。

(3) 原発性肥満より二次性肥満が多い。

(4) 学童期の肥満は，成人期の肥満に移行しにくい。
(5) 肥満傾向児の割合は，高学年より低学年で高い。

解答 (1)

問3 学童期の栄養に関する記述である。正しいのはどれか。1つ選べ。
(2013年国家試験)

(1) むし歯（う歯）のある児童の割合は，約80%である。
(2) 二次性肥満は，原発性肥満より多い。
(3) ローレル指数は，年齢とともに上昇する。
(4) 痩身傾向児の割合は，年齢と共に増加する。
(5) 日本人の食事摂取基準（2010年版）の身体活動レベル（PAL）は2区分である。

解答 (4)

【参考文献】

今村栄一：新版小児栄養，122～127，同文書院（2005）
江澤郁子，津田博子編：応用栄養学，99～111，建帛社（2006）
岡田知雄他：ライフステージにおける栄養アセスメント，臨床栄養，99（5）574～584（2001）
健康・栄養情報研究会編：平成15年国民健康・栄養調査報告，第一出版（2006）
澤純子他：応用栄養学，121～135，医歯薬出版（2006）
戸谷誠之，藤田美明，伊藤節子編：応用栄養学，137～162，南江堂（2005）
中坊幸弘，木戸康博編：応用栄養学，75～85，講談社（2005）
日本体育・学校保健センター編：学校給食要覧（2002）
藤沢良知：食育の時代，18～35，第一出版（2005）
武藤静子編：ライフステージの栄養学，3～14，朝倉書店（2004）
文部科学省：平成25年度学校保健統計調査報告書（2013）
厚生労働省：日本人の食事摂取基準［2015年版］，第一出版（2014）
厚生労働省：日本人の食事摂取基準［2020年版］
文部科学省：平成30年度学校保健統計調査（2018）
国立健康栄養研究所監修：平成27年国民健康・栄養調査報告，第一出版（2017）
国立健康栄養研究所監修：平成29年国民健康・栄養調査報告，第一出版（2019）

7 思　春　期

7.1　思春期の特性

日本産婦人科学会の定義によれば，思春期を性機能の発現，すなわち第二次性徴の出現に始まり，初経をへて第二次性徴の完成と月経周期がほぼ順調になるまでの期間をいい，その期間を 8 〜 9 歳ころから 17 〜 18 歳ころと定義している。男子の思春期は，女子より 2 年ほど遅れて，10 〜 11 歳ころ開始し，17 〜 18 歳で完成とするのが一般的である。すなわち思春期は，学童期の後半や青年期の前半と重複している。

思春期は，成長急進（growth spurt），第二次性徴の出現，生殖機能の完成を特徴とする。女子では，月経の初来を伴い母性機能が完成する。女性ホルモンや男性ホルモンの分泌など内分泌や生殖器官の成熟は，精神面にも影響し，本能衝動の高まりや情緒不安定を伴う。また，この時期は感受性が豊かで知識の吸収も旺盛であり，自我の主張も強い。一方，この年代の死因は，自殺，悪性新生物，不慮の事故である（図 7.1）。

総　数

年齢階級	第 1 位				第 2 位				第 3 位			
	死　因	死亡数	死亡率	割合（%）	死　因	死亡数	死亡率	割合（%）	死　因	死亡数	死亡率	割合（%）
10 〜 14 歳	自　殺	100	1.9	22.9	悪性新生物	99	1.8	22.7	不慮の事故	51	0.9	11.7
15 〜 19 歳	自　殺	460	7.8	39.6	不慮の事故	232	3.9	20.0	悪性新生物	125	2.1	10.8

男

年齢階級	第 1 位				第 2 位				第 3 位			
	死　因	死亡数	死亡率	割合（%）	死　因	死亡数	死亡率	割合（%）	死　因	死亡数	死亡率	割合（%）
10 〜 14 歳	自　殺	59	2.1	21.4	悪性新生物	57	2.1	20.7	不慮の事故	35	1.3	12.7
15 〜 19 歳	自　殺	337	11.1	41.6	不慮の事故	187	6.2	23.1	悪性新生物	70	2.3	8.6

女

年齢階級	第 1 位				第 2 位				第 3 位			
	死　因	死亡数	死亡率	割合（%）	死　因	死亡数	死亡率	割合（%）	死　因	死亡数	死亡率	割合（%）
10 〜 14 歳	悪性新生物	42	1.6	26.1	悪性新生物	41	1.6	25.5	不慮の事故	16	0.6	9.9
15 〜 19 歳	自　殺	123	4.3	35.0	不慮の事故	55	1.9	15.7	悪性新生物	45	1.6	12.8

出所）　厚生労働省：『令和元年版自殺白書』第 1-9 表
平成 28 年における死因順位別にみた年齢階級・性別死亡数・死亡率・構成割合より 10 〜 14 歳，15 〜 19 歳部分抜粋

図 7.1　10 代の死因順位

7.1.1 生理・代謝

思春期のはじめのころから，幼児，小児期に抑制されていたコナドトロピン放出ホルモン（GnRH:gonadotropin releasing hormone）分泌の抑制機構の解除が起こり，視床下部におけるGnRH分泌ニューロンの増殖と発達，下垂体前葉でのGnRH受容体の増加，卵巣での卵胞刺激ホルモン（FSH:follicle stimulating hormone）受容体と黄体形成ホルモン（LH:lutenizinghormone）受容体の増加に伴い，視床下部―下垂体―卵巣系の活動が始まる。視床下部から分泌されたGnRHは，下垂体を刺激しFSHとLHの分泌を促す。卵巣はFSHとLHの刺激を受け，卵胞ホルモン（エストロゲン）と黄体ホルモン（プロゲステロン）の２種類の女性ホルモンの分泌が増加する。

男子では下垂体から分泌されたFSHは，精巣内の支持細胞（セルトリー細胞）に作用し，精巣エストロゲンの生成と分泌を促進し，精子形成に関与する。LHは精巣内の間質細胞（ライデッヒ細胞）を刺激し，テストステロンの生成と分泌を促す（図7.2）。

(1) 第二次性徴

思春期は，下垂体から分泌される性腺刺激ホルモンにより女性ホルモン，男性ホルモンが分泌されりことで男女の性的特徴が顕著になる。女性の場合，乳房が膨らみ始め，皮下脂肪が少しずつ蓄積し体も丸みを帯びてくる。これに続いて身長が急速に伸び，月経が開始する（初経; menarche）。陰毛や腋毛が生え，乳房も大きさを増していく。思春期の女子は皮下脂肪量が約10～11kg，エネルギー量で約９万～10万kcalを蓄積し，女性らしい体つきになる。

一方，男性の場合は精巣の精子産生が始まり，テストステロンの分泌が増加するのに伴い，たんぱく質の合成が促進され，筋や骨の発育を促し，ひげや四肢の剛毛の発達をもたらす。また，テストステロンは甲状軟骨，輪状軟骨を発達させることにより喉頭は隆起し，喉頭筋や声帯も発達し，男子の声変わりが起こる。

(2) 初経年齢

わが国の平均初経年齢は，昭和20年代で14～15歳であった。現在，12歳８ヵ月，標準偏差11ヵ月で年齢幅は11歳９ヵ月～13歳７ヵ

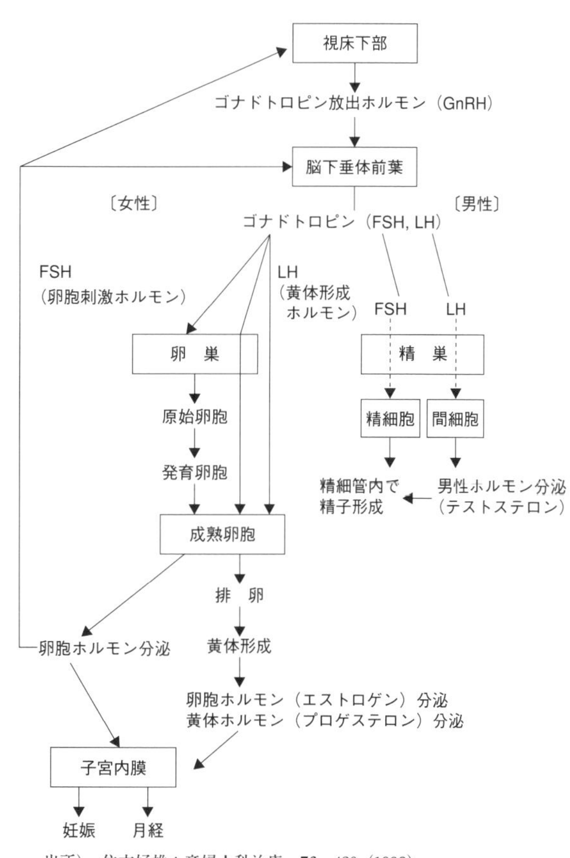

出所）住吉好雄：産婦人科治療，**76**，420（1998）

図7.2 性ホルモン作用機序，視床下部・下垂体・卵巣系の内分泌

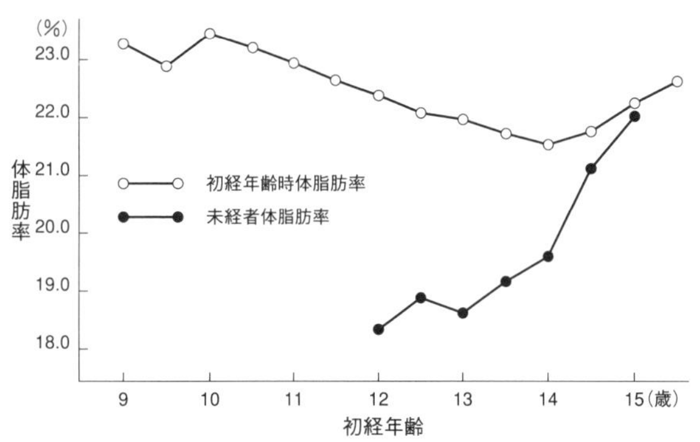

出所） 日本肥満学会：肥満・肥満症の指導マニュアル，177，医歯薬出版（1997）

図 7.3 初経年齢と体脂肪率

月である。初経は平均して身長の最大ピークの1年8ヵ月後に起こる。初経到来時の体脂肪率は，21.7～23.5％で，月経の到来していない者の体脂肪率は，同年齢の初経到来者よりも低く，遅れて初経到来者の体脂肪率に達する（図7.3）。すなわち，卵巣が正常に機能するためには，体脂肪量が重要で初経到来のためには，一定の体脂肪量が必要である。

思春期の月経周期　月経が開始したころは，月経周期が不順や，排卵を伴わない無排卵性月経である場合が多いが，次第に排卵を伴う排卵性の月経に移行していく（表7.1）。

(3) 思春期の身体的変化

出生時から9歳までは身長の発育は，男子の方が，女子より大きめに推移するが，10～11歳になると同年齢の男女の身長が逆転する現象が起こり，身長の発達速度は，女子の方が男子より2年早く始まるといわれているが個人差が大きい。1989（平成元）年から25年間の学校保健統計によると女子の最大ピークは10～11歳で，増加量は1年で平均6.6㎝，男子の最大ピークは12～13歳で，増加量は1年で，平均7.5㎝である。

表 7.1 月　経

正常月経周期	25～38日周期， その変動は6日以内
月経持続期間	3～7日，平均4.6日
月経血量	20～140m*l*（血液量50m*l*）
卵胞期（増殖期，低温期）　平均14日 黄体期（分泌期，高温期）　平均14日	
初経：満12歳	思春期：8～9～17～18歳
閉経：50歳	更年期：45～55歳

注） 月経：通常，約1ヵ月の間隔で起こり，限られた日数で自然に止まる子宮内膜からの周期的出血をいう。

月経周期：月経開始日を第1日とし，次回月経開始前日までの日数をいう。

初経：初めて発来した月経。初経直後に正常周期がみられるのは，30～40％に過ぎない。約50％の人は4～5年間無排卵のため，月経周期は乱れる。

閉経：卵巣機能の衰退または消失によって起こる月経の永久的な閉止をいう。閉経も，急に無月経になる人，周期が乱れ，次第に無月経になる人いろいろである。

月経血：子宮内膜＝粘膜と，分泌物＝粘液，剥離面からの出血の混合物であり，血液はその一部にすぎない。

初経発来：小学6年　ほぼ50％
　　　　　中学3年　ほぼ100％

出所） 日本母性衛生学会編：Women's Health, 45, 南山堂（1998）

最終的には女子より2年遅れて開始した男子の身長は，17歳では，女子より平均12.7㎝も高くなり，大きな差がつく。一方，体重は，10～11歳で，女子の増加量は1年で平均5.0kg，男子の増加量は1年で平均4.5kgと，はじめて男子の増加量を上回る。17歳では男子の体重は，女子より平均10.4kgも大きく差がつく。10歳ころまでの身長の急速な伸びは，IGF–1を介する下垂体の成長ホルモンにより行われてきたが，身長の伸びの停止は，性ホルモンのエストロゲンの作用により骨端線が閉鎖することによる。

(4) 思春期の精神発達

思春期の男女は，身体の形態変化や機能的変化を不安や驚異，羞恥にとまどいながらも，自分のものとして受け入れていかなければならず，精神的に不安定な時期でもある。

この時期に経験するこころの葛藤や現実逃避を克服することにより自己の確立が進んでいく。周囲の人間関係にも変化が現われる。親からの精神的自立がみられるようになり，自分自身の意思で決定したいという欲求が現われ，親の指示には従わない，いわゆる第二反抗期という時期を迎える。

悩みや不安を相談する相手も親から友人へと変化し，理解してもらえる同年齢の友人が重要になってくる。また，性への関心が高まり，異性への意識も強くなり，食行動への影響もみられる。さらに，この時期はさまざまなタイプの神経症の好発年齢であり，注意が必要である。

7.2　栄養障害

7.2.1　摂食障害

「摂食障害医学的ケアのためのガイド」より，摂食障害は食行動の重篤な障害を特徴とする精神疾患で，主に神経性やせ症（神経性食欲不振症）（Anorexia Nervosa）と神経性過食症（Bulimia Nervosa）がある。近年のわが国の患者数は，摂食障害全体で約2,500人，そのうち9割が女性で，10～20歳代での発症が多く，女子中学生の100人に2人が摂食障害であるといわれている。

(1)　神経性やせ症（Anorexia Nervosa）

小学生から中学生で見られる摂食障害の多くが神経性やせである。神経性やせの特徴として，極端な食事制限（摂取エネルギー量の制限，絶食など），過活動による体重のコントロールにはじまり，自分では制御できない過食や嘔吐，下剤の乱用による排泄行動により著しく低い体重に至る。自分の体重や体型（ボディ・イメージ）における過大評価，体重増加に対する強い不安や恐怖心，病識の欠如から体重増加を妨げる行動が見られる。また，小児の神経性やせの発症要因は，ダイエット以外に家庭内におけるストレス（親の離婚，兄弟との葛藤など）や学校でのストレス（受験，友人関係など）によるものが多い（図7.4）。

診断基準　神経性やせ症の診断基準としてDMS（Diagnostic and Statistical Manual of Mental Disorders）-5（表7.2）を用いるが，前思春期発症（10～12歳頃）や病初期の段階ではDMS診断を満たさないことがある。この場合はGOSC（Great Ormond Street criteria）（表7.3）を用いて神経性やせ症の特徴を参考にする。

思春期を対象とした神経性やせ症のスクリーニング　学校健康診断の身体計測値から得られた身長，体重のデータから，7本のパーセンタイル成長曲線（7本の

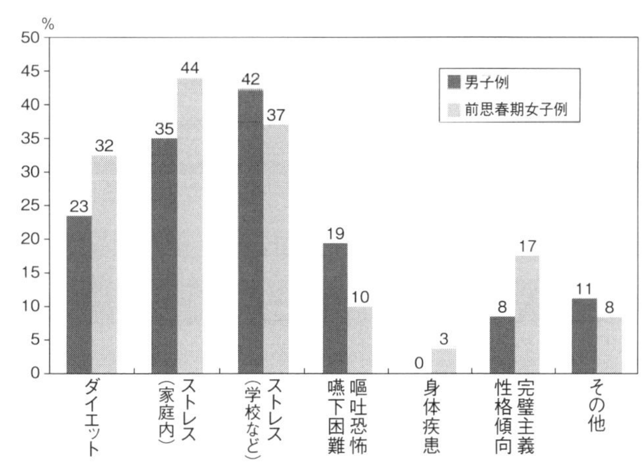

出所）日本摂食障害学会：摂食障害治療ガイドライン，医療書院（2017）

図7.4　小児における神経性やせ症発症のきっかけ

表 7.2　神経症やせ症の診断基準

A. 体　　重

必要量と比べてエネルギー摂取を制限し，年齢，性別，成長曲線，身体的健康状態に対する有意に低い体重に至る。有意に低い体重とは，正常の下限を下回る体重で，子どもまたは青年の場合は，期待される最低体重を下回ると定義される。

B. 体重増加恐怖・肥満恐怖

有意に低い体重であるにもかかわらず，体重増加または肥満になることに対する強い恐怖，または体重増加を妨げる持続した行動がある。

C. 体重・体型に関する認知・行動

自分の体重または体型の体験の仕方における障害，自己評価に対する体重や体型の不相応な影響，または現在の低体重の深刻さに対する認識の持続的欠如。

●分　　類

接触制限型：過去３ヵ月間，過食または排出行動の反復的エピソードがないこと。

過食・排出型：過去３ヵ月，過食または排出行動の反復的エピソードがあること。

●重症度

軽　度：BMI ≧ 17kg/m^2

中等度：16 ≦ BMI ≦ 16.99kg/m^2

重　度：15 ≦ BMI ≦ 15.99kg/m^2

最重度：BMI ＜ 15kg/m^2

〔DSM-5（Diegnostic and Statistical Manual of Mental Disorders Firth Edition）一部改変〕

〔American Psychiatric Association（日本精神神経学会日本語版用語監修）：DSM-5 精神疾患の診断・統計マニュアル，332，医学書院（2014）〕

出所）東條仁美編：スタディ応用栄養学，建帛社（2018）

表 7.3　小児の食行動異常の診断分類（Great Ormond Street criteria; GOSC）

1　神経性食欲不振症 (anorexia nervosa)	• 頑固な体重減少（食物回避，自己誘発性嘔吐，過度の運動，瀉下薬の乱用） • 体重，体型に対する偏った認知 • 体重，体型，食べ物や摂食への病的なこだわり
2　神経性過食症 (bulimia nervosa)	• 繰り返されるむちゃ食いと排出 • 制御できないという感覚 • 体重や体型に対する病的なこだわり
3　食物回避性感情障害 (food avoidance emotional disorder)	• 原発性感情障害では説明できない食物回避 • 体重減少 • 原発性感情障害の基準を満たさない気分障害 • 体重，体型に対する病的なこだわりはない • 体重，体型に対する偏った認知はない • 器質的脳障害や精神疾患はない
4　選択的摂食 (selective eating)	• 少なくとも２年間にわたる偏食 • 新しい食品を摂取しようとしない • 体重，体型に対する病的なこだわりはない • 体重，体型に対する偏った認知はない • 体重は減少，正常，あるいは正常以上
5　機能的嚥下障害 (functional dysphagia)	• 食物回避 • 嚥下，窒息，嘔吐への恐怖 • 体重，体型に対する病的なこだわりはない • 体重，体型に対する偏った認知はない
6　広汎性拒絶症候群 (pervasive refusal syndrome)	• 食べる，飲む，歩く，話す，あるいは身辺自立の徹底した拒絶 • 援助に対する頑固な抵抗
7　制限摂食 (restrictive eating)	• 年鈴相応の摂取量より明らかに少ない • 食事は栄養的には正常だが，量的に異常 • 体重，体型に対する病的なこだわりはない • 体重，体型に対する偏った認知はない • 体重身長は正常下限
8　食物拒否 (food refusal)	• 食物拒否は何かのできごとと関連しており，断続的で特定の相手や状況下で生じやすい • 体重，体型に対する病的なこだわりはない • 体重，体型に対する偏った認知はない
9　appetite loss secondary to depression	

出所）図 7.4 に同じ。

チャンネル）を作成（図7.5）し，5～6歳の身長，体重はその個人に固有の体格を最も反映して思春期までほぼ同一の成長曲線内で成長するという知見を前提としている。自分の5～6歳の値から自分の成長曲線を決め，その成長曲線上の体重が一つ下の曲線に下がったり，安静時の脈拍数が1分間に60以下の徐脈になることを指標としている（図7.6）。

各病気における学校の具体的な対応（**思春期やせ症の診断と治療ガイド***より抜粋）を以下に示す。

急性期および治療開始期　治療により休学を余儀なくされている生徒に対し，いたずらに不安を増大させることなく安心して治療に取り組むことができるように，「いつでも復学を待っているから，安心して治療に励みなさい」という姿勢を示す。本人および保護者に病識がなく，医療機関の指示に従わず登校を続ける場合には，「医師の指示に従いしっかり身体を治してから登校してください。病気が治らないうちは学校としても身体管理に責任がもてません」という，毅然とした態度が必要である。

回復期　この時期，身体の回復とともに深い内省がはじまる。拒食を捨てて治ろうとする一方，自己の真の心の苦しみに向き合いながら新しい自分と出会っていこうとする。この時期は精神的に不安定で，学校の情報や友人からの誘いなど外からの刺激を安易に受けることは，内省を妨げ焦らせることにつながる。電話や手紙などの間接的な接触も，治療が社会復帰に入るまではできるだけ避けた方がよい。

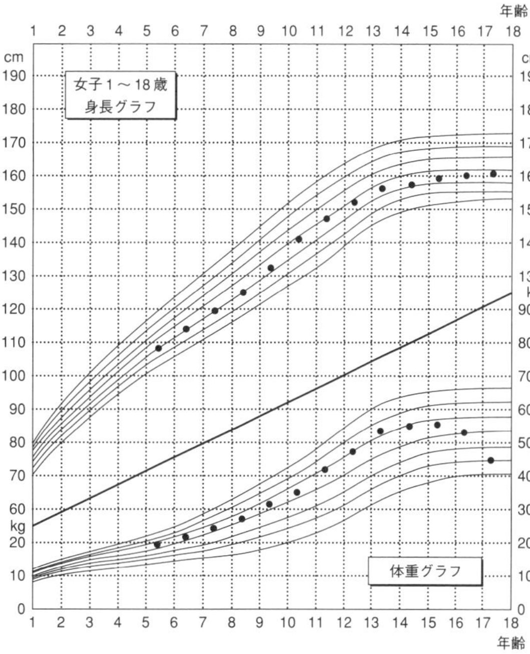

出所）厚生労働科学研究思春期やせ症と思春期の不健康やせの実態把握および対策に関する研究班：思春期やせ症の診断と治療ガイド，40，文光堂（2006）

図7.5　「肥満度—15%以下」および「成長曲線において体重が1チャンネル以上下方シフト」を呈する症例

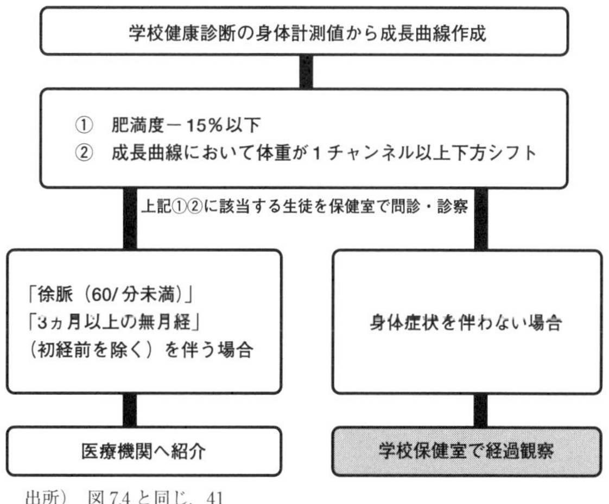

出所）図7.4と同じ，41

図7.6　学校における思春期やせ症早期発見の実際

社会回復期　回復期の不安定な時期を乗り切り，学校や社会での人間関係を練習していく時期である。慎重に少しずつ前進し，新しいことを始めるたびに児の緊張や疲れがどのようなものなのか，医療機関と学校が密接に連絡を取り合い細かくモニターしていく。学校は授業や行事への参加法，不足した出席日数の補い方などについて柔軟な対応が

＊**思春期やせ症の診断と治療ガイド**　厚生労働科学研究（子ども家庭総合研究事業）思春期やせ症と思春期の不健康やせの実態把握および対策に関する研究班（2006）

表 7.4　摂食障害患者のための包括的評価

1. 患者の現病歴については，以下の項目を含んだ詳細な聞き取りをすることが望ましい：

過去6カ月間の体重減少 / 変化の量およびその速度

食事摂取（食事の種類および量）や，特定の食品や食品群の制限の有無（例えば，脂質や炭水化物など）を含む，栄養摂取歴

代償行動の有無およびその頻度（絶食やダイエット，自己誘発性嘔吐，運動，下剤，利尿剤・イペカック（吐根）などの乱用，インスリンの不適切な使用，ダイエット薬や市販の栄養補助剤の使用）

運動の頻度，時間そして激しさの程度。取り組み方は過剰か，強迫的か，柔軟性に欠けているか，もしくは体重コントロールを目的とするものか。

月経歴（初経，最終月経，月経周期，経口避妊薬使用の有無）

栄養補助剤や代替医療薬を含む，現在服用中の薬

家族歴（家族の中に摂食障害，肥満，気分障害や不安障害，物質使用障害などの所見がある，もしくは診断を受けた者がいるか）

精神科既往歴（気分障害，不安障害，および物質使用障害の症状の有無など）

外傷歴（身体的，性的，精神的なものを含む）

成長歴（可能な限り過去の成長曲線を入手すること）

2. 摂食障害の疑いがある患者に実施されるべき診断検査項目

基本検査項目	摂食障害患者に認められる可能性のある異常所見とその原因
全血算	白血球減少，貧血，もしくは血小板減少
電解質，腎機能，および肝酵素を含む包括的検査	グルコース：↓栄養不良 ナトリウム：↓多飲もしくは下剤使用 カリウム：↓嘔吐，下剤・利尿剤使用 塩素：↓嘔吐，下剤使用 血中重炭酸塩：↑嘔吐　↓下剤使用 血中尿素窒素：↑脱水 クレアチニン：↑脱水，腎機能障害，筋委縮 カルシウム：やや↓摂取不良のため低下するが骨への蓄積は犠牲にするため軽度の低下 リン酸：↓栄養不良 マグネシウム：↓栄養不良，下剤使用 総タンパク / アルブミン：↑低栄養の初期には，筋肉を犠牲にして増加　↓低栄養の持続の場合は低下 プレアルブミン：↓ タンパク質・カロリー欠乏 アスパラギン般アミノ基転移酵素（AST），アラニンアミノ基転移酵素（ALT）：↑飢餓
心電図（ECG）	徐脈（低心拍数），QTc 延長（>0.45 秒），その他の不整脈

3. 検討すべき追加検査項目

追加検査項目	摂食障害患者に認められる可能性のある異常所見
レプチン値	レプチン：↓低栄養
甲状腺刺激ホルモン（TSH），チロキシン（T4）	TSH：↓もしくは正常 T4：↓もしくは甲状腺機能正常症候群
膵酵素（アミラーゼおよびリパーゼ）	アミラーゼ：↑嘔吐，膵炎 リパーゼ：↓　膵炎
性腺刺激ホルモン（LH およびFSH），性ステロイド（エストラジオールおよびテストステロン）	LH，FSH，エストラジオール（女性），テストステロン（男性）の値：↓もしくは正常
赤血球沈降速度（ESR）	ESR：↓飢餓　もしくは　↑炎症
二重エネルギー X 線吸収法（DEXA）	摂食障害患者は低骨密度のリスクがある。ホルモン補充療法（女性の場合はエストロゲン / プロゲステロン：男性の場合はテストステロン）が低骨密度を改善するというエビデンスはない。栄養回復，体重回復，そして内因性ステロイドの生成を正常化することが，最適な治療である。

出所）日本摂食障害学会：摂食障害，AED レポート（2016）

必要とされる。

(2) **神経性過食症（Bulimia Nervosa）**

神経性過食症の発症時期は神経性やせ症より遅く，青年期から成人期の発症が多い。比較的短時間のうちに食物を食べ，その間は食べることを制御できない。排出・代償行動がともに平均して3ヵ月にわたって少なくとも週1回は起こっている。自分の体重や体型（ボディ・イメージ）における過大評価，体重増加に対する強い恐怖，病識の欠如が見られる場合がある。

神経性過食症の治療は，規則正しい生活リズムを身につけること。夜は過食しやすい時間帯のため夜型生活から朝型の生活パターンに修正する。食事はできるだけ規則的にとり，朝・午前の間食・昼・午後の間食・夕・夜食の時間を決め，3食だけでなく間食も設定することで空腹時間を短くする。空腹時間が長くなると血糖値が下がり過食衝動が出現しやすくなるため注意が必要である。もし過食嘔吐の行動が出現した時は，できるだけ規則正しい食事パターンに戻るようにする。

摂食障害の治療は，病気についての教育，患児（者）との信頼関係の構築，回復への動機づけ，栄養と体重の回復，重症の場合は入院が必要となる。摂食障害の患者にみられる兆候や症状はさまざまで，治療には何年もの期間を要し，根気強い治療と対応が必要となることから，早期発見・早期治療が求められる（表7.4）。専門医，カウンセラー，管理栄養士の連携が重要であるとともに，家庭や周囲（学校など）の協力も不可欠となる。

7.2.2 鉄欠乏性貧血

思春期に多く見られるのは，鉄欠乏性**貧血**[*1]である。体内の鉄が不足すると初期のうちは肝臓や脾臓に貯蔵されている貯蔵鉄が使われる（潜在性鉄欠乏状態）ため臨床的には異常がでてこないが，鉄欠乏が進むと血清鉄が使われ（貯蔵鉄枯渇状態），さらに血色素の合成ができなくなった状態になると鉄欠乏性貧血（小球性低色素性貧血）と診断される。

男女とも身体の成長による循環血液量の増大で鉄の体内需要が高まることで起こりやすい。

女子では，月経に伴う貧血が多く見られる。また，不必要なダイエットによる鉄の摂取不足も原因のひとつであることから，ダイエットに関する正しい知識を身に付けさせることも大切である。

*1 **貧血** WHOによる貧血の基準は以下の通り。
成人男性：ヘモグロビン13g/dl未満
小児（6～14歳），
成人女性：ヘモグロビン12g/dl未満

7.2.3 肥 満

学校保健統計（平成30年度）によると，**肥満傾向児**[*2]の出現率は，小学校男子では4.5～10.1％，女子では4.5～8.8％，中学校男子では8.4～10.6％，女子では7.2～8.5％，高等学校男子では10.5～11.0％，女子では6.9～8.4％存在している。また，肥満傾向児の推移は，平成15年度あたりから減少傾

*2 **肥満傾向児** 性別・年齢別・身長別標準体重を求め，肥満度が20％以上の者。

向にある。

肥満とは，脂肪組織の過剰な蓄積である。脂肪細胞増殖型肥満は脂肪（中性脂肪＝トリグリセリド）を蓄える脂肪細胞の数が増加しているもの，脂肪細胞肥大型肥満は脂肪細胞のなかに脂肪を蓄えて，脂肪細胞のサイズが大きくなっているものである。脂肪細胞肥大型肥満は成人期以降の肥満にみられる。この時期の肥満の原因として，身体活動量の低下，生活リズムの乱れ，夜食の摂取などがあげられる。また，いつでもどこでも好きなものを自らの意志で選択して購入することができる食環境も原因のひとつとして考えられる。

コラム 7 「未成年の薬物乱用・飲酒・喫煙」

近年，未成年者の覚せい剤などの薬物の使用，飲酒，喫煙が深刻な社会問題となっている。国立研究開発法人国立精神・神経医療研究センターが行っている「飲酒・喫煙・薬物乱用についての全国中学生意識・実態調査（2018）によると，飲酒と喫煙の生涯経験率はいずれも減少傾向にあるが，2016 年から有機溶媒（シンナーなど）および危険ドラッグは増加傾向，大麻および覚せい剤は横ばいで推移している。

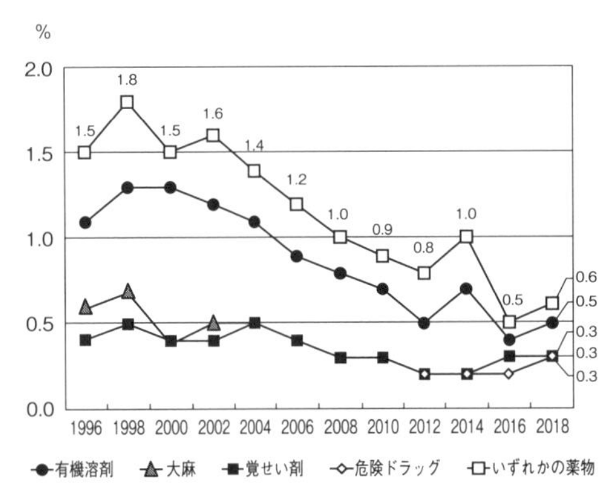

図 7.7 全国中学生における薬物乱用の生涯経験率の推移（1996～2018 年）

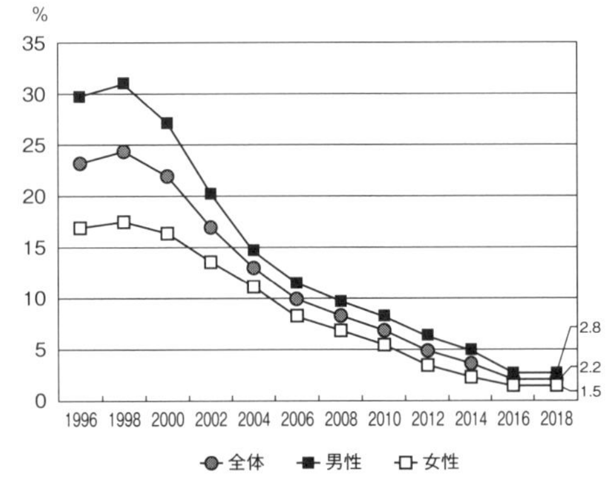

図 7.8 全国中学生における喫煙の生涯経験率の推移（1996～2018 年）

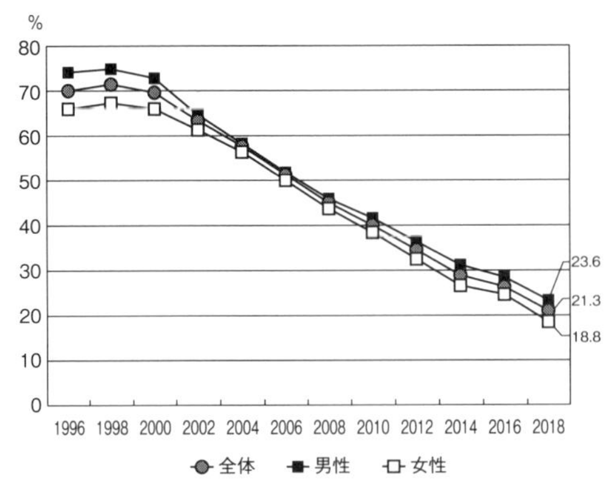

図 7.9 全国中学生における飲酒の生涯経験率の推移（1996～2018 年）

7.3 食 行 動

思春期は親の管理から離れる精神的な自立だけでなく，食事の面からも自立する時期になる。食習慣は幼児期から家庭でつくり上げられてきたものであるが，この時期には家庭以外の影響を受けながら完成を迎える。家庭の食事から離れ，独りで食べる，インスタント食品，スナック菓子やファストフードなどを好み，外での間食が増え，孤食や個食の傾向がでてくる。また，これらも食行動の変化が好奇心から始まった喫煙や飲酒が，習慣化される動機づけになることも少なくない。

近年，やせ志向は思春期のみならず小学生にも及んでいる。本来この時期は性ホルモンの分泌が盛んになり，とくにエストロゲンは骨の形成を活発化し，骨量を増加させる。骨量は20歳前後まで直線的に増加するが，その後緩やかになり，加齢によって減少する。生涯で最も骨量の高いところを最大骨量といい，学童期，思春期の食生活が重要となる。成長期の無理なダイエットは，卵巣機能が十分発達せず，生理不順や無月経となり，それが持続すると骨量の低下をきたすなど，弊害は大きい。

思春期・青年期の食生活のあり方は，将来，成人期以降の生活習慣病を含む疾病予防にも大きく関わってくる重要な時期である。とくに，女性の体力を低下させるような食生活の異常は，将来，妊娠，出産，育児という女性のライフサイクルを円滑に果たすことが困難になりかねない。“やせ志向”というファションにとらわれることなく食生活の正しい認識と習慣を喚起することは重要である。

7.3.1 朝食の欠食

平成29年国民健康・栄養調査結果によると，朝食の**欠食***率は男女とも20歳代で最も高く，男性30.6％，女性23.6％である。また，2018年度食育白書では朝食を欠食する子どもの目標値0％に対し，小学生では5.5％，中学生では8.0％と年々増加している。さらに，文部科学省「全国学力・学習状況調査」(2018) によると毎日決まった時刻に寝ていない小・中学生の割合が近年増加傾向にある。このような児童・生徒ほど朝食欠食率が高い傾向にあることから規制正しい生活習慣を身に付けさせることが重要となる。2000年，文部省（現文部科学省），厚生省（現厚生労働省），農林水産省の三省合同で策定された「健康づくりのための食生活指針」では，「１日の食事のリズムから健やかな生活リズムを」と，生活リズムを重視している(p.222，付表4.1)。

***欠食**　以下３つの場合の合計である。①何も食べない（食事をしなかった場合），②菓子，果物，乳製品，し好飲料などの食品のみ食べた場合，③錠剤・カプセル・顆粒状のビタミン・ミネラル・栄養ドリンク剤のみの場合。

朝食の欠食の原因は受験のための塾通いなどによる夜型の生活リズムから，朝起きられない，朝食を食べる時間がない，ダイエットを実施している，などによる。朝食の欠食による栄養障害はエネルギー摂取，ビタミンA，B_1，

B_6, C, ナイアシン, カルシウム, 鉄の不足が起こるほか, 脂質摂取の増加, 食物繊維摂取の減少がみられる。将来, 潜在性貧血や骨粗鬆症の危険性がある。

7.4 栄養ケア

7.4.1 成長・発達に応じたエネルギー・栄養素の補給

この時期には, 急速な身長の増大とそれに伴う体重の増加に続いて, 成長の減速と第二次性徴の発現がある。また, 10代の後半から20代にかけて骨量は最大になるなど, 成長を支えるエネルギーや栄養素の必要量も大となる。

また, 思春期は食習慣の自立期にあり, 食事の管理が保護者から自己へと移行する。肥満を代表とする生活習慣病の起因が, 思春期さらにはそれ以前の小児期など成長期にあることも多く, 生涯の体づくりのための大切な時期である。近年, 外食や調理済み食品の利用の増大により, 栄養や食事のとり方なかでも間食の中身について, 正しい基礎知識に基づいて自ら判断し, 食をコントロールしていく自己管理能力が必要になっており, 食品の品質や安全性についても, 正しい知識・情報に基づいて自ら判断できる能力が必要である。食に関する自己管理能力の育成を通じて将来の生活習慣病の危険性を低下させることは重要である。

【演習問題】

問1 思春期女子に関する記述である。正しいのはどれか。1つ選べ。

(2018年国家試験)

(1) 思春期前に比べ, エストロゲンの分泌量は減少する。
(2) 思春期前に比べ, 皮下脂肪量は減少する。
(3) 貧血の多くは, 巨赤芽球性貧血である。
(4) 急激な体重減少は, 月経異常の原因となる。
(5) 神経性やせ症（神経性食欲不振症）の発症頻度は, 男子と差はない。

解答 (4)

問2 思春期の男子に関する記述である。正しいのはどれか。1つ選べ。

(2019年国家試験)

(1) 性腺刺激ホルモンの分泌は, 思春期前に比べて低下する。
(2) 年間身長増加量が最大となる時期は, 女子より早い。
(3) 見かけのカルシウム吸収率は, 成人男性より低い。
(4) 1日当たりのカルシウム体内蓄積量は, 思春期前半に最大となる。
(5) 鉄欠乏性貧血は, 思春期の女子より多い。

解答 (4)

【参考文献】

木戸康博，小倉嘉夫，眞鍋祐之編：応用栄養学，150 ～ 164，講談社（2017）
厚生労働省：平成 29 年国民健康・栄養調査結果報告
https://www.mhlw.go.jp/content/000451755.pdf：(2020 年 1 月 1 日閲覧)
厚生労働省：自殺対策白書（令和元年版）
嶋根卓也：飲酒・喫煙・薬物乱用についての全国中学生意識・実態調査，平成 30 年度研究報告書（2018）
東條仁美編：スタディ応用栄養学，125 ～ 136，建帛社（2018）
日本摂食障害学会:摂食障害医学的ケアのためのガイド，AED レポート 2016 第 3 版（日本語版）
日本摂食障害学会「摂食障害治療ガイドライン」作成委員会：摂食障害治療ガイドライン，医学書院（2017）
農林水産省：平成 29 年度食育白書
文部科学省：平成 30 年度学校保健統計
文部科学省：全国学力・学習状況調査（2018）

8 青　年　期

8.1　青年期の特性

8.1.1　青年期（adolescence）

＊思春期→ p.102 参照

青年期とは，通常は**思春期**＊(puberty）と成人（adult）との中間の時期をいい，狭義の青年期として 18 ～ 25 歳をさす（図 8.1）。思春期の終わりから成人期の初期（若年成人期：young adult）を含めて青年期といわれることもある。青年期の範囲についてはいろいろであるが，思春期から成熟への到達とこれに続く数年の最も活動的な時期である。成人期に移行する頃には身体の発育が終わり体格が完成し，精神的発育も大人として整う時期である。

また，社会的には自立へ向け，社会生活の基盤を築く時期でもある。青年期は小児期についで死亡率，有病率が最も少ない年齢層である。

8.2　青年期の成長・発達

8.2.1　身体の発育

青年期には第二次性徴が完成し，性器も完全に成熟してくる。種々の身体的変化の原動力となるのは性ホルモンである。ホルモンによるコントロールに乱れが生じるといろいろな発育異常を起こすことになる。

またこの時期は体重，胸囲など身体の幅の発育，身長，下肢長，座高など身体の長さの発育が盛んな時期である。身体的発達は成熟に向かうが，精神的にはまだ不安定の要素が大きい。身体の発育と精神的自立が一致せず，社会生活への不適応がみられる場合もある。

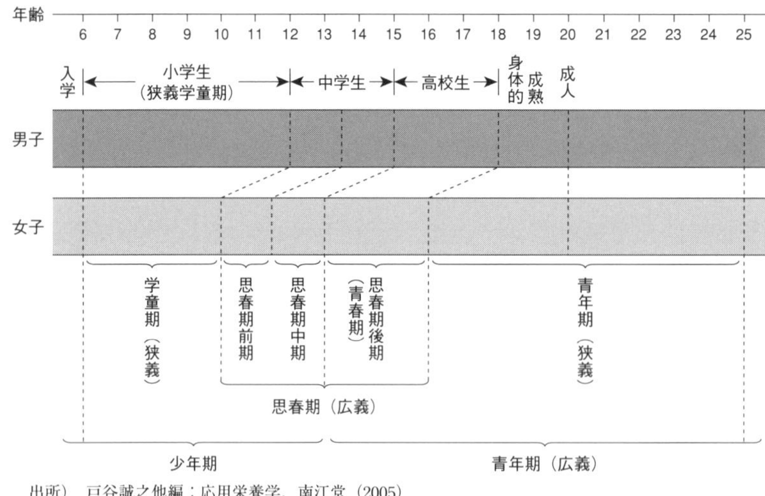

出所）戸谷誠之他編：応用栄養学，南江堂（2005）

図 8.1　青少年期の区分

8.3　栄養アセスメント

8.3.1　臨床検査

学童期と同様に生活習慣病の若年化が進んでおり，生活習慣の改善，早期発見・早期治療が大切である。

ヘモグロビン・ヘマトクリット・血清フェリチン

ヘマトクリットは血液中の血球の容積率を示し，またヘモグロビンと同様にこれらの低下は貧血の指標となる。血清フェリチン濃度は体内鉄の貯蔵状態を知る指標として用いられる。

8.3.2　身体計測

体格と身長から算出される体格指数により，栄養状態を評価する。成人はBMIが一般に用いられる。成長中の身長と体重の変化には個人差が大きく，健康管理には個別に取り扱うことが大切である。**BMI**＊(body mass index) は皮下脂肪と相関がよいことから成人で多く用いられる。成人の場合は25以上を肥満とする。成人のBMIは22を標準としているが，若年齢者ではBMIは小さく，年齢とともに大きくなっていくことがわかる。

＊BMI→p.11参照

したがって，BMIに関しては若年齢者に成人の基準を当てはめることはできない。青年期にローレル指数，BMIのどちらかを用いるのは対象者の成長の度合いによるため，青年期の健康管理にはこれらの指数を個別に取り扱う。

8.4　栄養ケア

8.4.1　肥満とやせ

体重が重くても，筋肉が多く体脂肪が少なければ健康に問題がなく，逆に外見上は肥満体型にみえなくても内臓脂肪がたまっている，いわゆる「隠れ肥満」(内臓脂肪型肥満) は，生活習慣病の危険因子となる。内臓脂肪型肥満では糖尿病，高血圧症などになりやすい。この時期の肥満は成人期に継続しやすいため肥満を解消することも大切であるが，若い女性における無理な減食によるやせも存在している。神経性食欲不振症では早期発見と早期治療が重要である。

健康日本21 (第二次) では若年女性のBMIと骨密度の関係をみると，やせの者ほど，骨量減少，低出生体重児出産のリスク等との関連があると示されている。平成29年国民健康・栄養調査では，低体重 (やせ) の者の割合は20～29歳の女性で21.7%であった。

8.4.2　貧　血

女子は，鉄の需要の亢進，月経などの鉄の損失，鉄の摂取不足などで貧血が起こりやすく，この時期に偏食，欠食，ダイエット志向が重なると，鉄欠乏性貧血になりやすい。栄養素の不足が生じないように十分な鉄の摂取と良質のタンパク質，葉酸，ビタミンB_{12}，Cなどの摂取，栄養バランスなどに注意することが大切である。

8.4.3　生活習慣病

青年期には単身生活者も増え，生活習慣の改善が必要な者も増える。

(1) 脂質異常症

若年者における脂質異常症が増加傾向にある。平成29年患者調査の年齢別受療率をみると高血圧と同様に40歳代後半より急激に上昇する。これは若年期からの生活習慣の影響とみることが出来るため若年時から対応する必要がある。平成27年「国民健康・栄養調査結果」の外食および持ち帰りの弁当・惣菜を定期的に利用している者の割合は男性41.3%女性29.2%であり，男女ともに20歳代で最も高かった。外食では単一メニューを選ぶことが多く野菜などが不足しがちであり，また，脂質やエネルギーのとりすぎになりやすい。食物繊維やビタミンC，β-カロテン，フラボノイドを多く含む野菜，果物，海藻，豆類などの摂取をこころがける。

(2) 骨粗鬆症

骨粗鬆症は生活習慣病であり，特に閉経後の女性に多いが，近年では食生活の変化から，児童の骨折の増加や，若年女性の過度のダイエットによる栄養素摂取不足などが原因とみられる骨量低下が問題とされている。骨量は年齢とともに増加し，20～30歳くらいまでに最大骨量を示す。特に女性は閉経後急激に骨量が減少し，骨粗鬆症の発症が多くなるため，成長・発育期から，適切なカルシウム摂取が必要であり，この時期に骨量をできるだけ高めておくことが望ましいとされる。

これまで骨粗鬆症の予防法は閉経後の女性の骨密度の減少をいかに食い止めるかということに重点がおかれてきたが，それは難しいことから，骨の成長期にできるかぎり骨量を増加させ将来の減少に備えるという予防法が注目されてきた。骨量が減少する年齢にそれを増やすことが難しいのに比べ，骨量が増える時期により増やすことのほうが比較的容易であるからである。高齢者になってからカルシウムを多量に摂取しても減り方は緩まるが骨量の増加にはならない。予防や治療における食生活や生活の改善が必要である。

8.4.4　欠　　食

この時期は食生活への関心が薄れ，嗜好中心の簡略化した粗末な食事や，不規則な食生活をする者が多くなる。欠食の頻度は男女ともに20～29歳で高く，女性よりも男性のほうが高い。

平成29（2017）年国民健康・栄養調査によると朝食の欠食率は男性で15.0%，女性で10.2%であり，20～29歳の朝食欠食率は男性で30.6%，女

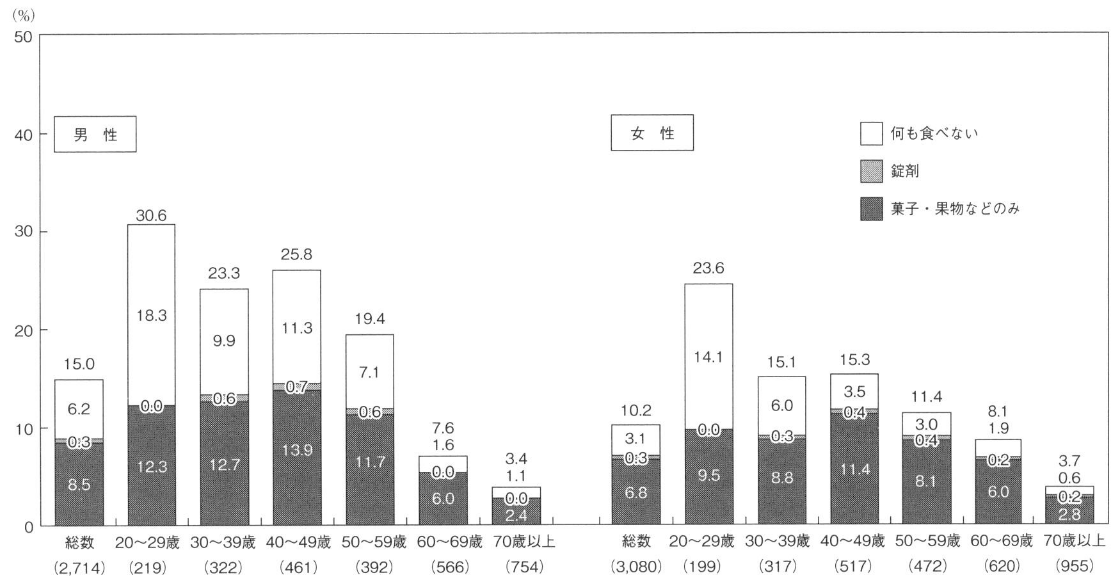

出所） 平成 29 年国民健康・栄養調査結果の概要（2017）

図 8.2　朝食の欠食率の内訳（20 歳以上，性・年齢階級別）

表 8.1　朝食の欠食率の年次推移（20 歳以上，性・年齢階級別）（平成 19 ～ 29 年）

（単位：%）

		平成19年	20 年	21 年	22 年	23 年	24 年	25 年	26 年	27 年	28 年	29 年
男性	総　数	14.7	15.8	15.5	15.2	16.1	14.2	14.4	14.3	14.3	15.4	15.0
	20 ～ 29 歳	28.6	30.0	33.0	29.7	34.1	29.5	30.0	37.0	24.0	37.4	30.6
	30 ～ 39 歳	30.2	27.7	29.2	27.0	31.5	25.8	26.4	29.3	25.6	26.5	23.3
	40 ～ 49 歳	17.9	25.7	19.3	20.5	23.5	19.6	21.1	21.9	23.8	25.6	25.8
	50 ～ 59 歳	11.8	15.1	12.4	13.7	15.0	13.1	17.8	13.4	16.4	18.0	19.4
	60 ～ 69 歳	7.4	8.1	9.1	9.2	6.3	7.9	6.6	8.5	8.0	6.7	7.6
	70 歳以上	3.4	4.6	4.9	4.2	3.7	3.9	4.1	3.2	4.2	3.3	3.4

		平成19年	20 年	21 年	22 年	23 年	24 年	25 年	26 年	27 年	28 年	29 年
女性	総　数	10.5	12.8	10.9	10.9	11.9	9.7	9.8	10.5	10.1	10.7	10.2
	20 ～ 29 歳	24.9	26.2	23.2	28.6	28.8	22.1	25.4	23.5	25.3	23.1	23.6
	30 ～ 39 歳	16.3	21.7	18.1	15.1	18.1	14.8	13.6	18.3	14.4	19.5	15.1
	40 ～ 49 歳	12.8	14.8	12.1	15.2	16.0	12.1	12.2	13.5	13.7	14.9	15.3
	50 ～ 59 歳	9.7	13.4	10.6	10.4	11.2	9.2	13.8	10.7	11.8	11.8	11.4
	60 ～ 69 歳	5.1	8.6	7.2	5.4	7.6	6.5	5.2	7.4	6.7	6.3	8.1
	70 歳以上	3.8	5.2	4.7	4.6	3.8	3.6	3.8	4.4	3.8	4.1	3.7

※年次推移は，移動平均により平滑化した結果から作成。
移動平均：各年の結果のばらつきを少なくするため，各年次結果と前後の年次結果を足し合わせ，計 3 年分を平均化したもの。
ただし，平成 25 年については単年の結果である。
出所） 図 8.2 に同じ

性で 23.6%であり，他の年代に比べ高く，年々増える傾向にあった。食事回数が少ないと特異動的作用を低下させ，また，1 日に摂るエネルギーが同じであっても一度に多量に食べると血糖値，インスリン値が急上昇し，体脂肪をためやすくなる。長年の欠食習慣による栄養素のバランスの乱れは生活習慣病などの健康障害を及ぼす（図 8.2，表 8.1）。

8.4.5　飲酒，喫煙

生活習慣病のリスクを高める量を飲酒している者の割合は，男性では 50 歳代，女性では 40 歳代が高く，20 歳代では男性 7.7%，女性 5.9% と低かった。

未成年者の飲酒は飲酒運転による事故や，無謀な飲酒による急性アルコール中毒など生命に関わることもあるので，飲酒量や飲み方について本人の意識が必要である。喫煙はがんや循環器疾患などの発症リスクが高いため，喫煙者の減少ならびに未成年者の喫煙の防止がいわれている。

平成 29 年国民健康・栄養調査によると現在習慣的に喫煙している者の割合は男性で 29.4%，女性で 7.2% であり，男性では 30 歳代 39.7% に次いで 40 歳代が 39.6% と高く，女性では 40 歳代が 12.3% と最も高かった。20 歳代男性は 26.6%，女性は 6.3% だった。習慣的に喫煙している者の割合はこの 10 年間で有意に減少している。

8.4.6　栄養素摂取量

平成 29 年国民健康・栄養調査によると，野菜摂取量（20 歳以上）は年齢とともに増加し，60 歳代の女性の平均 320g が最も多く，20 ～ 29 歳の男女は平均 241.7g で最も低かった（図 8.3）。この時期の特徴として外食の頻度の高さも挙げられているが，平成 20 年国民健康・栄養調査では，毎日 2 回以上（週 14 回以上）外食すると答えた者は 20 ～ 29 歳の男性で 7.1%，女性 3.5% であった（表 8.2，図 8.4，8.5）。外食時の献立の選択は栄養よりも価格や嗜好が優先され，塩分，脂肪，炭水化物（パン類，そば・うどん類などの単品もの）が多くとられることから野菜や果物の摂取量は少なくなりやすい。

また，平成 29 年国民健康・栄養調査の栄養素等摂取量では，日本人に不

コラム 8　たばこの話

喫煙は生活習慣であり，肺がん，高血圧症，心筋梗塞などの発症要因として知られている。わが国は先進諸国のなかで最高の喫煙率を示している。平成 29 年国民健康・栄養調査によると，成人男性の喫煙率は 2017 年で 29.4% であり，2010 年以降少しずつではあるが低下傾向を示している。現在習慣的に喫煙している者のうちたばこをやめたいと思う者の割合は男性では 20 歳代が 30.4% であった。成人女性も 7.7% とわずかながら低下している。中高生の喫煙率は減少傾向にある。紙巻タバコは減少傾向にあるが電子タバコ，加熱式タバコの使用の増加がみられる。

喫煙係数とは，1 日に吸ったたばこの本数×年数で示される数値である。400 以上を示すと健康に悪影響をもたらし，600 以上になると肺がん・心筋梗塞にかかりやすくなるといわれている。喫煙は習慣性があるため吸い始めの低年齢化も問題となっている。街中に自動販売機があり，誰でもいつでもたばこを買える状態は喫煙者にとっては便利であるが，未成年者が興味本位にたやすく手に入れてしまうという問題もある。たばこの害についての正しい知識，教育がより大切である。WHO は 1989 年から毎年 5 月 31 日を世界禁煙デー，日本では 1992 年から 5 月 31 日から 1 週間を禁煙週間として，禁煙の啓発普及を進めている。

足している栄養素であるカルシウムの摂取量は，20 ～ 29 歳では 425㎎と他の年代に比べ最も低かった。また鉄についても 20 ～ 29 歳では 6.7㎎であった。嗜好を優先させた食事はバランスが悪くなり，そのような食事が長期にわたれば，栄養障害の誘因となり，生活習慣病のリスクを高めることに繋がる。

最近では，コンビニエンスストア，スーパーマーケット，薬局などの身近な販売店やインターネットを通して簡便にサプリメントを購入することができるが，利用にあたってはあくまでも日常の食事で不足する分を補うという視点が必要である。

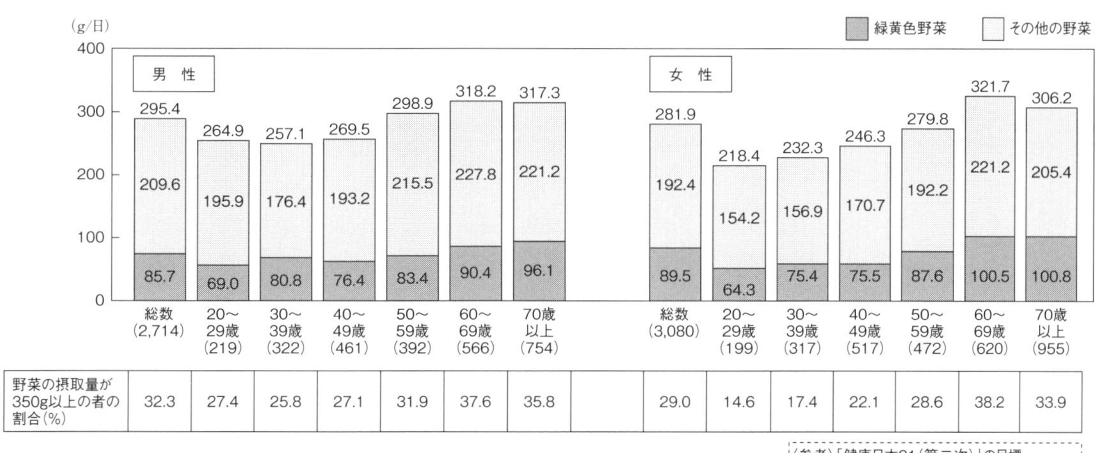

野菜の摂取量が350g以上の者の割合（%）	32.3	27.4	25.8	27.1	31.9	37.6	35.8		29.0	14.6	17.4	22.1	28.6	38.2	33.9

出所） 平成 29 年，国民健康・栄養調査

図 8.3 野菜類摂取量の平均値（20 歳以上，性・年齢階級別）

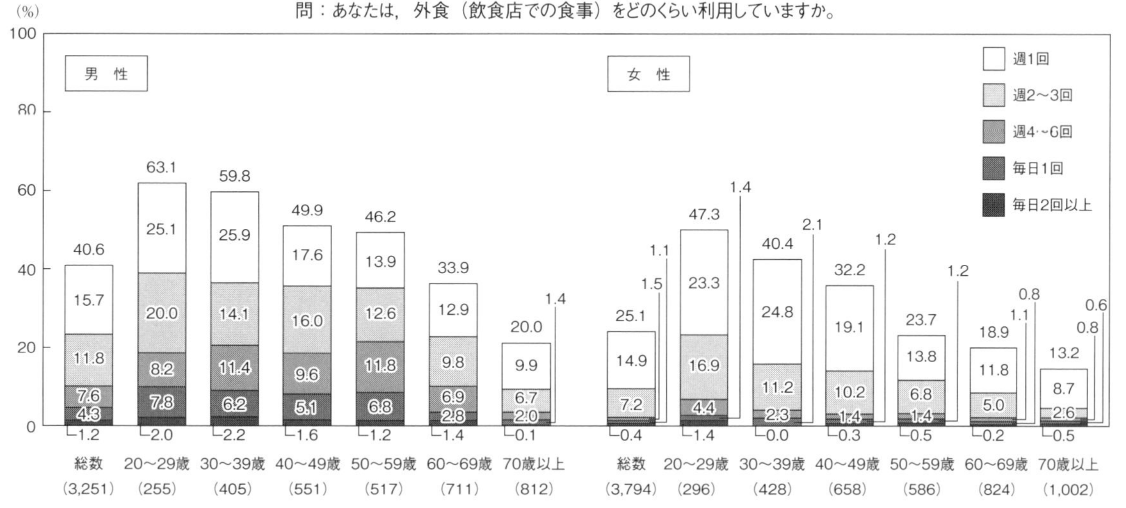

出所） 平成 27 年，国民健康・栄養調査

図 8.4 外食を利用している頻度（20 歳以上，性・年齢階級別）

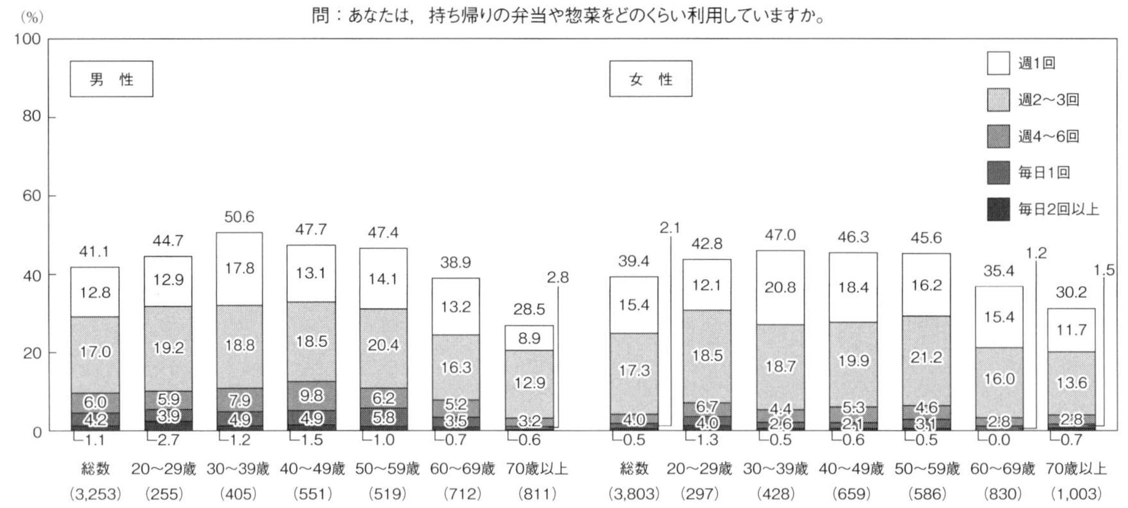

出所） 平成 27 年，国民健康・栄養調査

図 8.5 持ち帰りの弁当・惣菜を利用している頻度（20 歳以上，性・年齢階級別）

表 8.2 外食及び持ち帰りの弁当・惣菜を定期的に利用している者の割合（20 歳以上，性・年齢階級別）

	総 数		20～29歳		30～39歳		40～49歳		50～59歳		60～69歳		70歳以上	
	人数	%	人数	%	人数	%	人数	%	人数	%	人数	%	人数	%
男 性	1,341	41.3	137	53.7	195	48.1	276	50.2	263	50.9	264	37.2	206	25.4
女 性	1,106	29.2	126	42.6	143	33.4	227	34.5	193	32.9	201	24.4	216	21.6

出所） 平成 27 年，国民健康・栄養調査

【演習問題】

問 1 思春期の男子に関する記述である。正しいのはどれか。1 つ選べ。

（2019 年国家試験）

(1) 性腺刺激ホルモンの分泌は，思春期に比べ低下する。
(2) 年間身長増加量が最大となる時期は，女子より早い。
(3) 見かけのカルシウム吸収率は，成人男性より低い。
(4) 1 日当たりのカルシウム体内蓄積量は，思春期前半に最大となる。
(5) 鉄欠乏性貧血は，思春期の女子より多い。

解答 (4)

問 2 思春期の女子の生理的特徴に関する記述である。正しいのはどれか。1 つ選べ。

（2016 年国家試験）

(1) エストロゲンの分泌量は低下する。
(2) 卵胞刺激ホルモン（FSH）の分泌量は低下する。
(3) 黄体形成ホルモン（LH）の分泌量は低下する。
(4) 1 日あたりのカルシウム蓄積速度は，思春期前半に最大となる。
(5) 鉄損失量は変化しない。

解答 (4)

【参考文献】

江澤郁子，津田博子編：応用栄養学，113 ～ 121，建帛社（2006）
岡田知雄他：ライフステージにおける栄養アセスメント，臨床栄養，**99**(**5**)，574 ～ 584（2001）
嘉山有太，稲田早苗，村木悦子，江端みどり，角田伸代，加園恵三：大学生におけるサプリメントの利用と食行動・食態度との関係，栄養学雑誌，**64**，173 ～ 183（2006）
健康・栄養情報研究会編：国民健康・栄養の現状 平成 20 年厚生労働省国民健康・栄養調査報告，第一出版（2011）
健康・栄養情報研究会編：国民栄養の現状 平成 13 年厚生労働省国民栄養調査結果，第一出版（2003）
健康・栄養情報研究会編：平成 15 年国民健康・栄養調査報告，第一出版（2006）
国立健康・栄養研究所監修，山田和彦，松村康弘編：健康・栄養食品アドバイザリースタッフ・テキストブック，107 ～ 119，第一出版（2004）
戸谷誠之，藤田美明，伊藤節子編：応用栄養学，163 ～ 179，南江堂（2005）
中坊幸弘，木戸康博編：応用栄養学，86 ～ 96，講談社（2005）
日本骨粗鬆症学会子どもの骨折予防委員会：日本骨粗鬆学会雑誌，Vol.14 No.2, 11 ～ 23（2006）
国立健康・栄養研究所監修：国民健康栄養の現状　平成 29 年厚生労働省国民健康・栄養調査報告，第一出版（2019）
厚生労働省：平成 25 年国民健康・栄養調査結果の概要，5 ～ 6，23 ～ 27，（2014）
http://www.mhlw.go.jp/file/04-Houdouhappyou-10904750-Kenkoukyoku-Gantaisakukenkouzoushinka/0000068070.pdf
国立健康・栄養研究所監修：国民健康栄養の現状　平成 27 年厚生労働省国民健康・栄養調査報告，第一出版（2017）
厚生労働統計協会：国民衛生の動向 2018-2019. vol65, No.9.（2018）
尾崎米厚：飲酒や喫煙等の実態調査と生活習慣予防のための効果的な介入方法の開発に関する研究，厚生労働省科学研究班（2018）

9 成　人　期

9.1　成人期の特性

成人期は，成長期を過ぎ身体的および社会的にも充実，安定した時期で最も活動的な年代である。成人期の年齢範囲は明確に定義されていないが，本章では思春期の終わりごろから29歳までの青年期，30～49歳までの壮年期，50～64歳までの実年（中年）期に区分する。

9.1.1　壮 年 期

30歳代は，肉体的精神的に成熟・充実期となる。社会的には責任の範囲が広がり精神的身体的なストレスを受ける時期である。生理的な退行現象は進行しているので，生活習慣や食生活の乱れが早期の生活習慣病発症をもたらすこともある。生殖機能，運動機能，栄養と代謝は年齢とともに低下していくが，基礎代謝量，大脳，神経活動，細胞内水分量等は変化が少ない。

40歳代は，身体的には加齢による退行性の変化を伴う。体力の低下や疲労感を自覚するようになる。女性では，女性ホルモンの分泌量が減少し，早い人で40歳代前半，遅い人で50歳代後半には排卵もなくなって閉経を迎える。個人差はあるが，更年期障害がみられるようになる。

9.1.2　実年（中年）期

加齢によって身体の各種の適応能力や機能が低下する。特に，循環器系，呼吸器系では加齢による影響が大きくなる。免疫機能やインスリンに対する感受性，ホルモン分泌等の内分泌系の機能も低下してくる。社会環境や生活習慣によって実年齢と身体機能間の個人差が現われ，これらの個人差が生活習慣病発症にも影響を与えている。

9.2　生活習慣病の予防と栄養

生活習慣病は，以前は成人病といわれていた。日本も豊かな“飽食”の時代を迎えたことで，成人ならずとも，「2型糖尿病」や「脂質異常症」など，従来の「成人病」の範疇に含まれる病気をもつ子どもも増加しつつある。また，成人病と呼ばれていた病気は，遺伝的な体質も関連するものの，食事や生活環境・運動・睡眠・飲酒や喫煙・ストレスなど，いわゆる生活習慣が大きく関与することから「生活習慣病」と呼ばれるようになった。

代表的な生活習慣病を，つぎにあげる。①肥満症，②2型糖尿病，③脂質異常症，④動脈硬化，⑤高血圧症，⑥高尿酸血症，⑦狭心症・心筋梗塞，⑧

脳血管疾患，⑨肝硬変・脂肪肝，⑩がん（悪性新生物），⑪歯周病，⑫骨粗鬆症，⑬白内障・緑内障。

これらの生活習慣病は，それぞれが独立した病気ではなく症状は重複することが多い。特に，内臓脂肪型肥満との関連で起こりやすいと考えられている高血圧，脂質異常症，耐糖能異常などの症状が重なり合った状態であるメタボリックシンドロームでは，①から⑨および⑩の一部の発症リスクが高くなる。厚生労働省が発表した「健康日本21（第二次）」の中間評価報告書によると，メタボリックシンドロームの該当者及び予備群を25%減少させるという目標を掲げていたが，2008年から2015年までに約12万人の増加が認められた。

生活習慣病には，遺伝的な関与，大気や環境汚染，社会不安等に伴うストレス，化学物質や製剤，食材料中の有害物質，加齢や細菌・ウィルス等の微生物感染など，自分の力のみでは解決できない要因もある。しかし，過食や偏食，暴飲暴食，多量飲酒や喫煙，運動不足や睡眠不足など，自分で改善できる要素も多いので，生活習慣を改善することにより，多くの疾病の発症や進行を予防することが期待できる。

図9.1に主要死因別にみた年齢調整死亡率の年次推移を示す。生活環境の変遷や少子高齢化により死因も大きく移り変わっている。現在では，死因の上位は悪性新生物，心疾患，脳血管疾患，老衰が占めている。

9.2.1　四大疾病と栄養

厚生労働省は2011年，これまで「四大疾病」と位置付けて重点的に対策に取り組んできたがん，脳卒中，心臓病，糖尿病に，新たに精神疾患を加えて「五大疾病」とする方針を決めた。精神疾患を除いた四大疾病は高齢者で罹患率や有病率が増加する疾患であるが，若い時からの食習慣や栄養摂取状

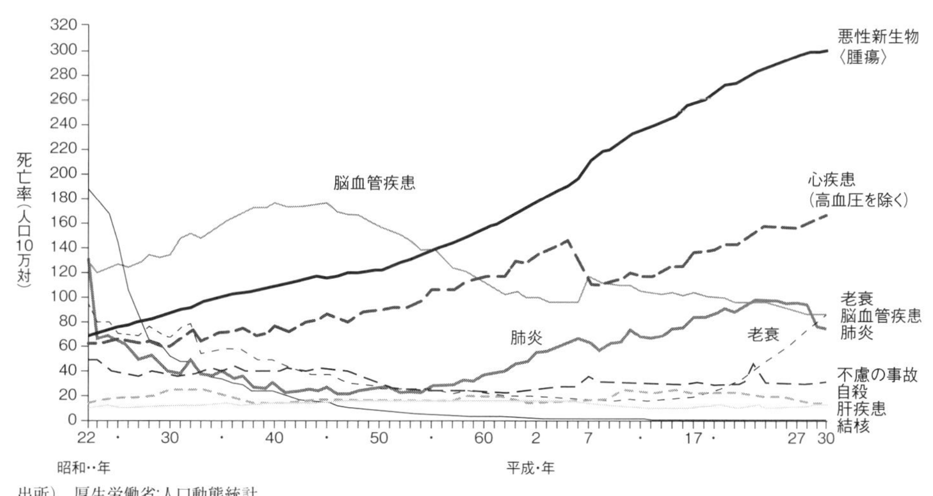

出所）　厚生労働省:人口動態統計

図9.1　主な死因別にみた死亡率の年次推移

況が関係している。

9.2.2　糖尿病

平成28年国民健康・栄養調査の結果によると，「糖尿病が強く疑われる者」は約1,000万人，「糖尿病の可能性を否定できない者」も約1,000万人と推計された。「糖尿病の可能性を否定できない者」は減少したが，「糖尿病が強く疑われる者」は増加した（図9.2）。

日本の糖尿病の大部分を占める2型糖尿病は，遺伝的素因と不適切な食習慣，過食，高脂肪食，運動不足など種々の環境要因が負荷されることによってインスリン抵抗性，インスリン分泌不全が徐々に進行し，発症すると考えられている。日本人のインスリン分泌能は，もともと欧米人の半分程度であることが知られており，欧米人に比較して軽度の環境負荷でインスリン分泌不全をきたしやすい。

糖尿病の家族歴や肥満などがある場合は，早期から環境要因のコントロールにより糖尿病の発症を予防することが望まれる。

9.2.3　がん・悪性新生物

発がんに関与する環境要因のなかで，食物は，最も重要な位置を占める。アメリカのWynderらによれば，発がん因子の寄与度に占める食物の割合は男性では40%，女性では60%以上に達するとしている。また，Dollらが推計した発がん因子の寄与度でも，種々の発がん因子のうち食物の占める割合が最も高く，35%を占めていると報告している。

食物・栄養と慢性疾患の関連について，何がどこまで明らかになっているのかを評価するため，2003年に世界保健機構（World Health Organization; WHO）と食糧農業機関（Food and Agriculture Organization; FAO）から，現状における科学的根拠に基づく予防効果の確かさを4段階で評価した「食物，栄養と慢性疾患の予防」と題する報告書が出版されている。報告書のなかで

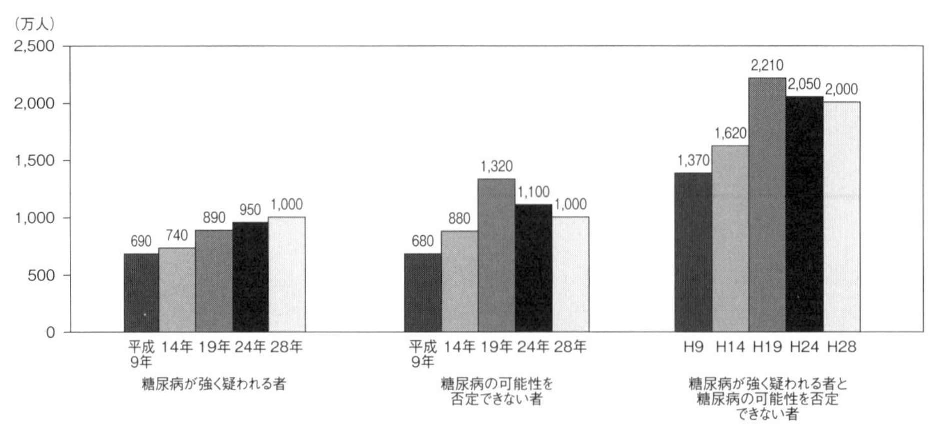

出所）厚生労働省:「平成28年国民健康・栄養調査」

図9.2　「糖尿病が強く疑われる者」「糖尿病の可能性を否定できない者」の人数の年次推移

表 9.1 WHO／FAO による食事・栄養要因とがんとの関連 (2003)

要因	主としてがんのリスクを増加させるもの	がんのリスクを減少させるもの
確実	肥満（食道，大腸，閉経後乳がん，子宮体部，腎臓） アルコール（口腔，咽頭，喉頭，食道，肝臓，乳房） アフラトキシン（肝臓） 中国式塩蔵魚（鼻咽頭）	運動（結腸）
可能性大	保存肉（大腸） 塩蔵食品・塩分（胃） 熱い飲食物（口腔，咽頭，食道）	果物・野菜（口腔，食道，胃，大腸） 運動（乳房）
可能性あり または データ不十分	動物性脂肪 ヘテロサイクリックアミン 多環芳香族炭化水素 ニトロソ化合物	食物繊維 大豆 魚 *n*-3 系脂肪酸 カロテノイド ビタミン B_2，B_6，葉酸，B_{12}，C，D，E カルシウム，亜鉛，セレン 非栄養性植物機能成分 （例：アリウム化合物，フラボノイド，イソフラボン，リグナン）

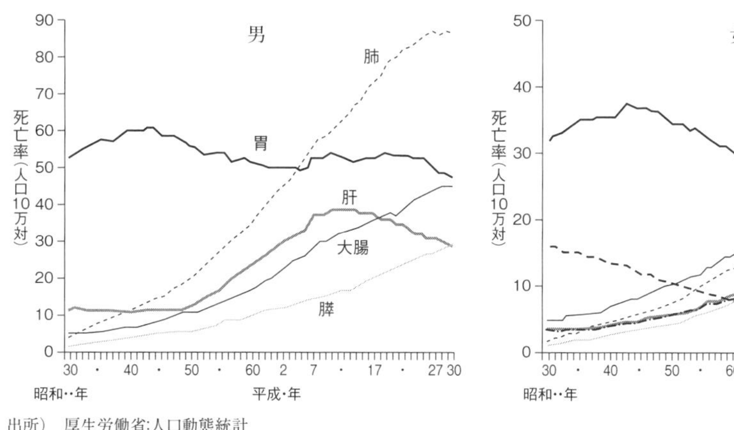

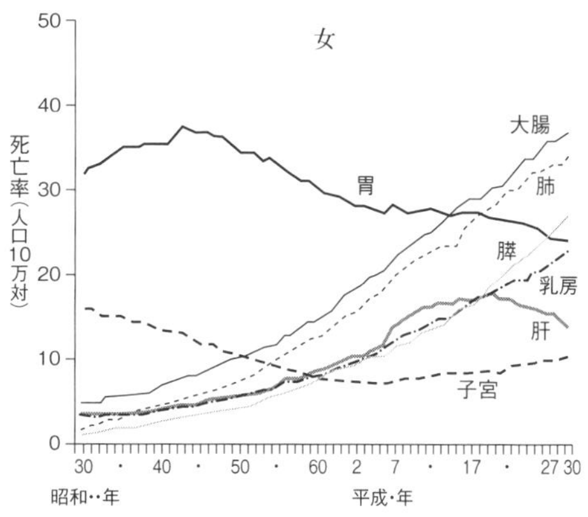

出所） 厚生労働省:人口動態統計

図 9.3 がんの主な部位別死亡率（人口10万対）の年次推移

コラム 9 がんの原因

（ハーバード大学，1996）

米国ハーバード大学のがん予防センターでは，膨大な数の疫学研究による科学論文を総括して，米国人のがん死亡において食生活が寄与する割合を 30%と推定した。

この推定値は，肺・大腸・乳房・前立腺などの部位のがんが主要な死因である米国での推定値であることに留意しなければならないが，胃・肺・肝臓・大腸などのがんが主要死因である日本においても，食生活ががんの発生に密接に関わっているものと推定される。

食物・栄養要因とがんとの関連を表 9.1 に示す。報告された研究の大部分は欧米人を対象としたもので，その結果をそのまま日本人に当てはめることは困難である。

わが国のがん罹患数の年次推移（図 9.3）をみても生活環境の欧米化によりがんの危険因子・予防因子が変遷していることは明らかであるが，日本人を対象とした疫学研究からの科学的根拠の蓄積が必要である。

9.2.4 虚血性心疾患

わが国の虚血性心疾患による死亡者数は，欧米諸国に比べると少ないレベルであるが，食生活の欧米化等でその死亡率は増加傾向にある。

狭心症や心筋梗塞といった虚血性心疾患は，動脈硬化によって引き起こされ，高血圧，喫煙，肥満，高コレステロール血症，運動不足等がリスク要因であることが明らかになっている。つまり，禁煙，運動，食習慣の改善が一次予防として重要である。

日本循環器学会の虚血性心疾患の一次予防ガイドライン（2012 年改訂版）では，虚血性疾患を予防するためには，以下の栄養項目が有用であると報告されている。

① BMI22 を基準とする標準体重を参考にする。
② 糖質エネルギー比を 50%以上にする。
③ 脂肪エネルギー比を 20～30%にする。
④ 飽和脂肪酸：一価不飽和脂肪酸：多価不飽和脂肪酸の摂取割合を 3：4：3 程度とする。
⑤ 食物繊維を食事摂取基準の目標量摂取する。
⑥ 食塩摂取量を 6 g/ 日未満にし，カリウムを 3,500mg/ 日摂取する。
⑦ 葉酸，ビタミン B_6，ビタミン B_{12} を摂取し，ホモシステインを減少させる。
⑧ アルコール摂取は適量（男性 20～30mL，女性 10～20mL）とする。

表 9.2　生活習慣の修正項目

修正項目	具体的な内容
減塩	食塩摂取量 6g/ 日未満
肥満の予防や改善	体格指数（BMI）*1 25.0kg/m^2 未満
節酒	アルコール量で男性 20-30mL/ 以下 女性 10-20mL/ 日以下
運動	毎日 30 分以上または週 180 分以上の運動
食事パターン	野菜や果物*3 多価不飽和脂肪酸*4 を積極的に摂取， 飽和脂肪酸・コレステロールを避ける
禁煙	喫煙のほか間接喫煙（受動喫煙）も避ける
その他	防寒　情動ストレスのコントロール

*1 格指数：「体重（kg）÷｛身長 m｝^{2} で算出
*2 おおよそ日本酒1合，ビール中瓶１本，焼酎半合，ウイスキー・ブランデーはダブルで1杯，ワインは２本
*3 肥満者や糖尿病患者では果物の過剰摂取に注意
野菜や果物の摂取については腎障害のある患者では医師に相談が必要
*4 多価不飽和脂肪酸は魚などに多く含まれる
出所）日本高血圧学会（2019）

9.2.5 脳血管疾患：脳卒中

図 9.1 に示すように，昭和 30 年代，40 年代の最も高い死亡率は脳血管疾患（脳卒中）であった。脳血管疾患は脳出血，脳梗塞，クモ膜下出血に分けられる。1950 年代ごろまでの日本の食生活である，高食塩，高

炭水化物，低脂肪，低動物性たんぱく質という特徴は脳出血リスクを高めた。1960年代以降，高度経済成長時代に入ると外食産業も含めた欧米の食生活が入り込み，脂肪，動物性たんぱく質の摂取量が増加し，それまで多かった脳出血が減少し，脳梗塞の占める割合が多くなってきた。高血圧症，糖尿病，脂質異常症，心房細動などの危険因子の治療だけでなく，禁煙，適度な飲酒と運動，野菜や果物の十分な摂取など，日常生活上の対策も大切である（表9.2）。

9.3 成人期の栄養

9.3.1 成人期の食生活

成人期では，加齢とともに基礎代謝量，身体活動量が低下するため，エネルギー必要量も低下する。一方，家庭や職場の中心的役割を担うようになり，男女ともに家事，育児などの家庭内での負担と就業による種々の負担が派生する。このように多忙またはストレスから偏食，過食，欠食など食生活が乱れると生活習慣病の発症リスクも高くなる。食生活は自分だけではなく，家族や職場の仲間も含めてマネジメントしていくことが必要である。好ましい食生活は他人から与えられるのではなく，自ら取り組むべきである。

9.3.2 成人期の栄養の特徴

成人期の栄養の特徴としては，成長・発育に要する栄養素摂取が不要で，その機能を維持するための栄養素を摂取すればよい。日本人の食事摂取基準（2020年版）は，健康の保持・増進，生活習慣病の発症予防および重症化予防に加え，高齢者の低栄養予防やフレイル予防も視野に入れて策定されている（12章および巻末付表4参照）。

(1) エネルギー

多くの成人では，長期間にわたって体重・体組成は比較的一定でエネルギー出納バランスがほぼゼロに保たれた状態にある。健康の保持・増進，生活習慣病予防のためには，望ましいBMIを維持するエネルギー摂取量であることが重要である。そのため，エネルギーの摂取量及び消費量のバランスの維持を示す指標としてBMIが採用された。観察疫学研究の結果から得られた総死亡率，疾患別の発症率とBMIとの関連，死因とBMIとの関連，さらに，日本人のBMIの実態に配慮し，総合的に判断した結果，当面目標とするBMIの範囲を成人では18～49歳では18.5～24.9，50～64歳では20.0～24.9に設定した。

エネルギー必要量については，無視できない個人間差が要因として多数存在するため，性・年齢区分・身体活動レベル別に単一の値として示すのは困難であるが，エネルギー必要量の概念は重要であること，目標とするBMIの提示が成人に限られていること，エネルギー必要量に依存することが知られている栄養素の推定平均必要量の算出に当たってエネルギーの必要量の概数が必要となることなどから，参考資料としてエネルギー必要量の基本的事項や測定方法，推定方法を記述するとともに，併せて推定エネルギー必要量を参考表として示されている。

成人の推定エネルギー必要量（kcal/日）は，基礎代謝量に身体活動レベルを乗じて算出される。エネルギー消費量は，身体活動レベルの大小によって大きく変化するため，身体活動レベルをレベルⅠ（低い:1.50），レベルⅡ（ふつう：1.75），レベルⅢ（高い：2.00）と分類している。一般に技術革新やライフスタイルの変容に伴い，職場や家庭での作業の省力化，交通機関の発達や自動車の普及，余暇時間の増加などにより国民の大部分は，身体活動レベルが低い（Ⅰ）または普通（Ⅱ）以下の生活をするようになり，成人のエネルギー消費は少なくなっている。

⑵ 炭水化物

炭水化物が直接ある特定の健康障害の原因となるという報告は，２型糖尿病を除けば，理論的にも疫学的にも乏しい。そのため，炭水化物の推定平均必要量も耐容上限量も設定しない。炭水化物と糖尿病との関連を考えるためには，絶対量よりも総エネルギー摂取量に占める炭水化物由来のエネルギーの割合（%エネルギー）が多用されている。

食物繊維摂取は，数多くの生活習慣病の発症率又は死亡率との関連が検討されており，メタ・アナリシスによって数多くの疾患と有意な負の関連が報告されている。食物繊維摂取量と主な生活習慣病の発症率または死亡率との関連を検討した疫学研究によれば，成人では理想的には24g/日以上，できれば14g/1,000kcal以上を目標量とすべきであると考えられるが，日本人の習慣的な摂取量として，この量を満たす者はまれであると推測されるため，実現可能性を考慮して，成人男性21g/日以上，成人女性18g/日以上を目標量とした。

糖類の過剰摂取が肥満やう歯の原因となることは広く知られているが，日本人の糖類の摂取量の把握が現状では困難である。今後は摂取量実態も含めた研究を進める必要がある。

⑶ 脂　　質

脂質は，細胞膜の主要な構成成分であり，エネルギー産生の主要な基質である。この観点からたんぱく質や炭水化物の摂取量を考慮して設定する必要がある。このため，脂質の食事摂取基準は，１歳以上については目標量として総エネルギー摂取量に占める割合，すなわち**エネルギー比率***（%エネルギー）で示されている。脂肪エネルギー比率目標量の範囲の下限値は20%エネルギー，上限値は30%エネルギーとしている。

***エネルギー比率**　総エネルギー摂取量に占める割合。

飽和脂肪酸は，高 LDL コレステロール血症の主なリスク要因の一つであり，心筋梗塞を始めとする循環器疾患の危険因子でもある。また，重要なエネルギー源の一つであるために肥満の危険因子でもある。生活習慣病の予防の観点から成人では７％エネルギーと設定されている。

n-6 系脂肪酸は必須脂肪酸であるが，日常生活を営んでいる健康な日本人では，*n*-6 系脂肪酸の欠乏は報告されていない。リノール酸以外の *n*-6 系も必要である可能性があるので，*n*-6 系脂肪酸の目安量を必須脂肪酸としての量として 18 ～ 29 歳男性 11g/日，30 ～ 64 歳男性 10g/日，18 ～ 64 歳女性 8g/日としている。*n*-6 系脂肪酸の過剰摂取のリスクも想定されるが，日本人を対象とした研究がないため目標量は設定されていない。

n-3 系脂肪酸には，調理由来の α-リノレン酸と魚油由来の EPA，DHA などがあり，特に，EPA および DHA の摂取が循環器疾患の予防に有効であることを示した観察疫学研究が多数存在する。EPA および DHA の摂取による認知機能低下や認知症の予防効果も期待されている。しかしながら，*n*-3 系脂肪酸の必要量を算定するために有用な研究は十分には存在しない。その一方で，日常生活を自由に営んでいる健康な日本人には *n*-3 系脂肪酸の欠乏が原因と考えられる症状の報告はない。そこで，現在の日本人の *n*-3 系脂肪酸摂取量の中央値を用いて目安量を 18 ～ 49 歳男性 2.0g/ 日，50 ～ 64 歳男性 2.2g/ 日，18 ～ 49 歳女性 1.6g/ 日，50 ～ 64 歳女性 1.9g/ 日としている。

(4) たんぱく質

体内のたんぱく質は，合成と分解を繰り返しており，同的平衡状態を保っている。その代謝回転速度に差はあるものの，いずれも分解されてアミノ酸となり，一部は不可避的に尿素などとして対外に失われる。したがって，成長の止まった成人でも食事からの補給が必要になる。たんぱく質摂取量の推奨量は，成人男性 65g/日，女性 50g/日であるが，たんぱく質摂取量は，低すぎても高すぎても他のエネルギー産生栄養素とともに主な生活習慣病の発症および重症化に関連する。したがって，目標量を範囲として定める必要がある。たんぱく質エネルギー比率目標量の範囲の下限値は 13% エネルギー，上限値は 20% エネルギーとしている。

(5) ミネラル

ミネラルの摂取では，それぞれのミネラルのバランスが大切である。多すぎても少なすぎても，健康の保持・増進には好ましくない。日本人はとくにカルシウム，鉄分が不足気味である。

経口摂取されたカルシウムは主に小腸上部で吸収されるが，その吸収率は比較的低く，成人では 25 ～ 30% 程度である。カルシウムの欠乏により，骨粗鬆症，高血圧，動脈硬化などを招くことがある。成人のカルシウム推定平均必要量は，体内カルシウム蓄積量，尿中排泄量，経皮的損失量と見かけのカルシウム吸収率を用いて算出を行った。一方，カルシウムを過剰に摂取することによって，高カルシウム血症，高カルシウム尿症，軟組織の石灰化，泌尿器系結石，前立腺がん，鉄・亜鉛の吸収障害，便秘などが生じる可能性がある。そのため，耐容上限量を2,500mgと設定している。日本人が食品からの摂取でこの値を超えることは稀であるが，サプリメントやカルシウム剤の形での摂取には注意する必要がある。

鉄は，ヘモグロビンや各種酵素の構成成分であり，欠乏によって貧血や運動機能，認知機能などの低下を招く。また，月経血による損失と妊娠中の需要増大が必要量に及ぼす影響は大きい。成人（男性，月経のない女性）の鉄推定平均必要量は１日の基本的損失量を吸収率（15%）で除して算出を行っている。月経のある女性では，月経による鉄損失（0.55㎎/日）を考慮して算出を行った。一方，鉄の長期摂取に伴う慢性的な鉄沈着症は重大であるため，耐容上限量が設定されている。しかし，通常の食品において過剰摂取が生じる可能性はない。サプリメント，鉄強化食品および貧血治療用の鉄製剤の不適切な利用に伴って過剰摂取が生じる可能性がある。

食事からのナトリウム摂取は食塩換算量で示される。食塩の過剰摂取は，その体内保留による循環血漿量増加，心拍出量増加，腎臓からの塩分・水排泄のための血圧上昇，血圧上昇の恒常化から脳血管性疾患や慢性腎臓病の発症，重症化を招くとされ，また胃粘膜を損傷することにより胃がん発生のリスクも増加させる。2012年のWHOのガイドラインが成人に対して強く推奨しているのは5g/日未満であるが，日本人の現状の摂取量からみて実現可能な値ではないため成人の目標量として男性7.5g/日未満，女性6.5g/日未満とした。日本人はナトリウムの摂取量が諸外国に比べて多いため，ナトリウムの摂取量の低下に加えて，ナトリウムの尿中排泄を促すカリウム摂取が重要と考えられる。

その他，リン，マグネシウム，銅，ヨウ素，マンガン，セレン，亜鉛等も人体の生命活動に重要な働きを果たしているが，なかなかその過不足は自覚できない。多種類の食品を摂取することが微量ミネラルの過不足を予防すると考えられる。

(6) ビタミン

成人のビタミン必要量は性別，体格，脂質，炭水化物その他の栄養素摂取量，日常の身体活動量などによって影響を受ける。少食，偏食，欠食等の極端な食生活の乱れ，または運動量の過重負荷などがなければ，現在の日本人の食事摂取からの過不足は生じない。

しかし，食生活が豊かになったことで，ひどいビタミン欠乏症が現れてくることはめったにないが，疲れやすい，集中力がない，イライラする，肌荒れを起こしやすい，眠れないなどの症状を訴える人は増えているようである。これはビタミンの少ないインスタント食品や加工食品の普及，また外食の増加などによる糖分増加，偏食，過度のダイエットによる栄養バランスの悪さが原因ではないかといわれている。

食事で補いきれないビタミンを補給するものとしてサプリメントがあるが，容易に摂取できることから特に脂溶性のビタミンでは，過剰症の心配があるので気をつけたい。

9.4 栄養アセスメント

9.4.1 特定健診・特定保健指導

平成 20 年から高齢者の医療の確保に関する法律において規定されている 40 歳以上 75 歳未満の被保険者および被扶養者を対象とした，メタボリックシンドロームの予防・解消に重点をおいた，生活習慣病予防のための特定健診・特定保健指導が実施されている。

今後の新たな健診においては，内臓脂肪症候群（メタボリックシンドローム）の該当者・予備軍を減少させるため，保健指導を必要とする者を的確に抽出するための健診項目とする。

具体的には，身体計測（身長，体重，BMI，腹囲（内臓脂肪面積）），理学的検査（身体診察），血圧測定，血液化学検査（中性脂肪，HDL コレステロール，LDL コレステロール），肝機能検査（AST（GOT），ALT（GPT），γ-GT（γ-GTP）），血糖検査（空腹時血糖または HbA1c 検査），尿検査（尿糖，尿たんぱく）が行われる。

9.4.2 食事調査

栄養アセスメントにおいて習慣的な食事の量を定量的に把握・評価する食事調査は重要である。食事調査によって，栄養状態の評価・判定のほか，孤食，外食，間食などの食習慣，サプリメントの使用状況，食事と運動，休養との関連などについても確認する。食事調査法の種類によってそれぞれ特徴があり，いずれの方法が最適であるかは，調査の対象，目的，望まれる精度，費用などを考慮して選択する。

9.5 成人期の栄養ケアプログラム

9.5.1 生活習慣の改善

成人期に起こりやすい生活習慣病の予防には，日常生活の改善が必須である。具体的な栄養ケアの指針として 2000 年に文部省（現文部科学省），農林水産省，厚生省（現厚生労働省）によって「食生活指針」が発表された。2016年に改定された「食生活指針」では，生活の質（QOL）の向上を重視し，バランスのとれた食事内容を中心に，食料の安定供給や食文化，そして環境にまで配慮したものとなっている（p.222，付表4.1）。2005年に厚生労働省，農林水産省から発表された「食事バランスガイド」では，食事の望ましい組み合わせとおおよその量をイラストで示し，健康で豊かな食生活の実現を目指したものとなっている（p.229，付表5）。これらを理解し，健康づくりや生活の質の改善を図ることが必要である。

9.5.2 自己管理能力の習得

一方，食事のみではなく，厚生省（現厚生労働省）は2000年に21世紀における国民の健康づくり運動を「健康日本21」と呼称し，生活習慣病の一次予防によって健康寿命を延ばすことを目的に，具体的な目標値を設定し，5年ごとに目標が達成できたか評価することにした。2013年からは「健康日本21（第二次）」が始まり，中間評価が公表された。「健康寿命の延伸」「健康格差の縮小」をはじめ全体の60％は改善されていたが，「適正体重の維持」「運動習慣」「睡眠による休養」など個人の生活習慣に関する目標に改善の見られない項目もあった。現代の個人主義社会，自己責任社会では個人の行動を変容させることは難しく，指針や目標値があっても，最後には自己管理能力の有無が，栄養状態，生活習慣の改善，健康の維持には大きくかかわってくる。また，社会環境の整備に関する取り組みが個人の生活習慣の改善やそれによる生活習慣病の発症・重症化予防の徹底につながり，健康寿命の延伸や健康格差の縮小につながる。

【演習問題】

問1 「食事摂取基準（2020年版）」の策定に関する記述である。正しいのはどれか。1つ選べ。

(1) 男性30歳以上のコレステロール摂取目標量の上限は，800㎎/日である。
(2) 生活習慣病予防の観点からみたたんぱく質摂取量の目標量は，13～20gE比である。
(3) BMI 25以上の人には，エネルギー摂取量の抑制を指導する。
(4) 生活習慣病予防のために，食物繊維摂取量の目標量を24g以上にする。
(5) 高血圧と胃がんの予防には，カリウムの過剰摂取を防ぐ対策が必要である。

解答 (2)

問2 生活習慣病予防に関する記述である。正しいのはどれか。1つ選べ。

(1) 対象者には，高血圧や高血糖のリスクがある者も含まれる。
(2) 生活習慣病の重症化予防は，策定方針に含まれていない。
(3) 成人のエネルギーの指標には，推定エネルギー必要量を用いる。

(4) 生活習慣病予防のために，食物繊維摂取量の目標量を 24g 以上にする。

(5) 成人男性のナトリウム（食塩相当量）の目標量は 8.0g/ 日である。

解答 (1)

【参考文献】

厚生労働省：平成 28 年国民健康・栄養調査報告（2017）
厚生労働省：健康日本 21（第二次）中間報告書（2018）
厚生労働省：日本人の食事摂取基準［2020 年版］，第一出版（2020）
田中平三：からだの科学，食と生活習慣病，日本評論社（2006）
WHO : Diet, nutrition and the prevention of chronic disease: Report of a joint WHO/FAO expert consultation. WHO technical report series 916, Geneva（2003）
戸谷誠之他：応用栄養学，南江堂（2015）
日本疫学会：疫学ハンドブック―重要疾患の疫学と予防―，南江堂（1998）
臨床スポーツ医学（臨時増刊）: 生活習慣病の予防と治療，文光堂（2002）

10 更 年 期

＊1 **更年期**　日本人女性の閉経年齢の中央値は50.5歳とされ，その前後5年間と考えている。

更年期＊1 とは「生殖期から非生殖期への移行期」として日本産婦人科学会では定義されている。女性は，卵巣機能が加齢とともに減退して閉経（月経停止）を迎え，さらにその機能が完全に消失するまでの期間をいう。一般的には45～55歳を更年期としている。更年期は男女ともにみられる。

10.1　更年期における身体的変化

10.1.1　内分泌系

更年期になると卵巣機能の衰退に伴い，エストロゲンの分泌が低下する。エストロゲンには下垂体前葉からの性腺刺激ホルモン（ゴナドトロピン：Gn）である卵胞刺激ホルモンや黄体形成ホルモンの分泌を抑制する働きがあり，結果としてGnの分泌は亢進される。このホルモン分泌のアンバランスが更年期障害の原因となる。

10.1.2　生 殖 系

エストロゲンの分泌低下によって月経が不規則になり，排卵も起こりにくくなる。卵巣の大きさや重量も減少し，やがて閉経を迎える。また，外陰部の皮膚や膣粘膜の萎縮，膣内細菌叢の衰退による帯下や出血がみられやすくなる。

10.1.3　代 謝 系

加齢に伴い，基礎代謝量は低下し，運動量の減少とともに肥満になりやすい。更年期は，エストロゲン分泌低下により過食に陥りやすく，除脂肪体重（LDL）が加齢により減少し，体脂肪率が増加し，脂肪組織そのものが増大する。そのため，更年期の肥満は，内蔵脂肪型肥満になりやすい。また，エストロゲンの分泌低下から，肝臓でのLDL受容体が減少し，血中LDL-コレステロール濃度が上昇するため，脂質異常症や動脈硬化症が発症しやすくなる。

10.2　更年期の栄養と生活習慣

＊2 **不定愁訴**　自覚症状だけが多く訴えられるが，それを説明するに十分な他覚所見が検出されない場合をいう。すべての年齢層に認められるが，更年期女性に特に多い。詳細は10.4.1更年期障害を参照。

更年期はホルモンバランスが崩れることにより身体の諸機能の衰退が進み，動脈硬化疾患，骨粗鬆症，各種のがんなどの生活習慣病にかかりやすい。また，更年期障害による**不定愁訴**＊2 を感じることも多い。その一方で，家庭や社会などの環境的要素も大きく変化する時期であり，それに伴う精神的負担も多くなる。適切な食事による栄養ケアを中心として，適度な運動，適切な休養をふまえた規則正しい生活習慣をこころがけることが重要である。

表 10.1　がんを防ぐための新12ヵ条

1	たばこは吸わない	7	適度に運動
2	他人のたばこの煙をできるだけ避ける	8	適切な体重維持
3	お酒はほどほどに	9	ウイルスや細菌の感染予防と治療
4	バランスのとれた食生活を	10	定期的ながん検診を
5	塩辛い食品は控えめに	11	身体の異常に気がついたらすぐに受診を
6	野菜や果物は不足にならないように	12	正しいがん情報でがんを知ることから

出所）国立がん研究センター監修：公益財団法人　がん研究振興財団広報資料

栄養ケアにおいては，適正なエネルギー摂取のために暴飲暴食を避ける。脂質は過剰摂取せず，特にコレステロールや飽和脂肪酸の多い食品の摂取には注意する。薄味にこころがけ，食塩はとり過ぎないようにする。ビタミン（特に抗酸化作用のあるビタミンCやE）やミネラル，食物繊維は十分にとる。更年期には，子宮体がん，卵巣がん，乳がんおよび大腸がんが発症しやすいが，がんは食習慣をはじめとして喫煙，飲酒，運動習慣などと深い関係があるとされている。「がんを防ぐ新 12 ヵ条」（表 10.1）などを参考に発症予防に努める。

更年期は，まもなく訪れる高齢期の QOL を高めるための準備期ととらえ，各自の身体状況，栄養状態，心理状況を把握し，問題点に対処していくための自己管理能力を身につけることが大切である。

10.3　栄養アセスメント

更年期の栄養アセスメントは，更年期障害の症状軽減，生活習慣病予防を目的としている。

10.3.1　臨床診査

対象の性別，家族･職場環境，更年期障害の諸症状，生活習慣（食事，運動，睡眠等のバランス），さらには心理的状況（うつ，精神神経症状の有無）などをチェックする。

10.3.2　臨床検査

血液生化学検査や尿検査において栄養障害の原因や程度を評価する。総たんぱく質やアルブミン濃度，**血中脂質**[*1]，ヘモグロビン濃度を測定することにより更年期障害による低栄養，脂質異常症，貧血などの評価を行う。さらに，エストロゲン，黄体化ホルモン，卵胞刺激ホルモンなどの血中ホルモン濃度を確認する。

10.3.3　身体計測

更年期の肥満は，内臓脂肪蓄積型肥満に移行しやすいので，体重や BMI だけでなく体脂肪率，上腕周囲長，上腕三頭筋皮下脂肪厚，肩甲骨下部皮下脂肪厚，ウエストとヒップ周囲長を計測して，脂肪量とその体内分布に関する評価を行う。また骨粗鬆症の診断のため，**骨密度の測定**[*2] を行う。

*1 **血中脂質**　総コレステロール，HDL-コレステロール，LDL-コレステロール，中性脂肪などを測定する。

*2 **骨密度の測定**　簡易法としては踵骨による単一エネルギー X 線吸収測定法（SXA）を，精密検査では腰椎や全身の骨量を二重エネルギー X 線吸収測定法（DXA）で測定する。

骨は，骨を壊す破骨細胞と骨を新しく作る骨芽細胞により絶えず作り替えられている（リモデリング）が，その代謝は種々のホルモンにコントロールされている。エストロゲンは，破骨細胞の働きを抑えて骨の形成を盛んにする。

10.4 病態・疾患と栄養

10.4.1 更年期障害

日本産婦人科学会は,「更年期に現れる多種多様な症状のなかで,器質的変化に起因しない症状を更年期症状と呼び,これらの症状のなかで日常生活に支障をきたす病態を更年期障害」と定義している。

卵巣機能の低下に伴い,エストロゲンの分泌低下と性腺刺激ホルモンの増加というホルモンのアンバランスを生じる。自律神経の中枢が性腺刺激ホルモンの分泌を促進する因子のある視床下部の近くに位置するため,自律神経失調症様の不定愁訴を主徴とする症状が出現する(表10.2)。

クッパーマン指数(表10.3)や簡略更年期指数(SMI)などにより自覚症

表10.2 更年期障害の症状

1 自律神経失調症状
  1) 血管運動神経症状:hot flash(顔のほてり,のぼせ),異常発汗,動悸,冷え性
  2) その他:頭痛,めまい,耳鳴り,睡眠障害(不眠)
2 精神症状
  憂うつ,不安感,不眠,情緒不安定,意欲低下,記憶力減退
3 その他の症状
  1) 運動器官症状:肩こり,腰痛,関節痛,筋肉痛
  2) 消化器官症状:腹痛,食欲不振,嘔吐,下痢・便秘
  3) その他:疲労感,口渇,頻尿,皮膚のかゆみなど

表10.3 クッパーマン更年期障害指数(安部変法)[注)]

項目	なし	弱	中	強	症状群
1 顔が熱くなる(ほてる)	0	4	8	12	1 血管運動神経障害様症状
2 汗をかきやすい	0	4	8	12	
3 腰や手足がひえる	0	4	8	12	
4 息切れがする	0	4	8	12	
5 手足がしびれる	0	2	4	6	2 知覚異常
6 手足の感覚がにぶい	0	2	4	6	
7 夜なかなかねつかれない	0	2	4	6	3 不眠
8 夜眠っていてもすぐ目をさましやすい	0	2	4	6	
9 興奮しやすい	0	2	4	6	4 神経質
10 神経質である	0	2	4	6	
11 つまらないことにくよくよする	0	1	2	3	5 ゆううつ
12 めまいや吐き気がある	0	1	2	3	6 めまい
13 疲れやすい	0	1	2	3	7 倦怠・疲労
14 肩こり,腰痛,手足の関節の痛みがある	0	1	2	3	8 関節痛・筋肉痛
15 頭が痛い	0	1	2	3	9 頭痛
16 心臓のどうきがある	0	1	2	3	10 動悸
17 皮膚をアリがはうような感じがする	0	1	2	3	11 蟻走感

(原著:H. S. Kupperman 日本語版構成:安部徹良,森塚威次郎 三京房)

注) クッパーマン指数の日本版で日本の産婦人科領域で広く使用されている。日本人向けの17症状を原著にならい11症候群に分類し,各群の評点に適当な重みづけがされており,総評点で4段階の重症度の判定できる。

出所) 鈴木和春編:応用栄養学,191,光生館(2004)

状を把握するが，症状が多様で他の疾患による場合も多いため診断が難しい。不定愁訴により食生活が乱れやすくなるため，栄養バランスのとれた食事と適度な運動・休養，規則正しい生活をこころがけることが大切である。

10.4.2　骨粗鬆症

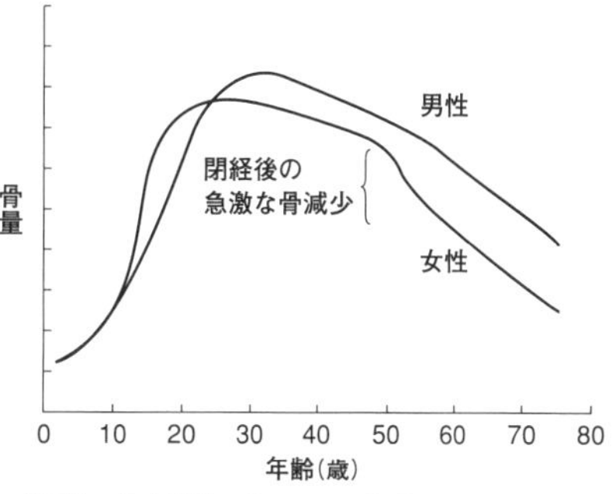

出所）鈴木隆雄：Osteoporosis Japan, 5, 518–521 (1997)

図 10.1　加齢に伴う骨量の変化

骨量は成人期の 20 ～ 30 歳代で最大量に達し，その後，加齢とともに減少して（図 10.1），骨粗鬆症になる可能性は高く，この場合は骨折しやすくなる。特に女性は加齢に伴うエストロゲンの分泌低下により**破骨細胞**の働きが活発になるため，閉経期を境にして急激に**骨量**が減少する。また，思春期からの欠食や偏食，運動不足も骨量の減少を早める誘因となっている。骨粗鬆症で骨折しやすい部位は，大腿骨（足のつけね），橈骨（手首），椎体（背骨）などである。

骨粗鬆症は QOL を低下させる疾患であり，罹患すると完治しにくいため，閉経期以降の骨粗鬆症一次予防はきわめて重要である。

骨粗鬆症の対策として，食事において**カルシウム**を十分に摂取するとともに骨の材料となるたんぱく質やマグネシウム，カルシウムの吸収を高めるビタミン D，骨を丈夫にするとされるビタミン K の摂取をこころがける。また，カルシウムの吸収を阻害するリン，シュウ酸，フィチン酸，カフェイン，アルコールの過剰摂取は控える。さらに，日常生活に歩行や水泳などの運動を定期的に取り入れることも重要である。

コラム 10　大豆イソフラボンとうまくつきあう

大豆イソフラボンは，骨粗鬆症やがんなどの予防に効果があるとされている。大豆イソフラボンとしてはダイゼイン，ゲニステイン，グリシテインなどがよく知られている。

イソフラボンは，化学構造が女性ホルモンのエストロゲンと類似しているため，加齢に伴うエストロゲンの分泌量の減少で，閉経後の女性に多くみられる骨粗鬆症などの予防に効果があるとされ，イソフラボン強化のサプリメントなどが多く販売されている。

その一方で，イソフラボンを過剰摂取すると発がんの危険性を高めるという研究報告もあり，やはり有効かつ安全な摂取が重要であると考えられている。2005 年，食品安全委員会の専門調査会は，国民の食生活の現状から安全なイソフラボンの摂取量を 1 日 70 ～ 75mg と推定し，さらに大豆製品などの食品から平均 20mg 摂取していることを考慮して，食事以外のサプリメントからのイソフラボン摂取量を 1 日 30mg とした。イソフラボン 30mg とは，豆腐半丁分（約 150g）に含まれる量に相当する。

【演習問題】

問 1　更年期の女性におこる身体的変化である。正しいのはどれか。

(2018 年国家試験一部改変)

(1) エストロゲン分泌量が増加する。
(2) 血中 LDL- コレステロール濃度が上昇する。
(3) 黄体形成ホルモン（LH）分泌量が増加する。
(4) 卵胞刺激ホルモン（FSH）分泌量が減少する。
(5) 骨吸収が抑制する。

解答 (3)

問 2　骨粗鬆症に関する記述である。誤っているのはどれか。

(1) エストロゲンは，破骨細胞による骨吸収を促進する。
(2) 骨粗鬆症で骨折しやすい部位は大腿骨（足のつけね）である。
(3) 骨量は男女を問わず加齢とともに減少する。
(4) 骨量を維持するためには適度な運動が有効である。
(5) ビタミン D はカルシウムの吸収を高める働きがあるので，カルシウムと一緒に摂取する必要がある。

解答 (1)

【参考文献】

秋吉美穂子，大輪陽子：更年期，臨床栄養（臨時増刊号），(2001)
伊藤節子編：臨床病態学，化学同人 (2004)
上西一弘他：特集 骨粗鬆の予防―栄養と遺伝因子―，臨床栄養，**106**，(2005)
鈴木和春編：応用栄養学，光生館 (2004)
藤田拓男：骨粗鬆症―生活からの予防法―，第一出版 (1988)
細谷憲政他編：更年期の保健学―半健康状態と生活習慣の改善―，第一出版 (1995)

11 高　齢　期

加齢（aging）は，受精から死に至るまでの一生の間に起こる生体の不可逆的変化をいい，特に成熟期以降に進行する臓器の機能低下を**老化**という。

現在，日本では社会的に活躍できる65～74歳を前期高齢者，適応力が衰え，健康維持には周りの人の助けが必要となってくる75歳以上を後期高齢者と区分している。

11.1　高齢期の特性

11.1.1　加齢による身体の形態的，機能的変化

(1) 形態的変化

高齢期は，臓器・組織の実質細胞数の減少から組織重量は減少し，特に骨格筋，脾臓，肝臓などで顕著である（図11.1）。また，椎骨と椎間板の退行性変化や背骨の湾曲による身長の縮小や頭髪の変化，皮膚の弾力性の低下などがみられる。減少の程度は，臓器により異なるが，体重当たりの重量でみると，心臓，肺，脳の重量はむしろ増加傾向にある。

体組成は相対的に細胞内液（水分量）とたんぱく質成分が減少し，脂肪組織が増加する（図11.2）。

(2) 機能的変化

臓器の機能は加齢に伴い低下する（図2.6）。

心臓は心筋細胞数は減少するが，冠動脈の硬化に

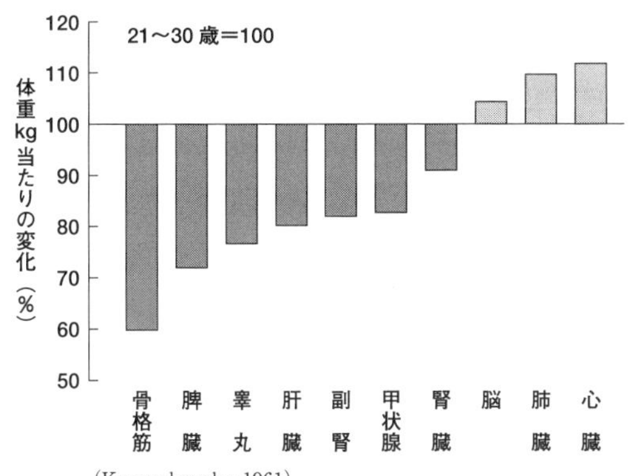

（Korenchevsky 1961）
出所）江澤郁子，津田博子編：応用栄養学［第3版］，153，建帛社（2006）

図11.1　老齢期（71歳以上）における臓器重量の変化

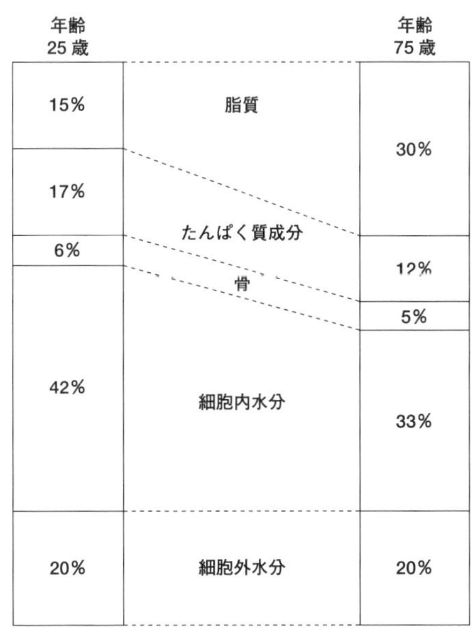

（Goldman 1970）
出所）北徹編：老年学大辞典［第3版］，20，西村書店（2006）一部改変

図11.2　主要体構成要素分布の年齢的比較

対応して心筋細胞が代償的に肥大するために心臓の重量は増加する。血管壁にコレステロールやカルシウムが沈着して血管の伸展度が低下するため，収縮期血圧の上昇がみられる。肺は肺胞壁が萎縮して弾力性を失い，ガス交換機能が低下する。また肺活量も減少する。

腎臓は腎血流量，糸球体濾過能，ブドウ糖再吸収能などは低下する。

内分泌系は性腺の機能低下が顕著で，男女とも生殖器の萎縮，性ホルモン分泌の減少がみられる。

脳は加齢に伴い萎縮するが，神経伝導速度や精神機能は比較的維持されている。高次神経機能（認識，学習，記憶などをつかさどる）の変化は一様ではなく，また個人差も大きい。

感覚器系において，視覚では水晶体の機能調節不全，網膜の視細胞の減少などにより老眼，白内障になりやすく，聴覚は高音域の認知低下が顕著である。味覚は舌の味蕾数の減少から味の感じ方が鈍くなり，特に塩味の感受性の低下が顕著である。

免疫機能において，骨髄由来のリンパ球である**T細胞**[*1]の機能が低下するため感染症やがんの発症が多くなる。

*1 **T細胞**　ウイルス感染細胞の排除やがん細胞の破壊を行う細胞。

11.1.2　加齢による栄養関連機能の変化

(1) 咀嚼，嚥下機能

歯の欠損[*2]や残存歯の摩耗，義歯による咬合困難，咀嚼筋の低下により咀嚼力が低下する。また咽頭での反射運動（嚥下反射）の低下，食道での蠕動運動の低下により嚥下困難が起こりやすい。

*2 **歯の欠損**　中年期以降の歯周病や虫歯が主な原因のため，厚生労働省は「8020運動」（80歳になっても自分の歯を20本保とう）を提唱し，若いときからの口腔ケアを呼びかけている。高齢期において噛める歯が揃っているほど健康状態は良好でQOLも高まる。

(2) 消化・吸収機能

消化液を分泌する腺細胞が加齢とともに萎縮するため，消化液の分泌量が減少する。特に膵液の分泌低下により，脂肪の消化吸収力が弱まる。また，**胃酸分泌**[*3]の減少が顕著で食欲不振や慢性的な便秘，下痢を引き起こしやすい。

*3 **胃酸分泌**　加齢により胃の粘膜が萎縮する萎縮性胃炎が起きやすいため，胃液の分泌が急激に減少する。近年，高齢者の萎縮性胃炎にはヘリコバクター・ピロリ菌が強く関係していることが指摘されている。

吸収機能においては，小腸粘膜の表面積は加齢とともに小さくなるが，脂質や炭水化物の吸収率はそれほど変化しない。

(3) 代謝機能

骨格筋の減少により基礎代謝量が低下する。骨格筋でのたんぱく質代謝は低下するが，内臓たんぱく質代謝がほとんど変化しないため，総たんぱく質代謝に占める骨格筋たんぱく質代謝の割合が急激に減少する。また，炭水化物代謝では，加齢とともに空腹時血糖値は高くなり，**耐糖能は低下**[*4]する。

*4 **耐糖能の低下**　糖負荷後のインスリン分泌量の減少や末梢組織のインスリン感受性の低下，各組織での糖利用能の低下などが原因と考えられているが十分に解明されていない。

細胞内液が減少するため，体内の水分・電解質代謝，酸・塩基平衡の調節力が低下し，脱水や浮腫，低ナトリウム血症や低カリウム血症になりやすい。

(4) 骨 密 度

閉経に伴う骨量減少とともに，カルシウム摂取量の減少や腸管でのカルシウム吸収率の低下により骨密度は低下し，骨粗鬆症になりやすい。

(5) 身体活動と日常生活動作（ADL）[*1]

老化による運動機能低下は，**高齢者の身体活動**レベルの低下をもたらす。低下の程度は，老化や病態の種類や程度によって個人差があるが，ADLに支障をきたすことも少なくない。

(6) 食欲：食事摂取量

高齢者は，さまざまな要因（表11.1）により栄養障害を起こしやすく，それには食欲不振が関係するものも多いが，個人差は大きい。

(7) 食行動，食態度，食スキル

老化による記憶力や物事の理解度の低下は，**食スキル**[*2]や食に対する関心を喪失させるため，食態度もいい加減になりやすい。低栄養や栄養欠乏症を助長し，老化や疾患の進行を早める。家族や介護者の食スキルの向上も含めて食行動を充実し，生きる意欲を高めることが大切である。

表11.2に示した**積極性スコア**[*3]の高い人ほど，自分の生活に対する満足感が高いとされている。

*1 ADL activities of daily livingの略。歩行，食事，排泄，入浴，着替え，会話などの日常生活での基本的動作のことを指し，自立性の評価の指標となっている。

*2 **食スキル** 食物や栄養に関する正しい知識に基づき，健全な食生活を実践するために必要な技能。献立や調理，盛りつけなどの食事づくりの技術，食事環境づくりや食事マナーの技術，食情報への対処能力などである。

*3 **積極性スコア** 食べる行動とともに食事を作る行動や食，栄養に関する知識や情報を学習する行動も含めて積極性尺度を指標としている。

11.1.3 加齢による精神的変化

加齢とともに身体機能の衰えを実感し，生きる意欲も減退する。自分の生や死を意識し，将来の生活や健康に対する不安，死への恐怖を過度に感じるようになり，抑うつ，不安，焦燥，妄想などに悩まされる。高齢者の個々の性格を尊重しながら，できるだけ家族や社会とのつながりを持たせる

表11.1 高齢者の栄養障害に関連する要因

［身体的要因］	［社会・心理的要因］
生活活動量の低下	抑うつ
咀嚼力の低下	孤独感
食欲不振	家族との死・離別
嚥下障害	社会的疎外感
便秘	生きがい・希望の喪失
四肢の障害	興味の喪失
（買い物・調理などの制約）	食事・調理への関心喪失
慢性疾患	食思不振
味覚・嗅覚の低下	精神障害（認知症など）
吸収機能・代謝機能の低下	コミュニケーション障害
運動不足	［社会経済的要因］
薬品と栄養の相互作用	経済的困窮
（食欲不振・悪心・味覚の変化）	不十分な調理・貯蔵設備
アルコール依存症	買物能力・調理能力・栄養知識の欠如
	移動手段の欠如

出所） C. C. Horwathの表を改変

コラム11 咀嚼は脳の老化を遅延する

アルツハイマー病は，脳が広い範囲にわたって萎縮する病気であるが，その原因は十分に解明させていない。最近の世界的な研究で，歯の喪失が，アルツハイマー病の危険因子としてあげられている。老化に伴い，自分の歯を喪失し，その後の義歯の使用も十分でない場合には，脳の老化が促進され，アルツハイマー病にかかりやすいということである。

日本での研究においても，施設に入所していてアルツハイマー病により認知症になっている高齢者は健常な高齢者に比べて，若いうちから歯を喪失している割合が高く，また歯が抜けた後も入れ歯を全く使用していない人の割合が高かった。さらに，自分の歯の喪失数が増加するにつれて，脳の萎縮の程度が上昇したというデータも得られている。

表 11.2　食行動，食態度の積極性尺度

	食行動・態度
食事をつくる行動	・食事づくり(献立を考える，買い物，調理，配膳，後片づけ)にかかわっている ・食事づくりが好き ・人と食事をするとき，自分が食事を準備したり，料理をする ・人との関係で，食事づくりが楽しみになることがある ・誰かにあげるために料理をつくることがある
食事を食べる行動	・家族揃って食事をする ・親戚や友人と一緒に食事をする ・グループ活動の仲間と一緒に食事をする ・別居子や孫と一緒に食事をする*
食物や食情報を交換する行動	・健康や栄養のことについて，家族や友人，近所の人と話をする ・料理のつくり方や味付けについて，家族や友人，近所の人と話をする ・若い世代へ料理や味を伝えている* ・つくった料理や材料のやりとりをする ・やりとりにおいて，自分からあげるほうが多い

注）各項目について，最も積極的な回答に 3 点，以下 2 点，1 点，最も消極的な回答を 0 点と配点して，積極性スコアを算出する。積極的とは，行動では頻度の高いこと，態度ではより肯定的なことを指す。
＊：対象世代によっては，除外する項目。
出所）日本栄養士会監修：生活習慣病予防と高齢者ケアのための栄養指導マニュアル，27，第一出版（2003）

ように働きかけることが重要である。

11.2　栄養と生活習慣

高齢者の栄養特性を十分考慮した適切な対応が必要である。特に老化の程度や疾患の状況，過去の生活歴，経済力や居住環境，性格などにかなり個人差があるので，個別に対応した取り組みが必要である。

11.2.1　食事量の確保：低栄養

高齢者にとって食事は生活の中心であるので，楽しく温かな食事をとおして生きる喜びを与え，QOL の向上につなげていくことが大切である。高齢者の長い間に培われてきた食嗜好を可能な限りとり入れ，変化に富んだ食品，料理の選択をする。1 回ごとの食事量は少ないので，種々の食品を組み合わせ，「主食，主菜，副菜」を揃えて低栄養に陥らないようにこころがける。

また，個人の身体状況に応じた調理形態や味付けの工夫，食器・食事用具の準備を行い，食べやすさを増す。さらに，盛りつけや彩り，**供食環境**[*1]を高齢者の嗜好に合わせることにより食欲を高める。水分摂取にもこころがける。食事の回数や時間を一定にして規則正しい食習慣の確立に配慮する。

*1 **供食環境**　食卓の明るさ，雰囲気，清潔感など。

11.2.2　身体活動と日常生活活動支援

身体活動量の低下は食欲減少にもつながる。定期的な運動を取り入れ，積極的に外出することで社会との関わりもでき，QOL の向上をもたらす。

特に要介護状態になると**廃用症候群**[*2]にかかりやすいが，安静ばかりでなく，適切なリハビリテーションを取り入れていく。

*2 **廃用症候群**　安静や不活動など身体を使わないことが続くことによって生じる筋や骨機能，循環機能，精神機能などの心身の機能低下をいう。

11.2.3　合併症：有病率の増加

加齢による臓器の機能低下や免疫機能低下により，疾病に対する抵抗力が弱まり，複数の機能障害や疾患をもっている場合が多く，またその疾患が慢性化することが特徴である（表 11.3）。症状を総合的に把握し，治療や栄養管理において何を優先させるかを十分に検討する必要がある。

11.3 栄養アセスメント

臨床診査，臨床検査，身体計測，各種調査を行い，総合的に評価する。高齢者は複数の疾患を抱えているので，個人ごとに適切な評価項目を設定する。また，高齢者がどの程度のADLを確保し，心身共に充実した日常生活を送るための機能を備えているかを把握することも大切である。

表 11.3 高齢者にみられる慢性疾患

精神系	認知，うつ病
神経系	脳血管障害，パーキンソン病，変形性頸椎症
循環器系	高血圧，虚血性心疾患，うつ血性心不全，不整脈，閉塞性動脈硬化，大動脈瘤
呼吸器系	慢性閉塞性肺疾患，肺がん，肺線維症，肺結核
消化器系	胃十二指腸潰瘍，胃がん，胆石，肝硬変，肝がん，大腸がん
内分泌代謝系	糖尿病，甲状腺疾患
血液系	貧血，悪性リンパ腫，白血病
腎泌尿器系	腎不全，前立腺肥大，腎がん，膀胱がん，前立腺がん
運動器系	骨粗鬆症，骨折，関節炎，リウマチ
感覚器系ほか	白内障，難聴，皮膚掻痒症，歯周病

出所） 江藤文夫他：高齢者の生活機能評価ガイド，3，106，233，医歯薬出版（2002）

11.3.1 臨床診査

一般的な問診項目に加えて，自覚症状（食欲，便秘や下痢，口渇感やむくみ，めまいなど）の把握，自立能力や家族関係，社会への適応力，生きる意欲やストレスなどの心理面，経済力，要介護度などを診断する。

11.3.2 臨床検査

血液生化学検査，尿検査により体内の代謝機能について評価する。特に，血清総たんぱく質，アルブミンなどはたんぱく質代謝に関する指標となり，高齢者では低値を示しやすく，低栄養と評価される。また，血清総コレステロールが低栄養を反映して低値を示す。その他ヘモグロビンや血清鉄も低栄養による鉄欠乏性貧血の指標として注意する。

11.3.3 身体計測

身長，体重，体脂肪，上腕三頭筋皮下脂肪厚および周囲長，骨密度や筋力などの測定を行う。体重や体脂肪の減少は，たんぱく質・エネルギー低栄養（PEM；protein energy malnutrition）やその他の疾患の存在を示す。

11.3.4 食事調査

食物摂取状況だけでなく食習慣，食嗜好なども必ず把握する。

11.4 栄養関連の疾患と栄養ケア

11.4.1 たんぱく質・エネルギー低栄養

加齢に伴う身体的，社会的，心理的変化によって食欲が低下し，低栄養になりがちであるが，要介護，寝たきり，認知症などの人は極度に栄養状態が悪化し，PEMに至ることがある。血清アルブミン濃度が3.5g/d*l* 以下を栄養ケアの対象としている。高齢者のPEMは腎臓の疾患がみられない限り，経口摂取を基本に，食べられるものを食べられる形で，食べられるだけ与える。エネルギー補給において栄養補助食品を利用することも考える。

表 11.4　Fried らのフレイルの定義

1. 体重減少
2. 疲労感
3. 活動度の減少
4. 身体機能の減弱（歩行速度の低下）
5. 筋力の低下（握力の低下）

上記の 5 項目中 3 項目以上該当すればフレイルと診断される[1)]

1) Fried LP, Tangen CM, Walston J, et al. Cardiovascular Health Study Collaborative Research Group. Frailty in older adults: evidence for a phenotype. J Gerontol A Biol Sci Med Sci 2001; 56: M146-56.

出所）厚生労働省「日本人の食事摂取基準（2020 年版）」策定検討会報告書抜粋において，上記文献を引用と記されている。
https://www.mhlw.go.jp/haishin/u/l?p=e4SvG-CfPHP_CqPpY

11.4.2　フレイル

フレイル（frailty）とは，高齢期における老化に伴う種々の機能低下を基盤として，さまざまな健康障害に陥りやすい状態を指す。健康障害には，ADL 障害，要介護状態，疾病発症，入院や生命予後などが含まれる。Fried は，表 11.4 に挙げた 5 項目のうち 3 項目が該当すれば，フレイルであると定義づけた。

11.4.3　サルコペニア

サルコペニア（sarcopenia）とは，加齢に伴う筋力の減少または筋肉量の減少を指し，高齢者の転倒や骨折，寝たきりなどの自立障害を引き起こす原因となる。サルコペニアの診断は表 11.5 に示す。低栄養が継続することはサルコペニアにつながり，筋力低下や身体機能の低下を誘導し，日常活動量の減少により食欲低下が進み，さらに低栄養を促進するというフレイル・サイクル（図 11.3）に陥りやすい。筋肉量の減少を抑えるためにもたんぱく質の摂取量を維持することが大切である。日本人の食事摂取基準 2020 年版においては，高齢者の低栄養およびフレイル予防の観点から高齢者（65 歳以上）のたんぱく質目標量が引き上げられた。

＊ 移動機能　日常生活における立つ，歩く，座るなどの身体の移動に関わる機能を指す。

表 11.5　サルコペニアの定義

1. 筋肉量減少
2. 筋力低下（握力など）
3. 身体能力の低下（歩行速度など）

診断は上記の項目 1 に加え，項目 2 又は項目 3 を併せ持つ場合にサルコペニアと診断される。

2) Cruz-Jentoft AJ, Baeyens JP, Bauer JM, et al. European Working Group on Sarcopenia in Older People. Sarcopenia: European consensus on definition and diagnosis: Report of the European Working Group on Sarcopenia in Older People. Age Aging 2010; 39: 412-23. を一部改変

出所）厚生労働省「日本人の食事摂取基準（2020 年版）」策定検討会報告書抜粋において，上記文献を引用と記されている。
https://www.mhlw.go.jp/haishin/u/l?p=e4SvG-CfPHP_CqPpY

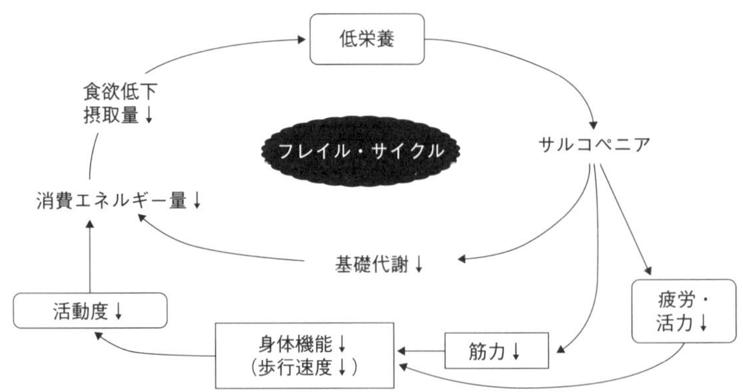

Xue QL, Bandeen-Roche K, Varadhan R, et al. Initial manifestations of frailty criteria and the development of frailty phenotype in the Women's Health and Aging Study II. J Gerontol A Biol Sci Med Sci 2008; 63: 984-90. 一部改変

出所）厚生労働省「日本人の食事摂取基準（2020 年版）」策定検討会報告書抜粋
https://www.mhlw.go.jp/haishin/u/l?p=e4SvG-CfPHP_CqPpY

図 11.3　フレイル・サイクル

11.4.4　ロコモティブシンドローム

ロコモティブシンドローム（locomotive syndrome）は，骨，筋肉，関節，神経などの運動器の障害により移動機能*が低下した状態である。進行する

と介護のリスクが高くなるとされる。運動器の障害により変形性関節症や骨粗鬆症などの疾患に陥り，それらは膝痛や腰痛，骨折の症状を誘発する。日常生活において身体活動量を高める運動などを適度にとり入れる工夫が必要である。

11.4.5 老年症候群*1

(1) 誤　嚥

嚥下機能の低下から飲食物を誤って気管に引き込んでしまうことを誤嚥といい，肺炎の誘因になりやすい。寝たきりや運動障害の高齢者に多くみられる。かつては誤嚥が起きやすい高齢者には，経管・経静脈栄養法に移行しがちであったが，口から食物を摂らないことは，食事の楽しみを失うだけでなく，QOL の低下にもつながることから，できる限り経口摂取を続ける努力がなされている。

誤嚥を防ぐ*2には，飲み込みやすい調理の工夫を行う。また，嚥下運動の練習，口腔内を清潔に保つことも肺炎予防には大切である。

(2) 便　秘

食事量減少による食物繊維の摂取不足，身体活動量の不足，腸の蠕動運動の低下や排便反射の低下により便秘になりやすい。食物繊維の多い食品の摂取や水分摂取をこころがけるだけでなく，適度な運動を行い，定期的な排便の習慣をつけることが大切である。

(3) 転　倒

身体機能や認知力の低下，脳血管系や骨格筋系の疾患により転倒しやすくなり，骨折することが多い。大腿骨頸部の骨折は寝たきりの原因になりやすい。日常の活動量をできるだけ低下させないようにして，体力維持のために運動や筋力トレーニングにこころがける。また，高齢者の身の回りに転倒しやすい条件を作らないように配慮する。

(4) 失　禁

尿および大便失禁は，老化に伴う尿路や排尿機能の低下，吸収不全や大腸疾患，感染症により起こり，湿潤や皮膚の炎症などの誘因となりやすい。生命への直接的な危険性は少ないが，高齢者の自尊心を傷つけ，精神的ショックから社会活動も控えるようになり，QOL の低下につながる。

(5) 褥　瘡

寝たきりや同じ姿勢を保つことで血液循環が悪くなり，皮膚や皮下組織が圧迫されることにより生じる炎症や壊死のことを褥瘡といい，**仙骨部***3に多くみられる。体位の交換を適宜行い，皮膚を乾燥させて清潔に保つことが大切である。また，症状を悪化させないために食事においてたんぱく質を十分に補給し，エネルギー摂取不足にならないように注意する。

*1 **老年症候群**　高齢者に特有で多くの頻度で出現する身体的，精神的症状や所見の総称。根本的な治療は少なく，QOL の維持に主体をおくことやリハビリテーションが必要となる。

*2 **誤嚥の防止**　飲み込みやすい調理の工夫として，①市販とろみ調整剤（増粘剤）やゼラチン，でんぷんでとろみをつけたり，かゆ状にするなどして適度な粘度をつける，②大きさ，切り方を均一にする，③のどの粘膜に付着しやすいもの（きな粉，のりなど）やのどに刺激を与えるような酸味の強いものなどは与えない，などがあげられる。

*3 **仙骨部**　仙骨は骨盤を構成する骨の1つで，骨盤の中央，尾骨の上部，臀部のやや上に位置する。この部位は仰向けの体位において褥瘡ができやすいとされる。

11.4.6　アルツハイマー病

アルツハイマー病（Alzheimer）は原因不明であるが，神経細胞の変性から神経伝達物質が減少して脳が萎縮し，さまざまな精神・神経症状が現れるとされる。進行すると，食事や着替えなどの日常生活動作や家族の認識もできなくなり，寝たきりになる場合も多い。

症状の種類や進行度は個人ごとに異なるため，個々の患者ごとに実態を把握し，治療や介護策を検討する必要がある。患者自身は食事のことを忘れたり，食べられるものであるかの判断もできなくなる場合が多いので，家族や介護者が栄養バランスを考えた食事管理にこころがけることが大切である。

11.4.7　白内障・糖尿病網膜症

高齢者の視力障害を起こすものに，白内障や糖尿病網膜症などがある。視力障害は，食欲を減退させ低栄養につながる。白内障は水晶体が混濁した状態をいい，高齢者には老人性白内障として高い頻度で発症する。老人性白内障の発症にはフリーラジカルが重要な因子と考えられているが，ビタミンC，Eの不足，喫煙，日光にあたり過ぎなども誘因とされている。

糖尿病網膜症は壮年に発症した糖尿病が継続し，網膜の血管閉塞により起きる視力障害で，失明につながることもある。早期の血糖値調節が重要である。

11.4.8　変形性関節症，関節炎

変形性関節症は女性に多く，荷重のかかる膝関節や股関節に起きやすい。症状自体に生命の危険性は少ないが，日常生活の制約に伴うQOLの低下をむしろ問題としている。肥満との関連もあり，関節への負荷軽減のために体重管理や筋力アップを適切に行う。

11.4.9　脱　　水

高齢者は口渇感の低下から体内の水分が欠乏していても気づかず，さらに誤嚥や尿失禁を避けるために意識的に水分摂取を控える心理的要因も加わり，しばしば脱水症状を起こす。急激な脱水症状は意識障害を引き起こす。口渇感がなくても適宜水分補給にこころがける。高齢者の食事から摂取される平均的水分量は500～800ml/1000kcalといわれる。

【演習問題】

問1　高齢期の栄養関連機能の変化に関する記述である。誤っているのはどれか。

（1）基礎代謝量は低下する。

（2）耐糖能は低下する。

（3）細胞内液が減少し，脱水や浮腫，高カリウム血症になりやすい

（4）胃酸分泌の減少が顕著である。

(5) 嚥下反射は低下する。

解答 (3)

問2 高齢者の栄養管理に関する記述である。正しいのはどれか。

(1) 体重1kgあたりのたんぱく質必要量は少なくなる。

(2) 便秘の予防から，水分摂取は控える。

(3) フレイルティ（虚弱）の予防では，除脂肪体重を減少させる。

(4) 骨粗鬆症の予防ではリンを多く含む食品を摂取する。

(5) 褥瘡の予防では，たんぱく質を十分に摂取する。

解答 (5)

問3 サルコペニアに関する記述である。誤っているのはどれか。

（2019年国家試験一部改変）

(1) 筋萎縮がみられる。

(2) 食事量の低下が原因の1つとなる。

(3) ベット上での安静時間が長いことが原因となりやすい。

(4) 歩行速度は保たれる。

(5) 握力は低下する。

解答 (4)

【参考文献】

Cooper, R. M. *et al.*：*J. Gerontology*, 14, 59（1959）
江藤文夫他編：高齢者の生活機能評価ガイド，医歯薬出版（2002）
五明紀明他編：応用栄養学，朝倉書店（2005）
篠原恒樹：老年学，第一出版（1986）
鈴木隆雄他:サクセスフルエイジングのための栄養ケア，臨床栄養（臨時増刊号），(2004)
手島登志子：高齢者食論（川端晶子，豊川裕之編：臨床調理学）建帛社（1997）
中田まゆみ他編：高齢者のケア，学研（2001）
日本栄養士会監修，中村丁次他編:生活習慣病予防と高齢者ケアのための栄養指導マニュアル，27，第一出版（2003）
藤谷順子他：特集 嚥下食の工夫—最近の動向—，臨床栄養，**105**（2004）
渡辺早苗他編：保健・医療・福祉のための栄養学，医歯薬出版（2004）

12　食事摂取基準の基礎的理解

本章は，厚生労働省より発表された「日本人の食事摂取基準（2020 年版）策定検討会」報告書に基づき，要点をまとめたものである。2020 年版では，その活用方法等に大きな変更はないが，エネルギーおよび栄養素の基準値を示した表の脚注への記載が充実された。食事摂取基準の理解と活用にあたっては，本文ならびに脚注を熟知することが大切である。

12.1　食事摂取基準の意義

12.1.1　食事摂取基準の目的

日本人の食事摂取基準は，健康な個人並びに集団を対象として，国民の健康の保持・増進，生活習慣病の予防のために参照するエネルギー及び各栄養素の摂取量の基準を示すものである。策定の方向性は，健康日本 21（第二次）との整合性を図り，その推進に寄与することである。健康日本 21（第二次）の中では，主要な生活習慣病の発症予防と重症化予防の徹底を図ることが基本的方向として掲げられている。そこで，2020 年版では，栄養に関連した

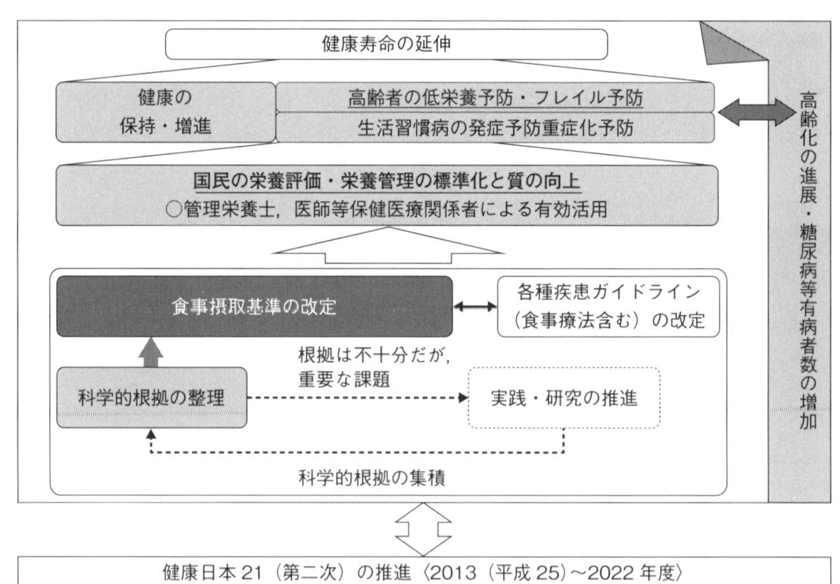

出所）厚生労働省ホームページ

図 12.1　日本人の食事摂取基準（2020 年版）策定の方向性

身体・代謝機能の低下の回避の観点から，健康の保持・増進，生活習慣病の発症予防及び重症化予防に加え，高齢者の低栄養予防やフレイル予防も視野に入れて策定された。このことから，関連する**各種疾患ガイドライン**[*1]とも調和を図っていくこととなった（図 12.1）。

12.1.2　対象とする個人並びに集団の範囲

食事摂取基準の対象とその範囲は，以下のとおりである。

・健康な個人及び健康な者を中心として構成されている集団。

・生活習慣病等の危険因子，および，高齢者で**フレイル**[*2]に関する危険因子を有していても，おおむね自立した日常生活を営んでいる者。また，このような者で構成される集団を含む。

疾患を有していたり，疾患に関する高いリスクを有していたりする個人並びに集団に対して治療を目的とする場合は，食事摂取基準の基本事項を理解した上で，その疾患に関連する治療ガイドライン等の栄養管理指針を用いる。

12.1.3　科学的根拠に基づいた策定

可能な限り科学的根拠に基づき，**システマティック・レビュー**[*3]の手法を用いて，国内外の学術論文や入手可能な学術資料を活用して策定された。また，前回の策定までに用いられた論文や資料も必要に応じて再検討された。さらに，**メタ・アナリシス**[*4]など情報の統合が定量的に行われている場合は優先的に参考にし，利用可能で最も信頼度の高い情報が用いられた。食事摂取基準では「量」の算定が目的となるため，量・反応関係メタ・アナリシスから得られる情報の利用価値が高いとされ，目標量に限ってエビデンスレベルが示された。

*1 **各種疾患ガイドライン**　高血圧治療ガイドライン 2019，エビデンスに基づく CKD 診療ガイドライン 2018 などが発表されている。その他の各種疾患ガイドラインについては https://minds.jcqhc.or.jp/ より本文の閲覧が可能（一部非公開）。（2019 年 11 月 25 日閲覧）

*2 **フレイル**　フレイルには，国際的なコンセンサスが得られた概念はない。食事摂取基準では，「健常状態と要介護状態の中間的な段階に位置づける」という考え方を採用した。

*3 **システマティック・レビュー**　系統的レビューともいう。あるテーマに関して一定の基準を満たした質の高い研究論文を集め，さらに批判的吟味を加え，残ったデータを統合し結果をまとめる作業。

*4 **メタ・アナリシス**　これまでに行われた複数の臨床研究のデータを収集・統合し，統計的方法を用いて定量的に研究結果を解析した系統的総説。

1　国民がその健康の保持増進を図る上で摂取することが望ましい**熱量**に関する事項

2　国民がその健康の保持増進を図る上で摂取することが望ましい次に掲げる**栄養素の量**に関する事項

イ　国民の栄養摂取の状況からみてその欠乏が国民の健康の保持増進に影響を与えているものとして厚生労働省令で定める栄養素

・たんぱく質
・n−6系脂肪酸，n−3系脂肪酸
・炭水化物，食物繊維
・ビタミン A，ビタミン D，ビタミン E，ビタミン K，ビタミン B_1，ビタミン B_2，ナイアシン，ビタミン B_6，ビタミン B_{12}，葉酸，パントテン酸，ビオチン，ビタミン C
・カリウム，カルシウム，マグネシウム，リン，鉄，亜鉛，銅，マンガン，ヨウ素，セレン，クロム，モリブデン

ロ　国民の栄養摂取の状況からみてその過剰な摂取が国民の健康の保持増進に影響を与えているものとして厚生労働省令で定める栄養素

・脂質，飽和脂肪酸，コレステロール
・糖類（単糖類又は二糖類であって，糖アルコールでないものに限る。）
・ナトリウム

出所）厚生労働省ホームページ

図 12.2　健康増進法に基づき定める食事摂取基準

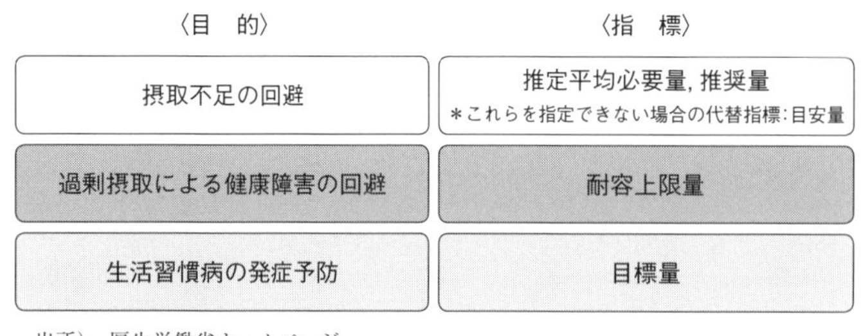

出所）厚生労働省ホームページ

図 12.3　栄養素の指標の目的と種類

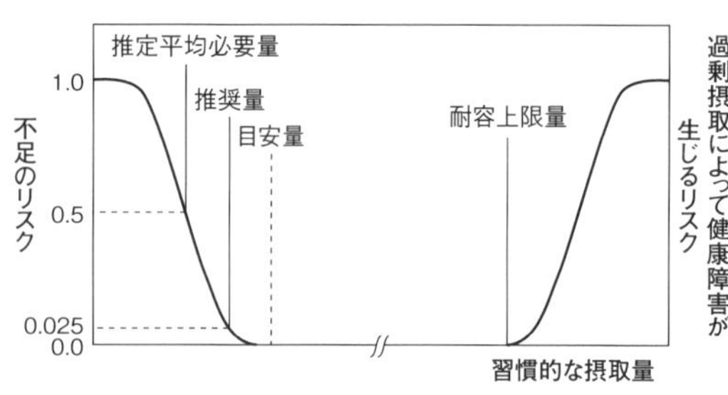

出所）厚生労働省ホームページ

図 12.4　食事摂取基準の各指標（推定平均必要量，推奨量，目安量，耐容上限量）を理解するための概念図

12.2　食事摂取基準策定の基礎理論

日本人の食事摂取基準（2020 年版）では，健康増進法に基づき，図に示したエネルギー（熱量）および栄養素が策定の対象とされた（図 12.2）。栄養素の指標は，三つの目的からなる五つの指標で構成される（図 12.3）。また，食事摂取基準の各指標（推定平均必要量，推奨量，目安量，耐容上限量）を理解するための概念を図 12.4 に示した。なお，目標量は図 12.4 に示す概念や方法とは異質なものであるため，図示できない。

12.2.1　エネルギー摂取の過不足からの回避を目的とした指標

エネルギーについては，エネルギーの摂取量と消費量のバランス（エネルギー収支バランス）の維持を示す指標として BMI が採用された。成人を対象とした観察疫学研究において報告された総死亡率が最も低かった BMI の範囲や日本人の BMI の実態などを総合的に検証し，目標とする BMI の範囲が提示された。BMI は，健康の保持・増進，生活習慣病の予防，さらには加齢によるフレイルを回避するための要素のひとつとして扱う。

12.2.2　栄養素の摂取不足からの回避を目的とした指標の特徴

(1)　推定平均必要量（estimated average requirement：EAR）

ある対象集団において測定された必要量の分布に基づき，その集団に属する 50％の人が必要量を満たす（同時に 50％の人が必要量を満たさない）と推定される摂取量として定義された。

(2)　推奨量（recommended dietary allowance：RDA）

ある対象集団において測定された必要量の分布に基づき，その集団に属するほとんどの人（97 ～ 98％）が充足している量として定義された。推奨量は，推定平均必要量が算定できる栄養素に対して設定され，推定平均必要量を用いて算出される。

推奨量＝推定平均必要量×（1＋ 2 ×変動係数）
　　　＝推定平均摂取量×推奨量算定係数

(3)　目安量（adequate intake：AI）

特定の集団における，ある一定の栄養状態を維持するのに十分な量（不足状態を示す人がほとんど観察されない量）として「目安量」が定義された。健康な多数の人を対象として，栄養素摂取量を観察した疫学研究によって得られたものである。推定平均必要量が算定できない場合に用いる。

12.2.3　栄養素の摂取過剰からの回避を目的とした指標の特徴

耐容上限量（tolerable upper intake level：UL）

健康障害をもたらすリスクがないとみなされる習慣的な摂取量の上限として耐容上限量が定義された。これを超えた量を日常的に摂取することによって，過剰摂取による潜在的な健康障害のリスクが高まると考える。

12.2.4　生活習慣病の予防を目的とした指標の特徴

目標量（tentative dietary goal for preventing life-style related diseases：DG）

生活習慣病の予防を目的に，現在の日本人が当面の目標とすべき摂取量として目標量が設定された。ある特定の集団において，その疾患のリスクや，その代理指標となる生体指標の値が低くなると考えられる栄養状態が達成できる量として算定された。しかし，栄養素摂取量と生活習慣病のリスクとの関連は不明瞭である。そこで，諸外国の食事摂取基準や疾病予防ガイドライン，現在の日本人の摂取量・食品構成・嗜好などを考慮し，実行可能性を重視して設定された。また，生活習慣病の重症化予防とフレイル予防を目的とした量が設定できる場合は，発症予防を目的とした目標量とは区別して示された。

12.2.5　策定における基本的留意事項

(1)　年齢区分

乳児は2区分*，成長に合わせてより詳細な区分設定が必要と考えられたエネルギーおよびたんぱく質については3区分となった。1～17歳を小児，18歳以上を成人とした。高齢者については65歳以上とし，年齢区分では65～74歳，75歳以上の2区分とした。

***乳児区分**　0～5ヵ月，6～11ヵ月。ただし，エネルギーとたんぱく質は0～5ヵ月，6～8ヵ月，9～11ヵ月以上。

(2)　参照体位

参照体位（参照身長・参照体重）とは，性及び年齢区分に応じ，日本人として平均的な体位を持った人を想定し，健全な発育，健康の保持・増進，生活習慣病の予防を考える上での参照値として提示されたものである。（付表3.1）。

(3)　摂取源

食事として経口摂取される通常の食品に含まれるエネルギーと栄養素が対象である。ただし，耐用上限量では健康食品やサプリメント由来のエネルギーおよび栄養素も含まれる。また，妊娠の可能性のある女性では，神経管閉鎖障害のリスク低減を目的に付加する葉酸に限って，通常の食品以外の食品の摂取に限定した策定がなされた。

(4) 摂取期間

「1日あたり」を単位とし，習慣的な摂取量の基準として示されている。

(5) 行動学的・栄養生理学的な視点

食事摂取基準では，主に栄養生化学的な視点で量の算定が行われている。しかし，経口摂取したエネルギーや栄養素量が健康に影響を及ぼす点について，食行動や栄養生理学的な視点も欠かせない。朝食欠食や食べるスピード，三食のエネルギー比率，栄養比率なども関与することが示唆されている。しかし，これらの概念を食事摂取基準に取り入れるには，まだ課題が多く残されている。

(6) 調査研究の取扱い

国民の栄養素摂取状態を反映していると考えられる代表的な研究論文を引用し，適切な論文がない場合には，平成28年国民健康・栄養調査のデータを引用している。また，通常の食品以外の食品を用いた介入研究の結果は，原則として算定に用いていない。研究結果の統合方法については，表12.1に示したような方針に沿って行われた。

表12.1 研究結果の統合方法に関する基本的方針

研究の質	日本人を対象とした研究の有無	統合の基本的な考え方
比較的，均一な場合	日本人を対象とした研究が存在する場合	日本人を対象とした研究結果を優先して用いる
	日本人を対象とした研究が存在しない場合	全体の平均値を用いる
研究によって大きく異なる場合	日本人を対象とした質の高い研究が存在する場合	日本人を対象とした研究結果を優先して用いる
	日本人を対象とした研究が存在するが，全体の中で，相対的に質が低い場合	質の高い研究を選び，その平均値を用いる
	日本人を対象とした研究が存在しない場合	

出所）厚生労働省ホームページ

(7) 外挿方法

栄養素では，5種類の指標が算定されたが，これらに用いられた数値は，ある限られた性・年齢の者で観察されたものである。したがって，食事摂取基準のように，性別，年齢区分別に量を設定するために，観察された値（参照値）から外挿が行われている。

12.3 食事摂取基準活用の基礎理論

12.3.1 食事調査などによるアセスメントの留意事項

(1) 食事摂取状況のアセスメントの方法と留意点

1) 食事摂取基準の活用と食事摂取状況のアセスメント

エネルギー及び各栄養素の摂取状況のアセスメントは，食事調査から推定される摂取量と，食事摂取基準に示される各指標の値を比較する。ただし，エネルギー摂取量の過不足の評価には，BMI または体重変化量を用いる。食事調査によって得られる摂取量を参考にする場合，以下の点に注意する。①測定誤差（特に，**過小申告**[*1]・過大申告および日間変動）が生じること。②食事調査からエネルギー及び栄養素の摂取量を推定する場合，食品成分表のデータを用いて栄養価計算を行うが，食品成分表の栄養素量と実際の食品の中に含まれる栄養素量は同一ではないこと。

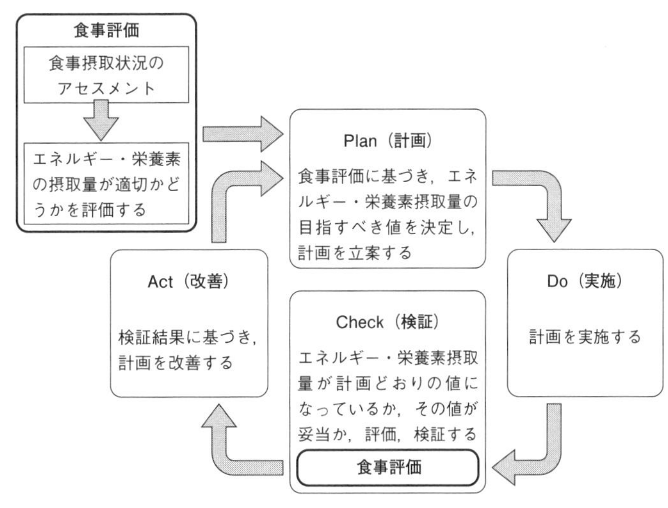

出所）厚生労働省ホームページ

図 12.5　食事摂取基準の活用と PDCA サイクル

エネルギー及び栄養素摂取状況の評価は，食事摂取基準の指標の値と比較するだけでなく，個々の背景にある生活環境，生活習慣等を踏まえ，入手可能であれば臨床症状・臨床検査値のデータも含め，総合的に評価する必要がある。なお，臨床症状や臨床検査値は，対象とする栄養素の摂取状況以外の影響（喫煙やストレス等）を複合的に受けた結果であることに留意する。

*1 **過小申告**　日本人の集団平均値として男性 11％程度，女性 15％程度の過小申告が存在することが報告されている。また，過小申告・過大申告の程度は肥満度の影響を強く受けることが知られている。

(2)　食事調査

食事摂取状況に関する調査法には種々あるが，それぞれに長所と短所があり，食事調査の目的や状況に合わせて適宜選択する必要がある。食事摂取基準は，習慣的な摂取量の基準を示したものである。したがって，アセスメントでは，習慣的なエネルギー及び栄養素摂取量の推定が可能な**食事調査法**[*2]を選択する必要がある。具体的な調査方法及びその長所，短所については，「日本人の食事摂取基準（2020 年版）策定検討会」報告書や，栄養教育論，公衆栄養学等の教科書の記述を参考にするとよい。

*2 **食事調査法**　秤量記録法，目安記録法，24 時間思い出し法，食物摂取頻度調査法，食事歴法，陰膳法など。

12.3.2　活用における基本的留意事項

健康な個人または集団を対象として，健康の保持・増進，生活習慣病の予防のための食事改善に食事摂取基準を活用する場合は，PDCA サイクルに基づく活用を基本とする。個人または集団における対象者のニーズに合った計画を立てるため，PDCA サイクルの前に食事摂取状況のアセスメントを行うことが重要である。その概要を図 12.5 に示した。

12.3.3　個人の食事改善を目的とした評価・計画と実施

個人の食事改善を目的に食事摂取基準を活用する場合の基本的概念を図 12.6 に示す。個人を対象とする場合は，食事調査などから得た栄養摂取状況

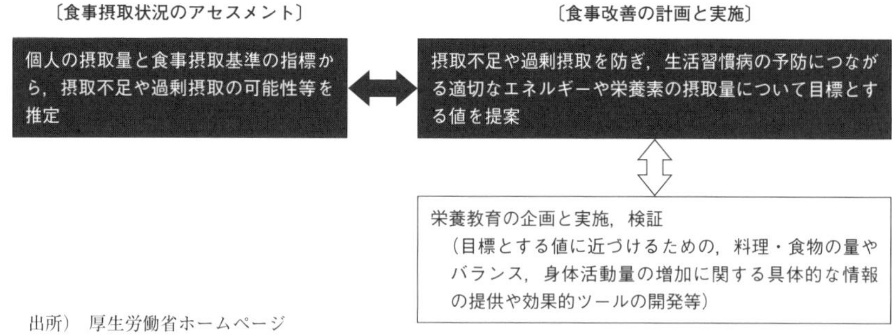

出所）厚生労働省ホームページ

図 12.6　食事改善（個人）を目的とした食事摂取基準の活用の基本的概念

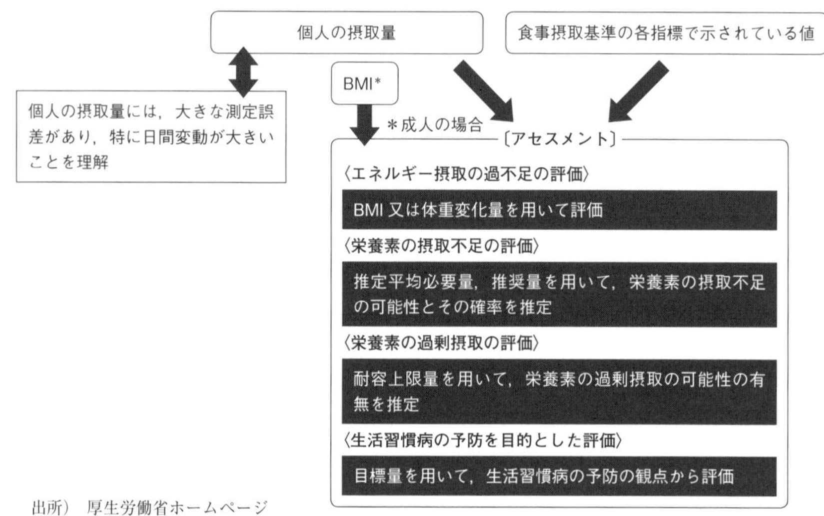

出所）厚生労働省ホームページ

図 12.7　食事改善（個人）を目的とした食事摂取基準の活用による食事摂取状況のアセスメント

の結果とエネルギーおよび栄養素の各指標とを比較し，不足や過剰のリスクがどの程度あるのかを評価して計画に反映させる。個人の食事改善を目的として食事摂取基準を活用した食事摂取状況のアセスメントの概要と，そのアセスメント結果に基づき，食事摂取基準を活用した食事改善の計画と実施の概要をそれぞれ図 12.7，図 12.8 に示した。

注）体重の減少または増加を目指す場合は，おおむね 4 週間ごとに体重を計測記録し，16 週間以上フォローを行うことが勧められる。

12.3.4　集団の食事改善を目的とした評価・計画と実施

集団の食事改善を目的とした食事摂取基準の活用の基本的概念を図 12.9 に示した。集団を対象とする場合は，食事摂取状況からアセスメントし，集団の摂取量の分布からエネルギーおよび栄養素の不足や過剰の可能性がある者の割合等を推定して，計画に反映させる。集団の食事改善を目的として食事摂取基準を適用した食事摂取状況のアセスメントの概要と，そのアセスメ

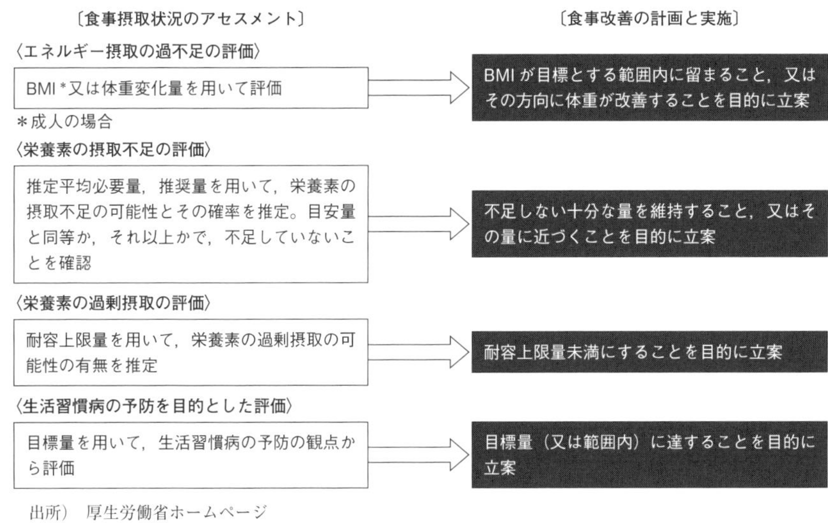

出所）厚生労働省ホームページ

図 12.8　食事改善（個人）を目的とした食事摂取基準の活用による食事改善の計画と実施

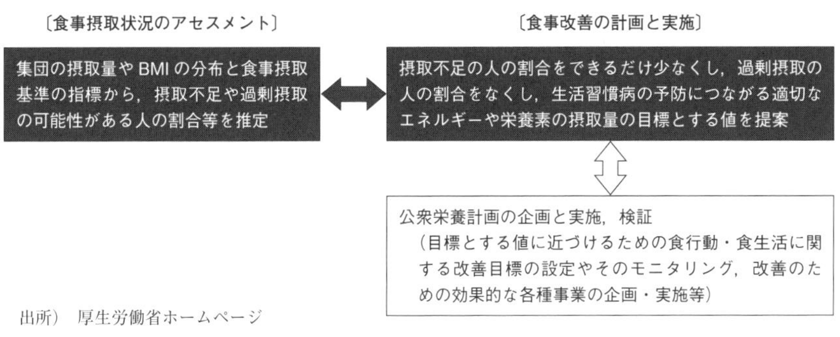

出所）厚生労働省ホームページ

図 12.9　食事改善（集団）を目的とした食事摂取基準の活用の基本的概念

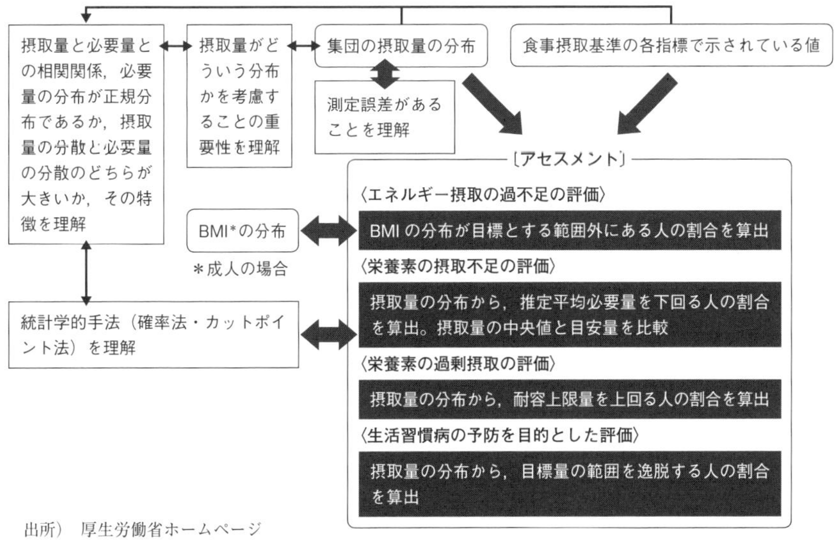

出所）厚生労働省ホームページ

図 12.10　食事改善（集団）を目的とした食事摂取基準の活用による食事摂取状況のアセスメント

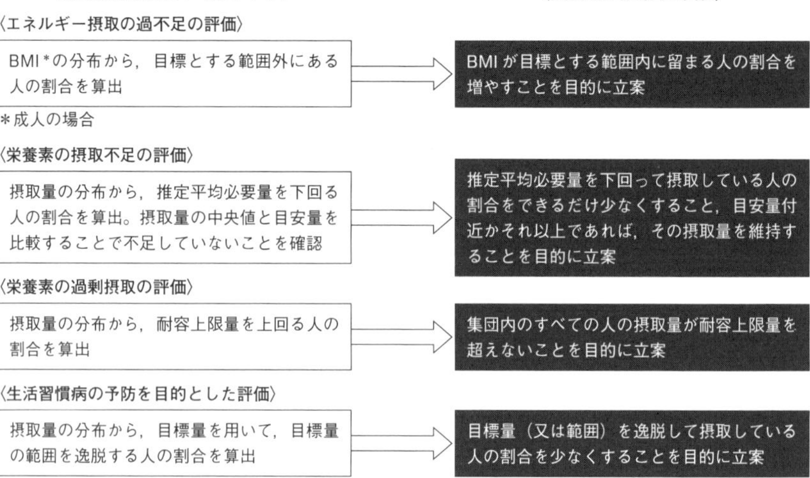

出所）厚生労働省ホームページ

図 12.11 食事改善（集団）を目的とした食事摂取基準の活用による食事改善の計画と実施

ント結果に基づき，食事摂取基準を活用した食事改善の計画と実施の概要をそれぞれ図 12.10，図 12.11 に示した。

注）エネルギー摂取の過不足に関する食事改善の計画立案及び実施には，BMI または体重変化量を用いる。数ヵ月間（少なくとも 1 年以内）に 2 回以上の評価を行い，体重変化を指標として用いる計画を立てる。

12.4 エネルギー・栄養素別食事摂取基準

この項では，食事摂取基準を個人または集団の栄養改善等に活用する際，考慮することが望ましいと思われる熱量及び栄養素を取り上げ，成人の各栄養素の推奨量について述べる。また推定平均必要量が策定されていない栄養素については，目安量，目標量について述べる。

12.4.1 エネルギー

成人では，体重が変わらず体脂肪率や筋肉量などの体組成に変化がなければ，エネルギー摂取量はエネルギー消費量に等しく，総エネルギー消費量は**二重標識水法***で評価が可能である。これに対し，種々の食事アセスメントは，日間変動や過小申告（p.153 欄外 1）の影響により誤差が生じる。したがって，推定エネルギー必要量は，食事アセスメントから得られるエネルギー摂取量ではなく，総エネルギー消費量の推定値から求める。

*二重標識水法　安定同位体である重水素水（2H216O）と酸素-18（1H218O）を混合した二重標識水を経口投与し，体内で均一濃度に達した後，およそ 1 週間から 2 週間にかけて体外へと徐々に排出される。水素と酸素の排出経路の違いを利用して，複数回にわたり採取した尿中の同位体の分析から CO2 産生量を算出する。さらに呼吸商の代用として食物商（Food quotient：FQ）を測定期間中の食事記録から求め，酸素消費量を算出する。

・成人（18 歳以上，妊婦，授乳婦を除く）の場合

推定エネルギー必要量(kcal/日) = 基礎代謝量(kcal/日) × 身体活動レベル

基礎代謝量(kcal/日) = 基礎代謝基準値(kcal/kg 体重 /日) × 参照体重 (kg)

(p.204，付表 3.2 参照「体重における基礎代謝量」)

表 12.2　目標とする BMI の範囲（18 歳以上）

年齢（歳）	目標とする BMI（kg/m^2）
18 ～ 49	18.5 ～ 24.9
50 ～ 64	20.0 ～ 24.9
65 ～ 74	21.5 ～ 24.9
75 以上	21.5 ～ 24.9

出所）厚生労働省ホームページ

基礎代謝基準値を用いる場合，基準から大きく外れた体位，つまり肥満者ややせの場合は測定誤差が大きくなる。肥満者では基礎代謝量を過大評価することによって，推定エネルギー必要量が真の必要量より多く算出され，反対にやせでは過小評価することによって，真の必要量より少なく算出される可能性があることに留意する。また，小児，乳児，及び妊婦，授乳婦では，これに成長や妊娠継続，授乳に必要なエネルギー量を付加量として加える。

12.4.2　エネルギー摂取量の過不足の評価方法・成人の目標とする BMI

(1)　エネルギー摂取量の過不足の評価方法

エネルギー出納バランスは，エネルギー摂取量―エネルギー消費量として定義され，成人においては，その結果が体重の変化と体格（body mass index：BMI）である。（付表 3.5「エネルギー出納バランスの基本概念」参照）。エネルギー消費量＜エネルギー摂取量の状態が続けば体重が増加し，逆に，エネルギー摂取量＜エネルギー消費量の状態が続くと体重は減少する。したがって，体重（または BMI）の変化を観察することによって，短期的なエネルギー出納バランスの評価は可能である。一方，エネルギー出納のアンバランスは，長期的にはエネルギー摂取量とエネルギー消費量の連動で調節される。エネルギー摂取の過剰状態，不足状態が続いたとしても，太り続けること，痩せ続けることはない。その理由として，

摂取エネルギー量が増える ⇒ 体重増加 ⇒ 消費エネルギー量も増える

摂取エネルギー量が減る⇒ 体重減少 ⇒ 消費エネルギー量も減る

の関係が成り立ち，体重の変化は一定量で頭打ちとなりエネルギー出納バランスがゼロの状態に移行するためである。摂取エネルギーと消費エネルギーおよび体重の関係は，付表 3.5 に示す。多くの成人における体重は，長期的には一定を保った状態にあり，肥満者や低体重の者でも同様である。しかし，エネルギー出納バランスがゼロとなるエネルギー摂取およびエネルギー消費の状況では，肥満や低体重は改善されない。したがって，健康の保持・増進，生活習慣病予防の観点から，望ましい BMI を維持するエネルギー摂取量（＝エネルギー消費量）であることが重要である。そのため，日本人の食事摂取基準（2020 年版）では，エネルギーの摂取量及び消費量のバランスの維持を示す指標として BMI が採用された。

(2)　成人の目標とする BMI の範囲

観察疫学研究の結果から得られた総死亡率，疾患別の発症率と BMI との関連，死因と BMI との関連，さらに，日本人の BMI の実態に配慮し，総合的に判断した結果，当面目標とする BMI の範囲が示された（表 12.2）。

12.4.3　たんぱく質

たんぱく質は20種類のアミノ酸が結合した化合物であり，体内で他の栄養素からは合成されないため必ず摂取しなければならない栄養素である。また，筋肉や臓器などの体構成成分，酵素やホルモンの材料にもなり，重要な生理活性物質の前駆体ともなる。さらに，1gあたり4kcalのエネルギーを産生する。

たんぱく質の推定平均必要量及び推奨量の設定は，以下の式によって算定された。

たんぱく質維持必要量（g/日）＝**たんぱく質維持必要量（g/体重kg/日）**[*1]×参照体重（kg）

推定平均必要量＝たんぱく質維持必要量／**日常食混合たんぱく質の利用効率**[*2]

推奨量＝**推定平均必要量×推奨量算定係数**[*3]

*1 たんぱく質維持必要量：0.66g/kg体重/日

*2 日常食混合たんぱく質の利用効率：90%

*3 推奨量算定係数：1.25

12.4.4　炭水化物

(1) 炭水化物

炭水化物はいくつかに細分類されるが，食事摂取基準（2020年版）では，総炭水化物と食物繊維に限定して策定された。また，炭水化物ではないが，エネルギーを産生し，かつ，各種生活習慣病との関連が注目されているアルコールについても触れている。

炭水化物の主な役割は，エネルギー源（4kacl/g）としてぶどう糖を供給することである。しかし，肝臓での糖新生により炭水化物以外の物質からのエネルギー供給も可能であることから，必要最低量を推定することが困難である。したがって，炭水化物はアルコールを含む合計量で，目標量として策定された。たんぱく質の目標量（%エネルギー）と脂質の目標量（%エネルギー）を合わせ，総エネルギーから差し引いた残余として設定された。

(2) 食物繊維

食物繊維の摂取不足が生活習慣病の発症に関連するという報告が多いことから，目標量が設定された。アメリカ・カナダの食事摂取基準では，14g/1,000kcalの目安量が示されている。理想的には，この値を目標量とすべきであるが，**日本人の食物繊維摂取量の現状**[*4]を考慮すると，現実的ではない。そこで，現在の日本人成人（18歳以上）における食物繊維摂取量の中央値（14.6g/日）と，24g/日との中間値（19.3g/日）を，目標量を算出するための参照値とした。目標量は次式により算出された。

目標量＝19.3（g/日）×〔性別及び年齢階級ごとの参照体重(kg)÷58.3（kg）[*5]〕0.75[*6]

*4 **日本人の食物繊維摂取量の現状**　平成28年の国民健康・栄養調査結果では，すべての年齢階級の中央値が14g/1,000kcalより少ない。

*5 成人（18歳以上）における参照体重の平均値

*6 体表面積を推定

12.4.5　脂　　質

脂質の機能として，細胞膜の構成成分，主要なエネルギー産生基質，脂溶性ビタミンの吸収促進，ステロイドホルモンやビタミンDの前駆体となる。また，*n*-6系および*n*-3系脂肪酸は体内で合成できず欠乏症状も出現するため必須脂肪酸である。

脂質は，炭水化物やたんぱく質と並んでエネルギーを産生する栄養素（9kcal/g）であり，これらの摂取量に留意する必要がある。そこで，脂質の摂取基準は1歳以上については目標量として総エネルギーに占める割合（エネルギー比率）で示された。一方，飽和脂肪酸は生活習慣病予防の観点から，目標量としてエネルギー比率（上限7%エネルギー比）で示された。必須脂肪酸である*n*-6系，*n*-3系脂肪酸は，平成28年国民健康・栄養調査の結果から算出された摂取量の中央値から1歳以上の目安量（g/日）とされた。以上のことを考慮し，脂質エネルギーとしての目標量は，飽和脂肪酸の目標量の上限を超えないと期待される脂質摂取量の上限として30%エネルギー比とされた。また，*n*-6系，*n*-3系脂肪酸の目安量が摂取できる脂質摂取量の下限として20%エネルギー比とした。

12.4.6　エネルギー産生栄養素バランス

エネルギー産生栄養素バランスは，たんぱく質，脂質，炭水化物（アルコール含む）とその構成成分が総エネルギー摂取量に占めるべき割合（%エネルギー）と定義し，その構成比率を指標とする。これらの比率を決める手順として，推定平均必要量および推奨量が算定されているたんぱく質の量を初めに決める。次に，飽和脂肪酸には目標量が，*n*-6系，*n*-3系脂肪酸には目安量が算定されているため，脂質の量（上限，下限）を決める。そして，それらの残余を炭水化物（アルコール含む）とする。

12.4.7　ビタミン

(1)　水溶性ビタミン

1)　ビタミンB_1

ビタミンB_1は，エネルギー産生栄養素の異化代謝の補酵素であるため，消費エネルギー当たりで算定された。ビタミンB_1は，摂取量が増えていっても体内の飽和量を満たすまではほとんど尿中に排泄されないが，飽和量を超えると急激に尿中排泄量が増大する。このことから，ビタミンB_1の必要量はビタミンB_1摂取量と尿中のビタミンB_1排泄量との関係式における変曲点から求める方法が採用された。つまり，尿中にビタミンB_1の排泄量が増大し始める最小摂取量を推定平均必要量とした。18ヵ国から報告されたデータをまとめた結果，その値はチアミンとして0.35mg/1,000kcalと算定され，チアミン塩酸塩量としては0.45㎎/1,000kcalとなる。この値を18～64歳の推定平均必要量算定の参照値とし，対象年齢区分の推定エネルギー必要量を乗じて推定平均必要量が算定された。推奨量は，推定平均必要量に推奨量算定係数 1.2 を乗じた値である。

2） ビタミン B_2

ビタミン B_2 も補酵素としてエネルギー代謝に関与しているため，エネルギー消費量当たりで算定された。ビタミン B_2 の推定平均必要量の算定には，ビタミン B_1 と同じ方法が取られた。健康な成人男性及び若い健康な女性に対し，1 日当たりの摂取エネルギーが 2,200kcal という状況での遊離型リボフラビン負荷試験において，約 1.1mg / 日以上の摂取で尿中リボフラビン排泄量が摂取量に応じて増大することが報告されている。このことから，18 ～ 64 歳の推定平均必要量を算定するための参照値を 0.50 m g /1,000kcal とした。この値に，対象年齢区分の推定エネルギー必要量を乗じて推定平均必要量を算定した。推奨量は，推定平均必要量に推奨量算定係数 1.2 を乗じた値である。

3） ビタミン C

食事摂取基準は，還元型 L−アスコルビン酸量として設定された。ビタミン C の欠乏症として壊血病が知られる。一方，ビタミン C は**抗酸化作用***と，それによる心血管系の疾病予防が期待できる。ビタミン欠乏実験を行うことは倫理上困難であることから，2020 年版では欠乏症予防ではなく，後者の理由から推定平均必要量が策定された。一方，血漿ビタミン C 濃度が 50μmol/l 程度であれば心臓血管系の疾病予防効果並びに有効な抗酸化作用が期待できること，また，血漿ビタミン C 濃度を 50μmol/l に維持する成人の摂取量は 83.4mg / 日であることが，実験およびメタ・アナリシスによって示されている。そこで，成人の推定平均必要量はその値を丸めて 85mg / 日とした。推奨量は，推奨量算定係数 1.2 を乗じた値，100mg / 日である。参考としたデータが男女の区別なくまとめていたため，男女差は考慮されなかった。

*抗酸化作用　酸素が化学的に活性化し，非常に不安定で強い酸化力を持つようになったものを活性酸素という。DNA に影響し，がんや生活習慣病，老化等，さまざまな病気の原因であるといわれている。これを除去するには，ヒトが元々体内に持っているシステムの他，ビタミン C や β − カロテンなど，抗酸化作用を持つ物質を摂取することでも期待ができる。

⑵ 脂溶性ビタミン

1） ビタミン A

ビタミン A（レチノイド）は，その末端構造によりレチノール，レチナール，レチノイン酸に分類される。経口摂取により体内でビタミン A 活性を有する化合物は，これらの他に 50 種類におよぶプロビタミン A カロテノイドがある。食事摂取基準では，ビタミン A の食事摂取基準の数値をレチノール相当量として示し，レチノール活性当量（RAE：retinol activity equivalents）という単位で算定された。肝臓にはビタミン A が大量に蓄えられており，ビタミン A の摂取が不足していても，肝臓内ビタミン A 貯蔵量が 20μg /g 以上に維持されていれば血漿レチノール濃度は正常値が維持される。アメリカ人，中国人を対象とした研究結果から，ビタミンAの体外排泄量は体内貯蔵量のおよそ2%と考えられた。これを補完するためのビタミンA必要量は9.3μg RAE/kg体重/日と推定される。この推定平均必要量の参照値である9.3μg RAE/kg体重/日と参照体重から概算すると，18歳以上の成人男性のビタミンAの推定平均必要量は600～650μg RAE/日，18歳以上の成人女性は450～500μg RAE/日とされた。推奨量は，推定平均必要量に推奨量算定係数1.4を乗じ，成人男性は，850～900μg RAE/日（≒600～650×1.4），成人女性は，650～700μg RAE/日（≒450～500×1.4）とされた。

2）ビタミンD

天然にビタミンD活性を有する化合物として，ビタミンD2とビタミンD3がある。ビタミンDはヒトの皮下でも生成されるが，ビタミンDの食事摂取基準の数値は，食品由来として両者の合計量で策定された。ビタミンDは骨代謝に関与するビタミンであるため，骨折や骨粗鬆症などの予防の観点から考える必要がある。生体のビタミンDの指標として血中の25-ヒドロキシビタミンD濃度があり，皮膚で産生されたビタミンDと食物から摂取されたビタミンDの合計量を反映して変動する。

ビタミンD不足を生じさせない血清25-ヒドロキシビタミンDの濃度について，日本内分泌学会・日本骨代謝学会は「ビタミンD不足・欠乏の判定指針（案）」で30ng/mL以上を充足とし，アメリカ・カナダの食事摂取基準では20ng/mLを推奨量としている。しかし，推奨量を算定するに十分なエビデンスがわが国にはないことから，目安量が策定された。ただし，これらの値とわが国の疫学データを比較すると，20ng/mL未満者の割合が高く，集団の中央値を用いた目安量は適切でない。そこで，骨折のリスクを上昇させないビタミンDの必要量から目安量が策定された。具体的には，全国4地域の食事調査の結果から得られた値の中央値である8.3μg/日を丸めて8.5μg/日とした。なお，季節や緯度の違いで日照時間が異なるわが国において，適度な日照を心がけ，かつビタミンDの摂取について，皮下での生成を考慮した柔軟な対応が望まれる。

12.4.8　ミネラル

(1)　カルシウム

カルシウムは骨の健康を維持するための重要な役割がある。欠乏からの回避としてカルシウム必要量を決めるため，カルシウム摂取量と骨量，骨密度，骨折との関係についてのメタ・アナリシスや疫学研究を検討したが，それらの結果は必ずしも一致しなかった。また，近年日本人を対象とした**出納試験**[*1]は実施されていない。そこで，1歳以上については**要因加算法**[*2]を用いて推定平均必要量，推奨量が算定された。性及び年齢区分別の参照体重をもとに

＊1 **出納試験**　被験者に，試験対象となる栄養素含有量の異なる食事を与え，糞便や尿などへの排泄量を測定し，摂取量と排泄量との差である出納値を求める方法。

＊2 **要因加算法**　不可避損失量，蓄積量などを個々に求め，合算するもので，吸収量と排泄量を等しくする摂取量を計算して平均必要量の推定を試みるものである。

して体内蓄積量，尿中排泄量，経皮的損失量を算出し，これらの合計を見かけの吸収率で除して，推定平均必要量とした。個人間の変動係数を10％と見積もり，推定平均必要量を1.2倍して推奨量とした。

⑵　鉄

鉄は，ヘモグロビンや各種酵素を構成する。特に，ヘモグロビンは酸素と結合して体の各器官へ酸素を運搬する役割があるため，鉄不足に陥ると貧血や運動能力の低下をもたらすことがよく知られる。鉄は，その摂取量に応じて吸収率が変動するため，低摂取量でも平衡状態が維持される。そのため，出納試験では必要量を過小評価してしまう可能性もあるため，要因加算法が用いられた。成人の場合，加算する要因としては，基本的鉄損失，月経血による鉄損失，吸収率，必要量の個人間変動がある。

・男性・月経のない女性

推定平均必要量＝基本的鉄損失÷吸収率（0.15）

・月経のある女性

推定平均必要量＝〔基本的鉄損失＋月経血による鉄損失（0.55mg/日）÷吸収率（0.15）

推奨量は個人間の変動係数を10％と見積もり，推定平均必要量に推奨量算定係数1.2を乗じた値とされた。ただし，これらは，過多月経でない人（経血量が80ml/回未満）を対象とした値である。

⑶　ナトリウム

ナトリウムについては，日本人の食事摂取基準（2015年版）と同様に，不可避損失量（便，尿，皮膚）を補うという観点から推定平均必要量が設定された。成人の不可避損失量は500mg / 日以下と推定され，個人間変動（変動係数10％）を考慮しても約600mg / 日（食塩相当量1.5g）となる。この値を男女共通の推定平均必要量としたが，**国民健康・栄養調査の結果***からも，実際に1日の食事で食塩摂取量が1.5gを下回ることはない。そのため，参考値として推定平均必要量を算定し，推奨量は活用上意味を持たないため算定されなかった。食塩の過剰摂取が関連する生活習慣病では，高血圧，慢性腎臓病（CKD），胃がんが報告されている。特に，高血圧の予防，治療のためには6g/日未満の摂取が望ましい。2012年，WHOは成人の食塩摂取量として5g/日未満を推奨しているが，日本人の食文化や現状を考慮すれば，この値は現実的ではない。そこで，実施可能性を考慮し，WHO推奨の5g/日と，平成28年国民健康・栄養調査における摂取量の中央値との中間値をとり，その値未満を目標量とした。なお，高血圧およびCKDの重症化予防を目的とする場合は，食塩相当量6g/日未満とする。

＊国民健康・栄養調査の結果における食塩摂取量の変化　平成18年は男性12.2g，女性10.5g，平成28年は男性10.8g，女性9.2gであった。このように，食塩摂取量は徐々に減少している。

12.5　ライフステージ別食事摂取基準

日本人の食事摂取基準2015年版では，対象特性についての記述は参考資料として取り扱われていた。しかし2020年版では本編中に記載され，各栄養素の項で述べられている内容の要点がまとめられている。また，各栄養素において，該当するライフステージの基準値が一覧表として再掲されているため，詳細は「日本人の食事摂取基準」策定検討会報告書を参照されたい。本項では，2020年版でのトピックスについて概説する。

12.5.1　妊婦・授乳婦

妊娠期の区分の名称として，2018年発行の産科婦人科用語集・用語解説集では，妊娠期を妊娠初期，妊娠中期，妊娠末期の3区分としている。食事摂取基準ではこの3区分を用いるが，妊娠末期は妊娠後期と呼ぶこととした。

妊婦と授乳婦に対するたんぱく質の摂取基準では，推定平均必要量と推奨量への付加量のほか，特に妊娠後期と授乳婦に対して目標量の下限を15%エネルギー/日としている。

妊婦の鉄の付加量として，胎児中への鉄貯蔵，臍帯・胎盤中への鉄貯蔵，循環血液量の増加に伴う鉄需要の増加と吸収率を考慮して算定された。この吸収率について，妊娠中期・後期では新たな知見を踏まえて25%から40%に変更された。その結果，2015年版の妊娠中期・後期への付加量は，推奨量に+15mg/日であったが，2020年版では+9.5mg/日となった。

12.5.2　乳児・小児

飽和脂肪酸，カリウムについて，小児の目標量が新たに設定された。

12.5.3　高齢者

超高齢社会における後期高齢者の栄養問題として低栄養が挙げられ，この低栄養との関連が強いものとしてフレイルがある。2015年版ではフレイルティという用語を使用していたが，2014年5月の日本老年医学会の提唱を踏まえ，2020年版では「フレイル」とした。次に，高齢者の年齢区分が70歳以上の1区分から65～74歳，75歳以上の2区分となった。しかし，高齢者における栄養評価の困難さや，日本人を対象とした研究報告数は十分とはいえず，このことにより食事摂取基準の策定過程で参照される論文の報告数は1区分あたりで減ることとなり，エビデンスレベルが下がることが懸念される。

目標とするBMIでは，18～49歳は18.5～24.9（kg/m^2）であるが，高齢者ではフレイル予防に配慮し，下限を21.5（kg/m^2）としている。

たんぱく質の目標量について，65歳以上の高齢者では%エネルギーの下限が引き上げられた。特に，フレイル予防（サルコペニアの発症予防も考慮されている）を考えたとき，参照体位よりも体格の小さい者，75歳以上で身体活動量が減少した者など，必要エネルギー摂取量が低い者であっても，下限は推奨量以上が望ましいとしている。

【演習問題】

問 1　日本人の食事摂取基準（2020 年版）における策定の基本的事項に関する記述である。正しいのはどれか。1 つ選べ。　　（2019 年国家試験問題改変）

（1）摂取源には，サプリメント・健康食品は含まれない。

（2）高齢者の年齢区分は，75 歳以上である。

（3）BMI（kg/m^2）は，18 歳以上のエネルギー出納バランスの指標である。

（4）参照体位は，目標とする体位を示している。

（5）目安量（AI）は，生活習慣病の予防を目的とした指標である。

解答（3）

問 2　日本人の食事摂取基準（2020 年版）において，65 歳以上で目標とする BMI（kg/m^2）の範囲である。正しいのはどれか。1 つ選べ。

（2018 年国家試験問題改変）

（1）18.5 ～ 27.4

（2）20.0 ～ 27.4

（3）18.5 ～ 22.0

（4）18.5 ～ 24.9

（5）21.5 ～ 24.9

解答（5）

【参考文献】

厚生労働省：日本人の食事摂取基準（2020 年版），第一出版（2020）

厚生労働省：「日本人の食事摂取基準」策定検討会報告書，https://www.mhlw.go.jp/content/10901000/000491509.pdf（2019 年 11 月 29 日閲覧）

統計センター，e-Stat 政府統計の総合窓口，平成 28 年国民健康・栄養調査，https://www.e-stat.go.jp/stat-search/files?page=1&layout=datalist&toukei=00450171&tstat=000001041744&cycle=7&tclass1=000001111535&stat_infid=000031666245（2019 年 11 月 29 日閲覧）

日本医療機能評価機構，Mins ガイドラインライブラリ，https://minds.jcqhc.or.jp/（2019 年 11 月 29 日閲覧）

13 運動・スポーツと栄養

13.1 運動時の生理的特徴とエネルギー代謝

13.1.1 骨格筋とエネルギー代謝

(1) 骨格筋の線維

人体の骨格筋は大小合わせて約400個あり，体重の約40～50%を占める。両端が腱を介して骨に付着していることから骨格筋と呼ばれる。骨格筋は収縮機能をもった多数の筋線維（直径約20～100μm）の束からなっており，1本の筋線維には収縮たんぱく質である細い**フィラメント***と太いフィラメントから構成される多くの筋原線維が含まれている。骨格筋は別名を横紋筋とよばれ，横紋をもつ部分が筋線維内に蓄えられた化学的エネルギーである**ATP**（アデノシン–三–リン酸）を機械的エネルギーに変換する役割を果たしている。

骨格筋線維はタイプⅠ筋線維，タイプⅡa筋線維，タイプⅡb筋線維に分けられる。タイプⅠ線維を多く含む赤筋（遅筋）は体積が大きいため毛細血管が発達しており，ミオグロビンの含有量も多く，酸素や栄養素が豊富に供給されるため有酸素的機構によるエネルギーの供給に優れ，持久的運動能力が高い。一方，タイプⅡb線維を多く含む白筋（速筋）は，瞬発的な筋運動のエネルギー供給に必要な**Cr**（**クレアチン**）の含有量が多く，さらに解糖の基質であるグリコーゲンも多く含まれるため，ジャンプやダッシュなど瞬発的運動能力に優れている。また，タイプⅡaを多く含む筋は中間筋といい，タイプⅡa線維はタイプⅡb線維に比べ有酸素代謝に優れ，毛細血管も多いため，疲労しにくいという特徴がある。

このように，骨格筋にはそれぞれの特徴があり，身体活動の状況によってエネルギー供給の機構も異なる。

***フィラメント**　フィラメントは，たんぱく質からできており，構造たんぱくあるいは収縮たんぱくという。太いフィラメントは長さ0.16μmのミオシン分子が約200個重合したもので，ATP分解酵素作用をもち，アクチンと結合する性質がある。細いフィラメントは直径約5.5nmのアクチン分子が鎖状に連なってできた糸状重合体が2本組でらせん状になったものが基本構造である。これにトロポミオシンとトロポニンが結合し，筋収縮を調節している。

(2) エネルギー供給系の分類

人が生命を維持し，各種活動を行うためには多量のエネルギーが必要となる。エネルギーの供給には糖質，脂質，たんぱく質の三大栄養素が必要となる。エネルギーの供給系はATP–PCr系，解糖系，有酸素系の3つに大別される。

ATP–PCr系：酸素を必要とせず，ATPの分解に続いて筋肉中に蓄えられている**PCr**（**クレアチンリン酸**）が分解され，その時発生するエネルギーで短時間にATPを再合成し，供給する。そのため，時間あたりのエネルギー

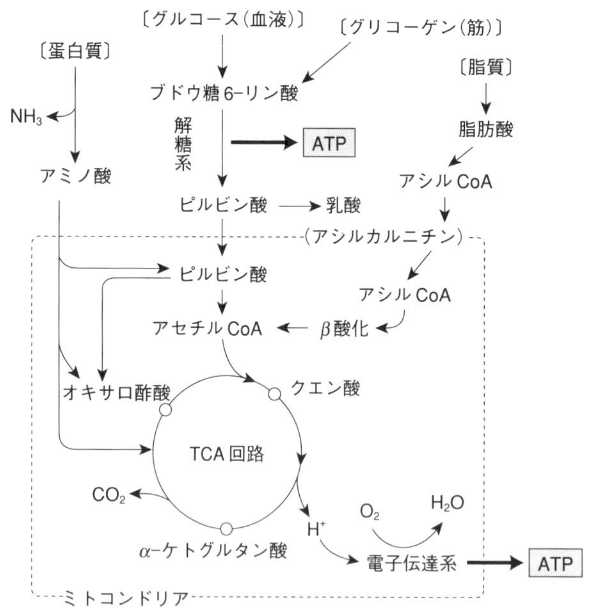

出所） 山本純一郎編：運動生理学，27，化学同人（2005）一部改変

図 13.1 解糖系（乳酸系）と有酸素系における ATP 産生経路の概略

供給率が大きく，エネルギー供給速度は速い。しかし筋肉中の PCr 量は少なく，供給できる時間は数秒と継続時間が短いためエネルギー供給量は少ない。

解糖系：乳酸系とも呼ばれ，細胞質内において無酸素的条件によってグルコースがピルビン酸に分解される過程で多くの乳酸を生じる。解糖系では 1 分子のグルコースから 2 分子の ATP しか産生されず，効率はよくない。

有酸素系：**TCA 回路**，**クエン酸回路**とも呼ばれる。細胞内のミトコンドリアにおいて，主に糖質と脂質をエネルギー源とし，酸素を用いて ATP を産生する。解糖系で産生されたピルビン酸が有機的に代謝されて**アセチル CoA** となる。また，脂質はグリセロールと脂肪酸に分解され，脂肪酸はβ酸化されてアセチル CoA となる。このアセチル CoA がクエン酸回路に入り ATP を産生しながら最終的に二酸化炭素と水になる。エネルギー供給速度は遅いが，グルコース 1 分子から 36 分子の ATP が効率よく産生される。（図 13.1）

(3) 糖質代謝と脂質代謝の転換

息つく間もないほど短時間衣最大限のパワーを生じさせる必要のある運動においては，筋肉中のクレアチンリン酸によってエネルギーが供給される。続いて運動時間が 1 ～ 2 分に及ぶ場合，酸素の供給が十分でなくとも，解糖系において血中グルコースや筋グリコーゲンが利用され，エネルギー供給が行われる。さらに運動時間が長く，運動強度が中程度（最大酸素摂取量の 50 ～ 60%）以下の運動の場合，酸素供給量が十分であれば，クエン酸回路において，グルコースに代わるエネルギー基質として遊離脂肪酸が主として利用され，大量のエネルギーを産生することができる。（図 13.2）

13.1.2 運動時の呼吸・循環応答

(1) 運動時の呼吸応答

肺換気量は，呼吸の速さと深さにより決定されるため，次式で求められる。

肺換気量 = 1 回換気量 × 呼吸数

運動時には体内の酸素要求の増大により肺換気量が増大する。中程度の強度までは 1 回換気量（深さ）の増大によって起こるが，それ以上に運動強度が高くなる場合には呼吸数の増大（速さ）により換気量を増大させている。

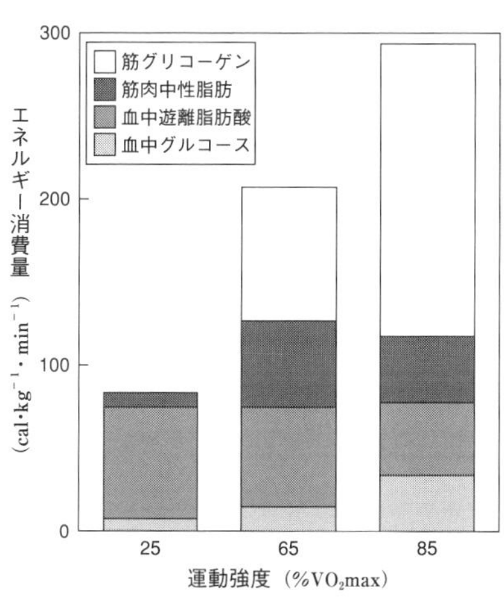

出所）Romiji ら（1983）：金子・万木編：環境・スポーツ栄養学，111，建帛社（2005）から引用

図 13.2　運動強度と運動中に利用されるエネルギー基質との関係

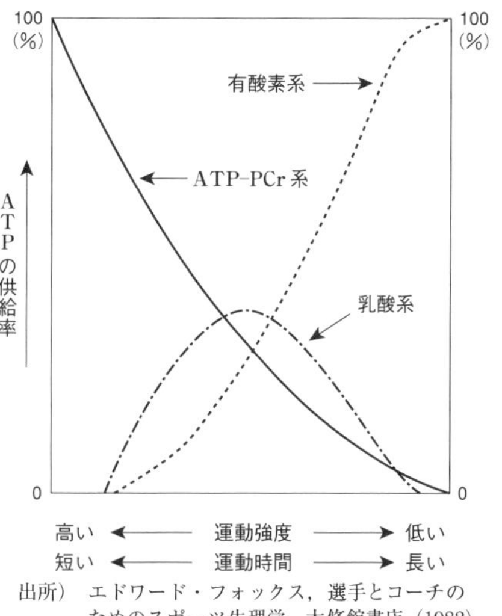

出所）エドワード・フォックス，選手とコーチのためのスポーツ生理学，大修館書店（1982），図 13.1 と同じ，29（2005）から引用

図 13.3　運動強度・時間と三つの ATP供給系の関係

肺呼吸から見た酸素摂取量は，換気量と酸素摂取率により次式で求められる。

酸素摂取量＝肺換気量×酸素摂取率

(2) 最大酸素摂取量（VO_2max）

呼吸の主な目的は体内への O_2 の摂取と CO_2 の排出であり，これらはエネルギー消費量に比例して増減する。運動時には運動強度が高くなるにつれて主として肺の換気量の増大によって，個人が 1 分間あたりに摂取できる酸素摂取量（VO_2）が高まる。運動強度の増大に伴う VO_2 の増大は，最大運動時に頭打ちとなり，さらに高い強度の運動を継続してもそれ以上増えない。この時点での 1 分間あたりの VO_2 を**最大酸素摂取量（VO_2max）***という。

＊**最大酸素摂取量（VO_2max）**　酸素の摂取および運搬能力を示す値であり，個人の全身持久力の指標として広く用いられている。最大酸素摂取量の値を高めることは，全身持久力・心肺機能の向上につながる。最大酸素摂取量があるレベルを下回ると，血圧，肥満度，中性脂肪値，HDL-コレステロールなどが異常値を示す割合が増えてくることが報告されている。生活習慣病予防の観点から，平成元年に厚生省が策定した「健康づくりのための運動所要量」には最大酸素摂取量の維持目標値が設定された。

(3) 運動時の循環応答

心拍出量は，次式で求められる。

心拍出量＝ 1 回拍出量×心拍数

運動時には，運動強度が高くなるにつれて 1 回拍出量と心拍数がともに増大する。

組織呼吸からみた酸素摂取量は，心拍数と**動静脈血酸素較差**（動脈血と静脈血に含まれる酸素濃度の差）により次式で求められる。

酸素摂取量＝心拍出量×動静脈血酸素較差

運動時には，運動強度が高くなるにつれて心拍出量と動静脈血酸素較差がともに増加する。さらに，動静脈血酸素較差は持久的トレーニングによって高まることが確認されている。

(4) 有酸素運動と無酸素運動

有酸素運動はウォーキングやマラソン，長距離水泳などに代表される運動で，心臓や筋肉への負担が少ない運動である。有酸素系によりエネルギー供給され，エネルギー供給率（パワー）は高くないが，長時間のエネルギー供給が可能となる。エネルギー源は，ほとんどが糖質と脂質によって供給される。

一方**無酸素運動**は，重量挙げや柔道，相撲のように短時間の激しい運動に代表される心臓や血圧，また骨や筋肉への負担が大きい運動である。ATP-PCr 系と乳酸系によってエネルギー供給され，エネルギー供給率は高いが，長時間高いパワーを維持することができない（図 13.3)。

13.1.3 体　　力

(1) 体力とは

体力を広義に捉えると，身体的要素の他に，運動を続ける意志や判断，意欲などの精神的要素の 2 要素があり，それぞれ行動体力と防衛体力に分類する（図 13.4)。一般的には，体力は身体的要素の行動体力をさす。行動体力とは，運動を起こす能力，持続させるための能力，行動をコントロールするための能力である。これに対し，防衛体力とは，健康や生命活動を維持する

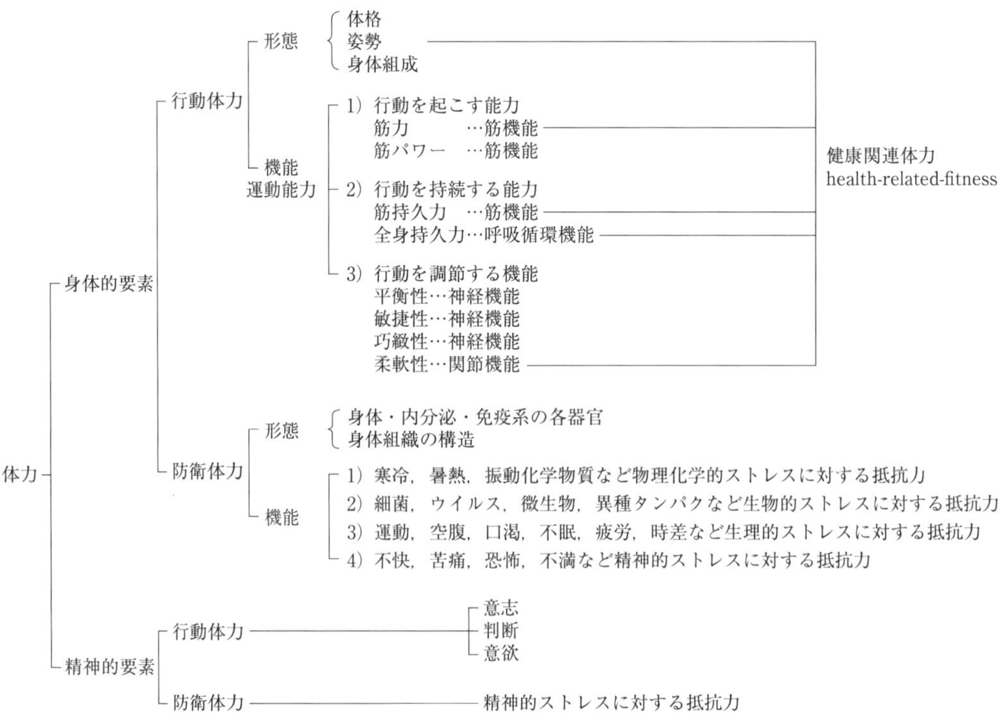

出所）日本体力医学会学術委員会監修：スポーツ医学〔基礎と臨床〕，96，朝倉書店（1998）

図 13.4　体力の概念図

ための器官の構造と機能，ストレスに対する抵抗力や免疫，恒常性維持機能などである。

(2) 瞬発力と持久力・パワー系スポーツと持久力系スポーツ

運動の種類を大別すると，ハイパワー（瞬発）系，ミドルパワー（瞬発－持久）系，ローパワー（持久）系に分けられる。ハイパワー系は，エネルギー獲得機構が主にATP–PCr系で投擲やスイングのように一瞬で大きなパワーを発揮する運動や，短距離走などのように短時間に大きなパワーを発揮する運動である。ローパワー系は，エネルギー獲得機構が主に有酸素性機構であり，長距離走のように低い運動強度で長時間継続する運動である。また，ミドルパワー系は，ハイパワーとローパワーの中間の運動であり，運動継続時間と発揮するパワーによってATP–PCr系と乳酸性機構をエネルギー獲得機構とするものと，乳酸性機構と有酸素性機構をエネルギー獲得機構とするものに分けられる。競技によっては厳密に分類できないものもあれば，一種目の中の動作で異なる場合や，団体球技ではポジションなどによっても異なる。そしてそれぞれエネルギーの供給系も異なる。表13.1にエネルギー供給系とスポーツ種目との関係を示す。

13.1.4　運動トレーニング

(1) トレーニングの原理

トレーニング効果を得るためには，過負荷（オーバーロード）が必要である。過負荷に対して，生理学的適応が起こることでトレーニングの効果が得られる。生理学的適応には，トレーニングの種類による特異性があるため，目的に応じてトレーニングの種類や量，強度を選択する必要がある。また，トレーニングによる生理学的適応には可逆性があり，トレーニングをやめるともとに戻ってしまう。そのため，トレーニング間隔や頻度についても適切に計画する必要がある。さらに，年代に応じて各体力要素の伸びる時期が異なるため，発育発達のスパート期に合わせてトレーニングを構成することが効果的である。しかし，発育発達のスパート期は個体差があるため，一律に年齢で

表13.1　エネルギー供給系とスポーツ種目

運動時間	おもなエネルギー供給系	おもなスポーツ種目
30秒未満	ATP–PCr系	砲丸投げ，100m・200m走 盗塁，ゴルフやテニスのスイング
30秒～1分30秒	ATP–PCr系と乳酸系	400m走，500m・1000mスピードスケート，100m競泳
1分30秒～3分	乳酸系と有酸素系	800m走，200m競泳，ボクシング（1ラウンド）
3分以上	有酸素系	クロスカントリースキー，1500m以上の持久走，400m以上の競泳

出所）Fox, E. L., Mathews, D. K., *Interval Training*, Saunders（1974）：山本編，29（2005）

区切ることは適切ではない。

⑵ トレーニングの原則

トレーニングには，全面性，意識性，漸進性，個別性，反復性の５つの原則がある。これらの原則をもとに運動プログラムを作成することで，トレーニング効果が得られる。

〈全面性〉各体力要素をバランスよく高めること

〈意識性〉トレーニングの目的を理解し，自分の意志によって行うこと

〈漸進性〉トレーニングの負荷を徐々に高めていくこと

〈個別性〉体力の個人差を考慮し，トレーニング内容を個別に設定すること

〈反復性〉トレーニングは繰り返し，継続して行うこと

13.2 運動と栄養ケア

13.2.1 運動の健康への影響：メリット・デメリット

メリット⑴ 運動の糖質および脂質代謝への影響

運動不足により，筋肉や心肺機能は低下し，さらに肥満や糖尿病，脂質異常症など生活習慣病のリスクが高まる。糖尿病では，インスリン分泌量の不足や，インスリン抵抗性が増し，糖質代謝が正常に行われなくなる。運動は，骨格筋でのグルコースの利用を高め，さらに運動中・運動後の骨格筋への血糖取り込みにインスリンは関与していない。運動はインスリン抵抗性を改善させるよう機能する。

脂質は糖質よりはるかにエネルギー効率が良い。しかしながら，脂質がエネルギー供給の基質として利用されるには，脂肪酸がβ酸化を受けてクエン酸回路によって利用される好気的条件が必要となる。運動によってリポプロテインリパーゼ（LPL）の活性が高まり，脂肪の分解が進む。さらにはHDLコレステロール値が高まり，循環器疾患の改善にも寄与する。したがって，脂質代謝異常の改善には，低～中等度の有酸素性・持久性運動を行うと良い（図13.5）。

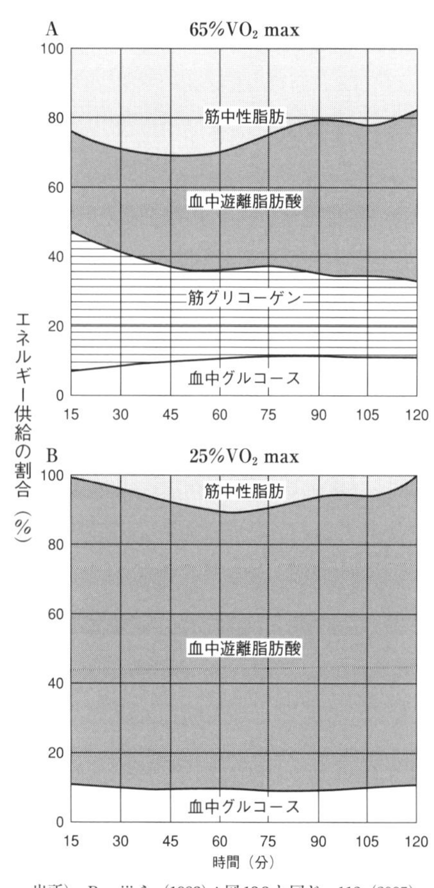

出所） Romijiら（1983）：図13.3と同じ，112（2005）

図13.5 長時間運動中の総エネルギーに占めるエネルギー基質の割合の変化

メリット⑵ 運動と高血圧

加齢に伴い，高血圧，糖尿病，脂質異常症といった生活習慣病罹患率が増加する。日本人の場合，90～95％が本態性高血圧患者である。本態性高血圧症の原因として肥満や運動不足等があげられる。近年運動による降圧効果が明らかになり，運動療法が推奨されるようになった。この場合の運動は，VO_2max50～60％の強度が望ましく，１回

に30～60分程度の運動が妥当であるとされる。1回60分なら週3回，1回30分であれば毎日行うことが望ましい。

メリット(3)　運動と骨密度

超高齢社会を迎えた日本では，寝たきり予防の一つとして骨密度の低下を抑制し，骨粗鬆症を予防することが重要である。特に閉経後の女性ではエストロゲンの分泌低下に伴い，骨塩量の低下が起こる。骨密度を高めるためには食事からのカルシウム摂取量に加え，運動が有効である。運動の種類としては，体重を含めた重力刺激（自重負荷）が望ましい。

メリット(4)　運動と寿命・QOL

先進国では，公衆衛生や医療技術の進歩から平均寿命が延伸した。しかし，日本では食生活の多様化や身体活動量の低下，ストレスなど，種々の影響を受け，生活習慣病罹患者の増加や，急速な高齢化の進展に伴い要介護者も増加した。これらは医療費や介護に関わる費用の増大に影響を与え，わが国の社会保障制度の存続にも関わる。そのため，平均寿命ではなく健康寿命の延伸が課題となってきた。

健康で長生きするためには，生活習慣病予防の観点から食生活と運動習慣が重要となる。運動習慣を有することは，高血圧，骨粗鬆症予防に加え，糖尿病，脂質異常症，肥満症などの生活習慣病予防に効果がある。また，身体的体力を向上させ，健康寿命の獲得に寄与し，ひいては高齢者の**QOL**[*1]の向上に繋がる。

*1 QOL　Quality of Lifeのことで，「生活の質」と訳される。

デメリット(1)　運動中の突然死と外傷障害

適切でない運動は疾患を悪化させ，運動中の突然死，整形外科的障害および**外傷**[*2]などをもたらす。これらを予防するためにも運動前の準備運動はもちろんのこと，基礎疾患の有無や，身体状況，体力レベルなどを踏まえた運動処方が望まれる。また，医師によるメディカルチェックが必要な場合もある。

*2 **外傷**　すり傷や打撲のほか，広義の意で骨折や捻挫，靱帯損傷，挫傷，脱臼など。

デメリット(2)　摂食障害

持久系や審美系競技の女性アスリートは，一般女性に比べて摂食障害の発生率が高い。これらの競技では体重当たりの最大酸素摂取量や容姿が競技力に影響するため，過度に食事量が制限されることがある。さらに，思春期にはボディイメージのゆがみも多く観察されていることから，特に注意が必要である。また，食事からのエネルギー量の減少によりエネルギー有用性（Energy Availability）が低下すると，代謝やホルモンの機能が阻害され，月経異常や骨密度の低下を引き起こすことも懸念される。

13.2.2　健康づくりのための身体活動基準及び指針

近年，急速な人口高齢化の進展や，食生活の多様化に伴い疾病構造が変化し，日本人の死亡原因の約6割を，総医療費の約3割を生活習慣病が占める状況となった。このような背景から，生活習慣病予防は国の重要政策の一つとなった。身体活動量を増やすことは，生活習慣病予防や，加齢に伴う生活機能の低下をきたすリスクの低減，メンタルヘルス不調の一次予防に有効であるなど，多くの効果が期待できる。そこで，2013年に厚生労働省は，最新の知見をもとに「健康づくりのための身体活動基準2013」および「健康づくりのための身体活動指針（アクティブガイド）」を発表した。（p.225，付表4.6）

身体活動基準では，ヒトが安静にしている状態よりも多くのエネルギーを消費する全ての動作を**身体活動***1（Physical activity）という。そのうち日常生活における仕事や家事などの「**生活活動**」*2と，体力（スポーツ競技に関連する体力と健康に関連する体力を含む）の維持・向上を目的とし，計画的・継続的に実施される「**運動**」*3の2つに分けている。身体活動量の強さを表す単位としては**メッツ（METS）***4を用い，これに実施時間（時）をかけ，メッツ・時として身体活動量を表す。個人の健康づくりのための身体活動基準として（18～64歳），「強度が3メッツ以上の身体活動を23メッツ・時／週行う。具体的には，歩行又はそれと同等以上の強度の身体活動を毎日60分行う」としている。また，運動量の基準としては，「強度が3メッツ以上の運動を4メッツ・時／週行う。具体的には，息が弾み汗をかく程度の運動を毎週60分行う」としている。3メッツ以上の強度の身体活動としての23メッツ・時／週は約6,000歩に相当し，3メッツ未満の（低強度で意識されない）日常の身体活動量に相当する2,000～4,000歩を加えると，8,000～10,000歩となり，健康日本21（第二次）の目標値である歩数に相当する。65歳以上の身体活動（生活活動・運動）の基準では，「強度を問わず，身体活動を10メッツ・時／週行う。具体的には，横になったままや座ったままにならなければどんな動きでもよいので，身体活動を毎日40分行う」とした。さらに，全年齢層における身体活動（生活活動・運動）の考え方として，「現在の身体活動量を，少しでも増やす。例えば，今より毎日10分ずつ長く歩くようにする」とした。なお，全年齢層における運動の考え方としては，「運動習慣をもつようにする。具体的には，30分以上の運動を週2日以上行う」とした。

*1 **身体活動**　安静にしている状態より多くのエネルギーを消費するすべての動きのことをいう。エネルギー消費量で200～500kcal減少するとされている。

*2 **生活活動**　身体活動のうち，運動以外のものをいい，職業活動上のものも含む。

*3 **運動**　身体活動のうち，体力の維持・向上を目的として計画的・意図的に実施するものをいう。

*4 **メッツ（METS）**　身体活動の強さを座位安静時（1メッツ）の何倍に相当するかで表す単位。

13.2.3　糖質摂取・たんぱく質摂取

(1)　糖質補給の重要性

運動強度が高くなると，筋グリコーゲンの消費速度は増大する。一方，運動継続時間が延長するとエネルギー供給のうち糖質寄与率は低下するが，全てが脂質に依存することはない。したがって，運動継続時間が長時間に及ぶ運動であっても，多くの糖質が消費されるため，筋グリコーゲン含有量が多い方が疲労困憊までの運動継続時間が長くなる。さらに，脂質と異なり，糖質は体内における貯蔵量が限られていることから，運動前に糖質を補給し，筋グリコーゲンを回復させておくことが持久系パフォーマンスの向上に重要である。

表 13.2　グリコーゲン回復のための栄養処方

高糖質食＞低糖質食	Costill 1980
クエン酸＋グルコース＞グルコース単独	Saitoh 1983
デキストリン＞でんぷん	Suzuki 1984
運動 4 時間後までの回復は，運動直後摂取＞運動 2 時間後摂取	Ivy 1988
運動 4 時間後までの回復は，糖質＋たんぱく質＞糖質	Zawadzki 1992
グリセミックインデックスの高い糖質が効果的	Burke 1993
24 時間後までの回復は糖質摂取量が十分なら摂取タイミングなどの摂り方やタンパク質併用摂取の影響はない	Burke 1996

出所）樋口満編：コンディショニングとパフォーマンス向上のスポーツ栄養学，26，市村出版（2005）

(2) 筋グリコーゲンの再補充

筋グリコーゲンの回復および筋たんぱく質の合成にとっては，運動後速やかに摂取することが効果的であると考えられている。グリコーゲンの回復のための栄養処方については，いくつかの報告が（表 13.2）ある。2011 年に公表された最新のガイドラインによると，日常的な回復のために，中程度の練習やトレーニングでは体重 1 kg あたり 5 ～ 7 g の糖質摂取が必要とされている（表 13.3）。

スポーツ選手の場合，試合前には筋組織および肝臓のグリコーゲン貯蔵量を増やす目的で，グリコーゲンローディングが実施されることがある。グリコーゲンを枯渇させてから高糖質食（糖質エネルギー比 70％以上）をとる古典的方法は，極端な食事と運動負荷によりコンディションの調整が難しいことから，最近は改良法が用いられている。改良法は試合前 1 週間の前半はテーパリングをしながら普通食（糖質エネルギー比 50％程度）を摂取し，試合前 3 日間が高糖質食を摂取させる方法である。しかしながら，グリコーゲン貯蔵時には水も同時に蓄えるため，体重増加が起こることが予想される。そのため，グリコーゲンローディングを行う場合は，事前にトライアルを実施し，食事とトレーニング内容を調整することが必要である。

(3) たんぱく質摂取量とトレーニング

運動強度が高く，運動時間が長くなると体たんぱく質（とくに分岐鎖アミノ酸）の分解が亢進するため，運動時にはたんぱく質必要量が増加する。筋力トレーニング時は 1.7 ～ 1.8g/kg / 日，持久性運動時は 1.2 ～ 1.4g/kg / 日が望ましい摂取量と考えられている。体たんぱく質の合成には，トレーニングを行いながら，たんぱく質の摂取量を増やすことが有効である。しかし，過剰に摂取した場合，体たんぱく質の合成は上昇せず，合成に利用されなかったたんぱく質はエネルギー産生に用いられてしまう。さらに肝臓ではアミノ酸の分解によって，老廃物である窒素化合物が増加し，腎臓に負担をかけることになるとの懸念もあることから，多くても 2.0g/kg / 日程度が勧められている。

表 13.3　スポーツ選手の糖質摂取ガイドライン

	状況	糖質目安量	糖質の種類，摂取タイミング
日常的な回復のために：一般的な目安量であり，選手個々の1日のエネルギー必要量，トレーニングでのエネルギー量やパフォーマンスによって調整する			
軽いトレーニング	低強度もしくは技術練習	3～5g/kg 体重 / 日	・糖質の摂取タイミングは，すばやい補給を助長するためか，日々のトレーニングで補給かにより選択する。一方，1日に必要な糖質が補給されていれば，摂取パターンは単に利便性と個々の選択にまかせてもよい。
中強度のトレーニング	中強度の運動プログラム	5～7g/kg 体重 / 日	
高強度のトレーニング	持久性運動 例）1日1～3時間の中～高強度の運動	6～10kg/kg 体重 / 日	
かなり高強度のトレーニング	非常に強い運動 例）1日4～5時間の中～高強度の運動	8～12g/kg 体重 / 日	・たんぱく質と糖質や他の栄養素を多く含んだ食品を組み合わせた食事は，スポーツ選手の日々の食事の目標を達成することができる。
短時間での補給のために：ガイドラインでは試合や主要なトレーニングセッションで最適なパフォーマンスを発揮するために高糖質食を推奨している			
通常の補給	90分未満の試合の準備	7～12g/kg 体重 /24h を日常的な必要量として	・スポーツ選手は，試合時の胃腸の負担を軽くし，試合用の体重を軽量化するために，コンパクトで食物繊維が少なく消化のよい糖質食品を選択する。 ・小さめの補食が食べやすい。 ・コンパクトな糖質食品・飲料は目標摂取量を達成するのを助けてくれる。 ・摂取タイミング，摂取量，糖質食品・飲料の種類は，試合，個々の好みと経験により，実用的なニーズに適した物を選択するべきである。 ・高たんぱく質，高脂肪，食物繊維の多い食品を控えることで，試合中の胃腸障害のリスクを減らすことができる。 ・低GI食品を選択することで，運動中に糖質が不足しない状況を，より長く維持できるであろう。
グリコーゲンローディング実施時	90分より長く継続され，強度の高い試合の準備	10～12g/kg 体重 /24h を36～48時間	
すばやい補給	高強度の運動と運動の休息時間が8時間未満の時	1～1.2g/kg 体重を最初の4時間に補給，その後は日常的な糖質目安量を補給	
試合・練習前の補給	運動開始60分より前	1～4g/kg 体重を練習前1～4時間に補給	
短時間の運動中	45分未満	必要なし	・スポーツドリンクとスポーツフード各種は，糖質補給が簡単にできる。 ・エネルギー補給と水分補給できる機会は，各スポーツ種目の特性とルールにより異なる。 ・さまざまな日常の食事メニュー選択および，さまざまな種類のスポーツフーズの形態は，固形でも液体でもよい。 ・スポーツ選手は，水分補給と胃腸の負担を軽減することも含めた。自分に適したエネルギー補給計画を立てるために，あらかじめ練習しておく。
高強度の運動中	45～75分	少量の糖質（口をすすぐのを含む）	
緩急の動作を含む持久性運動中	1～2.5時間	30～60g/ 時間	
超持久性運動中	2.5～3時間より長時間	90g 以上 / 時間	・上記と同じ。 ・高糖質食の摂取は，よりよいパフォーマンスと関連している。 ・消化吸収の輸送経路が違う糖質（ブドウ糖と果糖を配合）を含むスポーツフーズを補給することは，運動中の糖質の酸化率をより高くする。

(Burke LM et al.: Carbohydrates for training and competition. j Sports Sci. 29: S17-27, 2011)
出所）　田口素子 / 樋口満編著：体育・スポーツ指導者と学生のためのスポーツ栄養学，64，市村出版（2014）

13.2.4　水分・電解質補給

運動を行うと体温は上昇するが，発汗によって上昇した熱は体外へ放散される。発汗によって失われた水分は適切に補給できないと，脱水症状を引き起こし，競技パフォーマンスに影響するうえ熱中症と総称される障害を引きおこす。

発汗がすすむと血中の水分とミネラル（特にナトリウム）の損失がある。このとき，水分のみを補給した場合，血液のナトリウム濃度が低下し，この低下を防止するため無意識に水分摂取が制限され，自発的脱水という状態に陥る。したがって，大量発汗時における水分補給では，通常は Na^+ を水と一緒に補給することが勧められている（14.2.2 参照）。

13.2.5　スポーツ性貧血

スポーツ性貧血の原因は，下記の３つに大別される。

①食事性鉄の摂取不足。②消化管や尿への出血，繰り返される機械的衝撃，激しい運動に伴う赤血球膜の酸化と浸透圧変化による血管内破壊（溶血）。③循環血漿量の増大による希釈性貧血（見かけの貧血）。特に全身性の激しい運動を行う女子選手に多いと言われており，注意が必要である。

13.2.6　食事内容と摂取のタイミング

糖質の利用が高まる上でビタミン B_1 が重要であるが，不足した状態が続くと，疲労感や食欲不振，便秘など，特にスポーツ選手にとってはパフォーマンスに直接的に影響を与える。精製された穀物をとる機会の多い現在の日本人には不足しやすいビタミンであることから，豚肉や，胚芽米・麦の利用など工夫が必要である。また，活性酸素への対策としての抗酸化ビタミン類の摂取，日本人全般に不足しがちなカルシウム，鉄の積極的な摂取を心がけたい。以上のことから食事の形態としては一汁三菜のパターンが理想的である。これに，乳製品と季節の果物（ビタミンＣを多く含むもの）を取り入れると良い。外食時にはなるべく定食ものを選ぶようにし，丼ものや麺類など一品料理の時には野菜を多く使用したメニューを追加するなどして対処すると良い。

運動時には糖質の利用および筋たんぱく質の修復にアミノ酸の利用が高まることから，運動後は糖質およびたんぱく質を補給する必要がある。さらに糖質とタンパク質を併用することで，筋グリコーゲンの回復も速やかに行われる。また，糖質を運動直後に摂取した場合と，２時間後に摂取した場合で

コラム 12　大学生のアスリートの食事事情

筆者は，大学で運動部に所属する学生の栄養指導を行うことが多い。多くの学生は，入学と同時に活動範囲が広がり，下宿や夜間のアルバイトなど生活スタイルが大きく変化し食生活も乱れがちになる。学食では，安価なために丼ものを選択する学生が多く，コンビニでおにぎりやサンドウィッチを購入して済ませるものも多い。そのため，主食，主菜に偏り，副菜と果物が十分とれていないことが多く，運動により体内に産生される活性酸素を除去する抗酸化ビタミンの不足が懸念される。こうしたアンバランスな食事であるにもかかわらず，トレーニング前後に高価なたんぱく質やアミノ酸のサプリメントを摂取している状況は少なくない。日々食事バランスを整え，健康的な食生活を身につけてこそ，競技パフォーマンスの向上に寄与すると考える。

は，直後に摂取した方が運動4時間後までの筋グリコーゲンの回復が速やかだったと報告されている。したがって，運動後はなるべく早いタイミングで食事をとることが勧められる。運動を行ってから食事までに時間が空いてしまう場合には，軽い補食をとると良い。梅干しをいれたおにぎりや，ハムサンドなどと一緒に牛乳やチーズ，果物をとると，糖質とクエン酸やアミノ酸との併用が可能になる。

競技特性，ポジション，期別，対象者の要望などを考慮し，かつ対象者の栄養状態や食習慣をアセスメントした上で，各エネルギー比率を，炭水化物50～70%，脂質20～30%，たんぱく質15～20%の範囲から設定すると良い。

13.2.7 運動時の食事摂取基準の活用

運動（スポーツ）時には，エネルギーの消費量が高まる。したがって，運動を習慣的に行うときの推定エネルギー必要量は，日常の生活活動で消費したエネルギー量よりも，さらに多くのエネルギーを必要とする。脂質は少量で効率の良いエネルギー源であるが，摂取しすぎると肥満の原因となり競技パフォーマンスに影響を与える。したがって，糖質と脂質（エネルギー比率20～30%）をバランスよく利用する。

ビタミン類については，摂取エネルギーの増加や運動量が多い場合に体内でのエネルギー産生が高まるため，エネルギー産生に関与するビタミンB_1，B_2，ナイアシンの必要量も増加する。さらに，運動によって酸素消費量が増え，活性酸素の量も増大すると考えられる。ビタミンA，C，E，とビタミンAの前駆体であるβ-カロテンは活性酸素の生成を抑制し，細胞膜の酸化を防ぐ働きがある。活性酸素を除去する酵素系も存在するが，運動時には処理が間に合わない。したがって，食事から抗酸化作用のある栄養素（ビタミンC，β-カロテン，ビタミンE，ポリフェノール，カテキンなど）を補うと良い。しかし，多く摂れば摂るほど効果が期待できるかは不明である。したがって，これらの抗酸化ビタミンについては，少なくとも推奨量あるいは目安量を下回らない摂取が望ましい。

ミネラルについては，運動によって必要量が増すものとしてカルシウムと鉄があげられる。ウエイトコントロールを必要とする新体操や持久系スポーツ選手においてカルシウムの代謝に障害を与えると指摘されている。また，運動時には酸素要求量が高まるため，ヘモグロビンによる酸素運搬能を高めるためにも鉄の摂取は重要である。カルシウム，鉄においては推奨量を下回らないよう注意が必要である。

13.2.8 ウエイトコントロール（減量）と運動・栄養

減量は，エネルギーの収支バランスを長期間，負の状態に維持させることである。方法としては，食事療法によって摂取エネルギーを減少させるものがある。摂取エネルギーだけを減少させる場合，糖質やたんぱく質まで制限することは，日々のトレーニングによって失われたグリコーゲンの回復や，筋たんぱく質の合成にマイナスとなり，スポーツ選手にとって競技パフォーマンスに影響する。さらに食事量が減ることによって，ビタミンやミネラルの摂取不足につながりうる。

一方，運動療法の場合は，筋肉量を維持あるいは増加させ，体脂肪だけを減らすことができ，また筋肉量が多いことは，基礎代謝が高まることから減量には有利である。すなわち，効果的な減量のためには両方を併用すると良い。

13.2.9　栄養補助食品の利用

栄養補助食品は一般的にサプリメントと呼ばれ，ドラッグストアやコンビニエンスストアなどで誰でも手軽に購入できるようになった。厚生労働省は，保健機能食品制度を設け，栄養機能食品と特定保健用食品を設定した。栄養機能食品は，ミネラル5種類，ビタミン12種類の計17種類について規格基準に適合すれば，国等への許可申請や届け出の必要はなく栄養成分の機能を表示し，製造・販売できる食品としている。また，特定保健用食品は個別に生理機能や特定の保健機能を示す有効性や安全性等に関する国の審査を受け，許可を受けることが基本である。2005（平成17）年に**規格基準型**[*1]，**疾病リスク低減表示**[*2]および，**条件付き特定保健用食品**[*3]が新たに加えられた。なお，2009年9月より食品表示の管轄が厚生労働省から消費者庁へ移管された。

サプリメントは本来，食事では十分に摂取できない栄養素をとることを目的に利用されるべきである。しかし，一般の人々やスポーツ選手の中にも，食生活の改善を行わずにサプリメントに頼ってしまう者もいる。また，サプリメントで多くの栄養素をとれば，疲労回復や筋力増強などに効果があり，競技成績の向上に繋がると誤解する者も少なくない。スポーツ選手がよく利用するいわゆる“プロテイン”などは保健機能食品制度においては一般食品に分類される。専門家によって科学的根拠（**EBN**）[*4]があると判断された上で，厚生労働省の許可を得ている食品とは異なることをよく理解しておく必要がある。

いずれにせよ，栄養成分を必要以上に摂取したからといって，さらに効果

*1 **規格基準型**　特定保健用食品としての許可実績が十分であるなど科学的根拠が蓄積されている関与成分について規格基準を定め，審議会の個別審査なく，事務局において規格基準に適合するか否かの審査を行い許可されたもの。

*2 **疾病リスク低減表示**　関与成分の効果が医学的・栄養学的に確立されている場合に認められる。

*3 **条件付き特定保健用食品**　特定保健用食品の審査で要求している有効性の科学的根拠のレベルには届かないものの，一定の有効性が確認される食品を，限定的な科学的根拠である旨の表示をすることを条件として許可対象と認められたもの。

*4 EBN　Evidence-based nutritionの略。根拠に基づいた人間栄養学。

コラム13　アスリートの体格判定

一般的に体格の判定を行う方法としてBMI法がよく知られる。しかしBMI法は身長と体重からのみの判定であり，スポーツを行う場合，その競技種目によって競技者の体組成*は異なる。また，多くのスポーツ選手は，体脂肪を減らして筋肉量を増やすことを希望する。体重やBMIの変化からは，何が増えたのか，減ったのかを知ることはできない。したがって，スポーツ選手の体格判定には，体脂肪率など体組成を用いた方がアセスメントには適していると考えられる。以上のことから，スポーツ選手は，体重変動に加え，体重から体脂肪量を差し引いた，除脂肪体重を算出し，その変動を知ることが必要である。

が期待できるわけではない。ましてや自己の食生活改善なしにサプリメントに依存することは，一般の人では食生活に対する意識レベルに，スポーツ選手であればモチベーションにも関わることであろう。まずは日常の食生活を見直して，これ以上の調整は難しい場合にサプリメントの利用を検討することが妥当と考える。

【演習問題】

問1　運動時の身体への影響に関する記述である。正しいのはどれか。1つ選べ。

（2019年国家試験）

(1) 筋肉中の乳酸は，無酸素運動では減少する。
(2) 遊離脂肪酸は，瞬発的運動時の主なエネルギー基質となる。
(3) 瞬発的運動では，速筋線維より遅筋線維が利用される。
(4) 酸素摂取量は，運動強度を高めていくと増加し，その後一定となる。
(5) 消化管の血流量は，激しい運動で増加する。

解答（4）

問2　スポーツ選手の栄養に関する記述である。誤っているのはどれか。1つ選べ。

（2017年国家試験）

(1) 持久型種目の選手では，炭水化物摂取が重要である。
(2) 筋肉や骨づくりには，たんぱく質摂取が重要である。
(3) スポーツ貧血の予防には，ビタミンA摂取が重要である。
(4) 運動後の疲労回復には，早いタイミングでの栄養補給が重要である。
(5) 熱中症予防では，運動中の水分と電解質の補給が重要である。

解答（3）

【参考文献】

厚生労働省：日本人の食事摂取基準［2015年版］，第一出版（2014）
奈良信雄：エッセンシャル 人体の構造・機能と疾病の成り立ち，医歯薬出版（2003）
橋本勲編著：ネオエスカ 運動・栄養生理学，同文書院（2005）
山本順一郎編：運動生理学，化学同人（2005）
金子佳代子，万木良平編著：環境・スポーツ栄養学，建帛社（2005）
樋口満編著：コンディショニングとパフォーマンス向上のスポーツ栄養学，市村出版（2005）
鈴木正成：実践的スポーツ栄養学，文光堂（2006）
大中政治編：応用栄養学，化学同人（2005）
木村穣：高血圧・高脂血症の運動療法，臨床栄養，**94**，147～150（1999）
国立健康・栄養研究所監修，田中平三ら編：社会・環境と健康，南江堂（2005）
宮本徳子他：高校女子新体操選手における鉄，水溶性ビタミン摂取量と血中貧血検査項目，ビタミンについて，栄養学雑誌，**63**，285～290（2005）
嘉山有太他：大学生におけるサプリメントの利用と食行動・食態度との関連―運動部学生と薬学部学生との比較―，栄養学雑誌，**64**，173～183（2006）

14　環境と栄養

近代社会における生活環境の急激な変化は「ストレス社会」という言葉を生み出し，心身の健康にも影響を及ぼすようになった。私たち人間の生活をとりまく環境には生体の内部環境と外部環境がある。

内部環境は生体内の細胞が活動する環境で血液や組織液などの性状をいい，外部環境が大きく変動しても常に一定の状態が維持されている。これを恒常性維持（ホメオスターシス；homeostasis）という。内部環境の恒常性が維持されているとき，外部環境が変動した場合，生存に最も適した生体反応を生じる。これを適応（adaptation）という。また，生活環境が季節的あるいは地理的に大きく変化した場合，持続的に適応していくことを，順化（acclimation）という。

しかし，人間が適応できる外部環境には一定の限界があり，この限界を逸脱すると内部環境の恒常性は維持できなくなり，生命は危険な状態になる。21世紀の科学の進歩は生存不可能な宇宙空間にも生活の場を拡大しつつある。

一方，近代社会におけるコンピュータ化，少子化，核家族化など生活環境の急激な変化は「**ストレス社会**」*ということばを生み出し，心身の健康にも影響を及ぼすようになった。

*ストレス社会　健康日本21（第二次）の基本的方向性「社会生活を営むために必要な機能の維持・向上」に関する目標「こころの健康」に次の4つの項目を設定。
①自殺者の減少　②気分障害・不安障害に相当する心理的苦痛を感じる者の割合の減少　③メンタルヘルスに関する措置を受けられる職場の割合の増加　④小児人口10万人当りの小児科医・児童精神科医師の割合の増加

14.1　ストレスと栄養

14.1.1　恒常性維持とストレッサー

ストレスということばを医学，生物学分野ではじめて用いたのはカナダの生理学者ハンス･セリエ(Hans Selye)である。1936年，セリエは外から加わった有害刺激によって体に歪（ゆが）みが起こった状態をストレスと呼び，持続的なストレスへの適応には副腎皮質から分泌されるグルココルチコイド（glucocorticoid）が重要であるとするストレス学説を発表した。同時に，ストレスを引き起こす有害刺激をストレッサーと呼んだ。

ストレッサーは二つに大別され，一つには物理的・化学的なものとして，寒冷，暑熱，痛み，放射線，有害化学物質，振動，騒音，外傷，火傷，飢餓や栄養障害，酸素過剰や欠乏，一酸化炭素，感染などがある。もう一つには，心理的・精神的なもので，死別，拘束，家族関係，職場や近隣との人間関係，不安，緊張，怒りや悲しみなどがある。

セリエ以前にも現代生理学の基礎を築いたフランスのベルナール（Claud

Bernard）は，「生体には生体内部を一定の状態に保つ機能が備わっている。外部環境が変化しても内部環境は一定でなければならない」と説いた。その後，アメリカの生理学者キャノン（Walter B.Cannon）は，内部環境が一定した状態をホメオスターシス（恒常性）とよび，「外界からの急激な刺激が加わると，生体は内部環境のホメオスターシスを保つために交感神経—副腎髄質系が重要な働きをしている」とした。

14.1.2　生体の適応性と自己防衛

セリエは，どのようなストレッサーであっても共通の生体反応として，①副腎皮質の肥大，②胸腺の萎縮，③胃・十二指腸の出血，びらんの三つがみとめられることを動物実験により証明した。さらに，その発症メカニズムとして視床下部—下垂体—副腎系の活性化を考え，この生体反応の一連の過程を汎適応症候群とし，起こってくる反応はつぎの三段階の過程を経過する反応とした（図 14.1）。

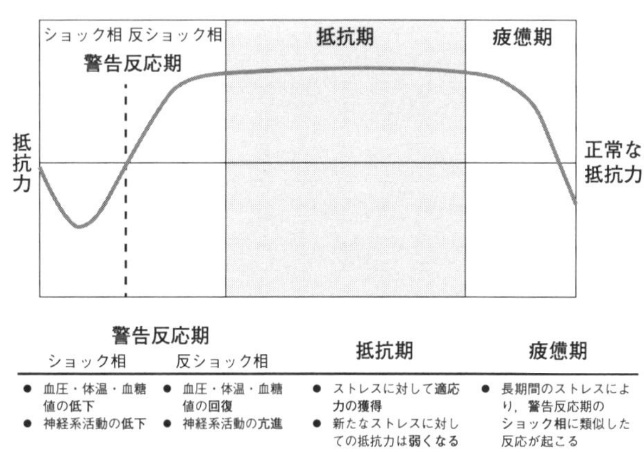

出所）　H.Selye : *Nature*, 138（32）（1936）

図 14.1　ストレスによる生体の抵抗力の変化

警告反応期（初期）　生体が突然ストレッサーにさらされるとすぐに対応できず，体温，血圧，血糖の低下，神経系の活動や筋緊張の低下，胃粘膜のびらんや出血が起こる（ショック相）。つぎに，このショック状態から改善を図るために生体防御機構が作動し，交感神経の活性化を介し副腎髄質からアドレナリンが分泌増加，視床下部からの副腎皮質刺激ホルモンを介して副腎皮質からコルチゾールが分泌増加される。このことにより体温，血圧，血糖が上昇，筋緊張が増大し，神経活動も盛んになり，副腎皮質は肥大し，胸腺は萎縮する（反ショック相）。この二相を合わせて警告反応期という。

抵抗期（中期）　さらにストレッサーによる刺激が持続すると一定の緊張状態で適応している状態になる。

疲弊期（後期）　抵抗期が長期間続いたり，ストレッサーが強力であったりすると，生体は不適応となり，ショック相の状態に戻り生命を維持できなくなる。

14.1.3　ストレスによる代謝の変動

ストレッサーは感覚受容器を通して大脳皮質で認知され，セロトニンやドーパミンなどの神経伝達物質が視床下部を刺激し，副腎皮質刺激ホルモン放出ホルモン（CRH）を分泌する。このCRHは下垂体および交感神経の二系統に作用する。下垂体からは副腎皮質刺激ホルモン（ACTH）が分泌され，副腎皮質を刺激してグルココルチコイドを分泌する。グルココルチコイドはストレスに対する抵抗力（ストレス耐性）を強化する。一方，交感神経系では交感神経終末からノルアドレナリン，副腎髄質からはアドレナリンが分泌される。これらは，血管収縮，心拍数増加，血圧上昇，代謝促進として働く（図 14.2）。

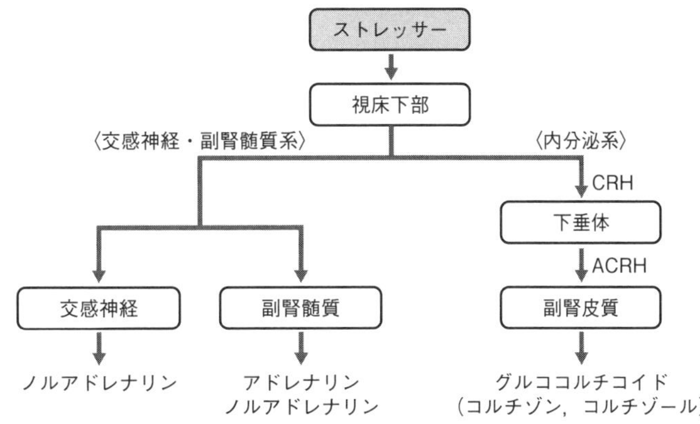

CRH：副腎皮質刺激ホルモン放出ホルモン，ACTH：副腎皮質刺激ホルモン

図 14.2　ストレスに対する生体の反応

14.1.4　ストレスと栄養

エネルギー代謝　ストレス下では基礎代謝は 30 ～ 40％亢進する。エネルギー源として糖質の消費，たんぱく質，脂質の分解（異化）が増大する。

糖質代謝　ノルアドレナリンやアドレナリンの分泌増加は，肝臓グリコーゲンの分解促進，肝臓での糖新生促進や膵臓でのインスリン分泌抑制により血糖上昇をもたらす。周術期においては，外科手術により生体に侵襲が加わることにより糖新生やインスリン抵抗性が亢進し，「外科的糖尿病」と呼ばれる高血糖状態を呈することがある。

たんぱく質代謝　ストレスの程度が大きいほど尿中への窒素排泄量は増加し，窒素出納が負に傾く。これは体たんぱく質の分解促進およびグルココルチコイドによりアミノ酸から糖新生が亢進し，エネルギー源として利用される。また，必須アミノ酸のトリプトファンは体内でセロトニンになり，精神の安定や落ち着きをもたらす。さらにセロトニンは脳の松果体でメラトニンになり安眠を促す。

脂質代謝　ノルアドレナリン，アドレナリン，グルココルチコイドの分泌が増加するのに伴い，貯蔵脂肪の分解が亢進し，血中への遊離脂肪酸とグリセロールの放出が増加して，エネルギー源として利用される。副腎のコレステロール量は，副腎皮質ホルモンの生成に使われるために減少する。

ビタミン　ビタミン C（アスコルビン酸）は，ストレスに伴って副腎皮質および副腎髄質ホルモンの生成に消費される。糖代謝やアミノ酸代謝の補酵素として作用するビタミン B_1，B_2，ナイアシンは，ストレスによる代謝亢進により消費される。

14.2　特殊環境と栄養ケア

14.2.1　特殊環境下の代謝変化

生体が環境条件の変化に対応して生存していくためには，どのような能力が備わっているのだろうか。それは次の三つに要約される。

(1) 内部環境の恒常性

生体の構造単位である細胞は，その周囲を細胞外液（血漿，組織液，リンパ液）によって，栄養素や酸素を取り込み代謝を営んでいる。細胞外液は，直接細胞の機能にかかわり，生体の内部環境である。内部環境のホメオスターシスは生存の必要条件であり，それを維持するためには，

① 細胞の必要とする物質の供給　糖質，たんぱく質，脂質，水分，無機質（Na，Cl，Ca，Kなど），O_2，ホルモン

② 細胞の活動に影響を与える要因として体温，血圧，浸透圧，pH，酸素，酸化ストレス（フリーラジカル），重力などがある。

(2) 生理的適応

生体が環境の変化に対応して正常に生存していくために，生体の機能を変化させて恒常性を作り出す過程を生理的適応という。寒冷，暑熱，低酸素などの刺激が長期的に作用すると，体温，血中酸素濃度などを生理的限界内に維持しようとする調節機能が働く。生理的適応には順化と慣れがある。さらに順化には複合及び単一環境条件に対する適応の二つに区別される。

順化(acclimation)　寒冷，暑熱，低酸素など自然の気象条件，地理的条件，季節変動，高所環境など複合および単一環境条件の変化への適応

慣れ(habituation)　環境からの刺激が反復して加わると，その刺激に対する反応，感覚がしだいに弱くなる現象

(3) 生体の恒常性と適応にかかわる自律神経系の機能

生体は，恒常性と適応を発現させるための自動的な調節機能を備えている。自律神経系は，内臓，血管壁や消化管の壁をつくっている平滑筋，心筋の収縮，分泌腺の調節により，内部環境の恒常性を維持している。すなわち，体温調節，心臓の機能，血圧，組織の血流量，呼吸機能，消化器系の運動，分泌など無意識的な調節にかかわっている。しかし，精神的な要因によって影響を受ける。例えば，緊張すると汗をかく，下痢をする，恐怖で血管が収縮し青ざめるなどである。

自律神経系は，交感神経と副交感神経の2種類がある。交感神経は，心身の活動時，緊張時，興奮・怒り・不安などの情動時に優位になり，瞳孔の拡大，心拍数や心拍出量の増加，熱産生の促進，血圧の上昇，血糖値の上昇，エネルギー基質の動員の促進などエネルギー消費を亢進させる。副交感神経は，リラックスして休養し，次の心身の活動時に備える際に優位になり，エネルギー基質を蓄積するように働き，心拍数の上昇を抑え，消化管運動を高めるなど栄養素の吸収を促進する。

14.2.2 熱中症と水分・電解質補給

(1) 熱中症の分類

熱中症は，高温多湿な環境下において，体内の水分および塩分（ナトリウムなど）のバランスが崩れたり，体内の調節機能が破綻することにより発症する障害の総称で，以下の三つに分類される。

① **熱痙攣**は，多量の発汗の際，汗から失った塩分を補給せずに水分のみを摂取すると起こる状態で，低ナトリウム性脱水による筋肉の痙攣と痛みを特徴とする。

② **熱疲労**は，多量の発汗で細胞外液が減少し，有効な心拍出量を保てなくなった状態で，全身の脱力感や頭痛，めまい，失神などを起こす。脈拍は速く，弱い。

③ **熱射病**は，高温，多湿，無風環境下での作業で起こりやすい。過度の体温上昇のため，体温調節機能が破綻して，40℃を超えるほどの体温上昇が起こり，中枢神経障害をもたらす。頭痛，嘔吐，痙攣，意識障害などがみられる重篤な状態。これらに対しては，涼しいところで横にして休ませ，水分と電解質を十分に補給する。意識がなかったり，体温の異常亢進がある場合は冷やしながら速やかに医療機関へ運ぶ。

一方，環境省は，「熱中症環境保健マニュアル」（2018年3月改訂）を作成し，熱中症の重症度を「具体的な治療の必要性」の観点から，Ⅰ度（現場での応急処置で対応できる軽症），Ⅱ度（病院への搬送を必要とする中等症），Ⅲ度（入

表 14.1　熱中症の症状と重症度分類

分　類	症　状	症状から見た診断	重症度
Ⅰ度	めまい・失神 「立ちくらみ」という状態で，脳への血流が瞬間的に不充分になったことを示し，“熱失神”と呼ぶこともあります。 筋肉痛・筋肉の硬直 筋肉の「こむら返り」のことで，その部分の痛みを伴います。発汗に伴う塩分（ナトリウムなど）の欠乏により生じます。 手足のしびれ・気分の不快	熱ストレス（総称） 熱失神 熱けいれん	
Ⅱ度	頭痛・吐き気・嘔吐・倦怠感・虚脱感 体がぐったりする，力が入らないなどがあり，「いつもと様子が違う」程度のごく軽い意識障害を認めることがあります。	熱疲労 （熱ひはい）	
Ⅲ度	Ⅱ度の症状に加え， 意識障害・けいれん・手足の運動障害 呼びかけや刺激への反応がおかしい，体にガクガクとひきつけがある（全身のけいれん），真直ぐ走れない・歩けないなど。 高体温 体に触ると熱いという感触です。 肝機能異常，腎機能障害，血液凝固障害 これらは，医療機関での採血により判明します。	熱射病	

出所）環境省環境保健部環境安全課：熱中症環境保健マニュアル 2018年3月改訂（2018）

院して集中治療の必要性のある重症）に分類した（表14.1）。

具体的には，Ⅰ度の症状であれば，すぐに涼しい場所へ移し体を冷やすこと，水分を与えることが必須であり，誰かがそばに付き添って見守り，改善しない場合や悪化する場合には病院へ搬送する。Ⅱ度で自分で水分・塩分を摂れないときやⅢ度の症状であればすぐに病院へ搬送する。さらに現場で確認すべきことは，意識がしっかりしているかどうかである。少しでも意識がおかしい場合には，Ⅱ度以上と判断し，病院への搬送が必要である。「意識がない」場合は，全てⅢ度（重症）に分類する。

(2) 熱中症と脱水

熱中症は，脱水症の重症型の一つで，細胞外液の喪失に始まる。細胞外液の主要な溶質はナトリウムであり，水だけの欠乏ではなく，水とナトリウムの双方の欠乏である。脱水症は，ナトリウムと水のどちらがより多く欠乏しているかにより次のように分類される。

①**高張性（水欠乏性）脱水症**　血漿浸透圧が正常な体液浸透圧（285mOsm/kg・H_2O）より高い。

②**等張性（混合性）脱水症**　血漿浸透圧が正常と等しい。

③**低張性（ナトリウム欠乏性）脱水症**　血漿浸透圧が正常より低い，口渇感と口の中の乾燥がなく，循環血液量減少，血圧低下，頭痛，倦怠感を伴う。血漿浸透圧が295mOsm/kg・H_2Oに上昇すると口渇感が起こる。

脱水を回復させる経口補水療法　経口補水液を用いて，脱水状態を改善させる方法で，水分や塩分を速やかに吸収・補給できるよう塩分（電解質）と糖分の量をバランスよく配合した飲料で，失われた水分や電解質を速やかに補給する。激しい運動や発熱による発汗，おう吐，下痢などで水分と電界質が大量に失われ脱水状態になっている場合では，水，お茶，ソフトドリンクや

表14.2　経口補水液の電解質組成

（単位：mEq/L）

成　分	Na^+	K^+	Cl^-	Mg^{2+}	リン (mmol/L)	乳酸イオン	クエン酸イオン	炭水化物（ブドウ糖）
WHO-ORS（2002年）	75	20	65				30	1.35%
米国小児学会 経口補水療法指針（維持液）	40 〜60	20	「陰イオン添加」「糖質とNaモル比は2：1を超えない」					2.0〜2.5%
ORS（病者用食品）	50	20	50	2	2	31		2.5%（1.8%）
ミネラルウォーター＊	0.04 〜4.04	0.01 〜0.46		0.01 〜5.73				

山口規容子：小児科診療，1994；57（4）：788-792より作成
＊楊井理恵，他：川崎医療福祉学会誌，2003；13（1）：103-109より作成
出所）　高瀬義昌：高齢者の脱水，健康と良い友だち社，6，東京（2010）

電解質濃度の低いスポーツドリンクだと，十分な塩分が補給できないので用いられない（表14.2）。

14.2.3　高温・低温環境と栄養

(1)　体温調節の機序

1)　正常体温

生体は，つねに37℃前後の体温を維持している。これにより体内での化学反応の速度は一定に保たれ，代謝は維持されている。体温は日内リズムをもち，早朝4～6時ごろ最も低く，午後3～8時が最も高くなるが，その差は1日で1℃前後である。体温が一定に維持されているのは，体温調節中枢による。

2)　体温の異常

体温調節機能の上限は，体内温40.5～41℃で，これ以上に上昇するのは脳出血，脳腫瘍，頭部外傷，熱中症，熱射病など体温調節機能の損傷のある場合である。体内温42℃になるとたんぱく質の不可逆的な変性が起こり始め，生命活動は停止する。一方，体温が35℃以下になると調節機能が働くが，32～33℃以下ではその機能が低下して生命に危険が生ずる。

3)　体熱の産生

摂取した栄養素の代謝によって生じたエネルギーの25～30％は筋肉の収縮や神経の伝達に使われるが，70～75％は熱エネルギーとして体温の維持に使われる。この熱産生には，つぎのa～eの因子が関与している。

a　基礎代謝量は男女とも推定エネルギー必要量（身体活動レベルⅡ）の約60％の熱を産生している。

b　筋肉運動（筋収縮）により熱産生は増大する。

c　甲状腺ホルモン・サイロキシン（thyroxine）は体内の酸化反応を促進し，熱の産生を行う。

d　アドレナリン（adrenaline）は熱産生を増加させる。

e　体熱は体温1℃の上昇により，基礎代謝が7～13％亢進する。

4)　体熱の放散*

体熱の放散には四つの因子が関与する。

a　輻射では赤外線として熱が放散される。外気温が皮膚温より低い場合のみ有効で，その差が大きいほど大となる。

b　空気への伝導・対流としては，皮膚表面および気道から周囲の空気に熱が伝えられる。

c　物体への伝導では椅子など接している物体へ熱の移動により放熱する。

d　蒸発は発汗していないときでも，絶えず無自覚的に行われている。皮膚表面，呼吸気道からこのような蒸発（不感蒸泄）により放熱する。

＊体熱の放散　裸体安静時での全放熱量に占める割合は，輻射は約60％，空気伝導は約12％，物体伝導は約3％，蒸発は約25％である。

5） 体温調節中枢

視床下部の体温調節中枢には交感神経系と副交感神経系があり，熱産生は交感神経の調節，熱放散は副交感神経の調節下にある。これにより体熱の産生と放散の平衡が維持され，体温は常に一定に保たれている。寒暑の刺激が体温調節中枢へ伝えられる経路には，皮膚の温度受容器から知覚神経を介して伝えられる経路と，視床下部を還流する血液温の変化が直接中枢に作用する経路がある。

⑵ 高温環境

外気温が高く，しかも労働や運動などの筋肉運動が行われると，体熱産生の増大が起こり，さまざまな適応現象が起こる。

1） 高温環境下での体温調節

循環器系　暑熱にさらされると，皮膚の血管は拡張し血流は増大する。これにより体内の器官や骨格筋への血流が減少し，心臓への還流血液量は減少する。心拍出量は低下するため，心拍数を増加させ血液量を確保する。

呼吸　呼吸数は増加し，呼気の水分蒸発をさかんにする。

発汗　室温29℃までは不感蒸泄によって蒸発が行われるが，外気温の上昇や運動などにより体熱産生が増大すると，発汗による蒸発が行われる。発汗は，着衣状態では室温25～27℃，裸体では室温29℃以上で平均皮膚温約34℃になると始まり，蒸発による熱放散量が増加する。高温多湿環境では，蒸発による体熱放散は著しく減少するため，危険な脱水状態になり，深部体温は急上昇する。外気温36℃以上になると熱は逆に周囲より体内に吸収される。この場合の体熱放散の唯一の方法は，発汗による水分の蒸発のみとなる。汗の成分とその濃度を表14.3に示した。

筋肉運動の抑制　体内に多量の熱を産生するような行動は少なくなり，行動はゆったりしてくる。

コラム14　寒暑順化と食物

夏の暑いときは食欲が減退し，脂肪質のものより，冷めたいそうめんやそばなどが食べたくなる。寒いときは脂肪性のものや甘いものを食べたいと思う。人は気候環境に応じた食物を摂り適応をしている。

吉村ら（1970）によると，日本人の基礎代謝量は夏は低く，冬は高い二相性（その差10～14％）の変動をするが，欧米人の基礎代謝量は，日本の気候下で生活していても季節変動はみられない。これには脂肪の摂取量が関係し，欧米人の高脂肪食（脂肪エネルギー比30～35％以上）は，甲状腺機能を亢進させ，寒冷順化を促進し，さらに高温環境下でも基礎代謝量を低下させない。

これに対し高糖質食は，高温下での代謝を低下させ，放熱を軽減するなど高温順化に有効である。米を主食とする日本やアジアの熱帯地域では，高糖質食により暑さに適応してきた。近年，わが国の脂肪摂取量は増加傾向にあり，将来，基礎代謝量の年間の変動幅は小さくなることが推測されている。

表 14.3　汗と尿の成分の比較　（%）

物　質	汗	尿	物　質	汗	尿
食　塩	0.648～0.987	1.538	アンモニア	0.010～ 0.018	0.041
尿　素	0.086～0.173	1.742	尿　酸	0.0006～0.0015	0.129
乳　酸	0.034～0.107	−	クレアチニン	0.0005～0.002	0.156
硫化物	0.006～0.025	0.355	アミノ酸	0.013～ 0.02	0.073

出所）中野昭一：図解生理学，274，医学書院（1987）

消化機能の低下　発汗により食塩を失うことは，胃液分泌の低下，胃液の酸度の低下をきたし，食欲不振をまねく。

2)　高温環境下での代謝

発汗により水分と電解質が失われるため，体内にこれらを保持しようとする内分泌性の調節が行われる。腎臓における水の再吸収を促進するために下垂体から抗利尿ホルモン（ADH：antidiuretic horumone）の分泌が増加し，尿への水分排泄を抑制し，発汗を助ける。一方，副腎皮質からアルドステロン（aldosterone）が分泌され，尿細管でのナトリウムの再吸収を促進するように作用する。

3)　高温環境と栄養

発汗と水分補給　高温環境下での労働や運動は，多量の発汗による脱水と脱塩を生じる。水分を補給して血漿量を維持し，循環と発汗を最適にする。汗に含まれる電解質，さらに糖質の補給も重要である。これは筋肉運動による筋肉グリコーゲンの消費，血糖の低下が起こるため，糖質を唯一のエネルギー源としている脳，神経，赤血球の活動が低下し，十分な身体活動ができなくなるからである。市販のスポーツ飲料には，基本的には，糖質，ミネラル，ビタミンが添加され，その水溶液の浸透圧はほぼ等張になるように調整されている。これは等張電解質の方が，水よりも速やかに腸管から吸収されるためである。糖質は吸収の速いブドウ糖，果糖やショ糖である。電解質は，陽イオンとしてはおもに細胞外液にあるナトリウムと細胞内液のカリウム，また陰イオンとして塩素が用いられている。ビタミンは，糖質の代謝を円滑にするためにビタミン B_1，B_2 が，また，筋肉疲労や精神的疲労の回復を促進するためにビタミンCが加えられている。飲料水の温度は5℃ぐらいの冷たさが望ましく，体温を下げるのに役立ち，口渇感を和らげ気分的にリフレッシュできる。

夏バテとその対策　日本の夏は高温，高湿でむし暑く，大都市では人工熱の放熱などで夜になっても気温が下がりにくく，熱帯夜が続く。睡眠不足や生体リズムの乱れは，神経系の不調さらに自律神経失調をまねき，食欲不振や胃腸障害など体力の低下（いわゆる夏バテ）を引き起こす。冷た過ぎる食べ物や飲料水による胃腸障害や冷房病もその原因となる。回復には，消化の良い良質たんぱく質，食塩，水分，ビタミン B_1，B_2，Cの補給が必要である。また，休養を十分にとり，夜型の生活はできるだけ避ける。調理には香辛料，食酢，食塩を用いて胃液の分泌を促進し，食欲の増進をはかる。

(3) 低温環境

寒さは，気温の低下だけでなく，風速の強さが大きく関わっている。寒さは，血管を収縮させたり，筋肉を緊張させるため，特に高血圧や心臓病など循環器の病気には危険を生じやすい。

1) 低温環境下での体温調節

低温環境で交感神経が興奮しアドレナリンの分泌が増加すると，皮膚血管の収縮が起こり，末梢血管抵抗は増大して血圧は上昇する。また，ふるえ，立毛筋の収縮（鳥肌）や筋肉の緊張により，熱産生は促進し熱放散は抑制される。

2) 低温環境下での代謝

寒冷刺激によりグルココルチコイドの分泌が増加し，アドレナリンやサイロキシンの作用が促進することにより血糖利用率が高まり，食欲の増進が起こる。ノルアドレナリンが分泌され，脂肪組織の貯蔵脂肪が分解されると，血中に遊離脂肪酸が増える。脂肪酸はβ酸化を受けて産熱を促進する。たんぱく質の分解により生じたアミノ酸からの糖新生が亢進し，エネルギー需要の増大に対応する。

3) 低温障害

脳への寒冷の影響　長時間寒冷下にさらされると，体温の低下に伴い，いち早く脳の働きが障害される。精神活動の鈍麻に始まり，眠気，倦怠などが現われて，正確な判断がつきにくくなる。一方，筋肉は動きが鈍くなり，歩行は酩酊状態のようにふらつき，ふるえや呼吸は弱くなってくる。この状態が進むと組織の酸素が欠乏し，幻覚や錯覚が現われ意味のないことを口走ったりする。遂には昏睡状態に陥り，脈拍微弱となり，呼吸も絶えだえとなる（仮死状態）。このまま放置すると強直痙攣を起こして死亡する（凍死）。

凍傷　皮膚組織が氷点下で冷却されたため組織が凍結し，損傷したものをいう。酷寒地で不完全な防寒着や防寒具で長く寒風にさらされたり，素手で金属を握ったり，靴下をぬらしたまま足を冷やした場合に凍結しやすい。手足，耳，鼻，頬など身体の末梢部位に起こりやすい。予防には，防寒と抵抗力の増強が必要である。温かい食物，特に糖質に富んだものは身体を暖め，エネルギーの補給や体熱の産生を促進するため有効である。手足の局所に痛みを発する場合は，局所の保温と血流の促進に努める。

凍瘡（しもやけ） 8～10℃程度の冷たい外気または冷水に，繰り返し手足をさらすと発症する。皮膚血管が寒冷によって麻痺して，局所のうっ血が起こり，その結果，血管壁はその透過性が増し，血液中の水分が組織に浸出する。ひどくなると水疱やびらんとなり潰瘍を生じる。

飲酒酩酊　泥酔して戸外に寝込んでしまうと，体温調節機能が麻痺し，皮膚血管の収縮による放熱抑制の能力が失われ凍死に陥る。

4)　**低温環境と栄養**

低温環境下では，エネルギー代謝が亢進し，食物摂取量は増加する。エネルギー源として，炭水化物は最優先され燃焼も速いが，脂肪はゆっくり燃焼し，生理的燃焼熱も高く耐寒性を促進する効果がある。エネルギー代謝を円滑に行うために，ビタミン B_1・B_2，マグネシウムが必要である。グルココルチコイド，アドレナリンの分泌亢進は，ビタミンC消費量の増加やたんぱく質代謝の亢進をもたらす。パントテン酸は副腎皮質ホルモンの合成および脂肪代謝に関与する。皮膚表面や末端の血管収縮，体中心部の血流増加のため利尿が促進され，水分の喪失が起こる。

したがって寒冷下の作業には，温かい，甘い飲料やスープを栄養と水分補給のために用意しておくとよい。唐辛子の辛味成分のカプサイシンは中枢神経を刺激し，アドレナリンの分泌を促進して体温を上昇させる。また，保温には，ニンニク，玉ねぎ，卵，バター，チーズなどを調理に用いるとよい[*1]。食塩は，体熱産生を促し耐寒性を増加させる効果があるが，高糖食での食塩摂取量の増加は，寒冷下の血圧上昇作用を増強させることに留意する必要がある。

＊1 ニンニクや玉ねぎに含まれるビタミン B_1 は，アリシンと結合したアリチアミンで腸管からの吸収率が高く，エネルギー代謝を活発にする。卵やチーズの良質たんぱく質は，熱産生が高く体温保持によい。高脂肪のバターは，生理的燃焼熱が高く，エネルギー源として耐寒性を増強する。

参考として南極特別委員会による，南極越冬隊の栄養基準量を示した。これによると，平素2,500kcal摂取している人も，極地では3,500kcalまたは，それ以上が必要になる（表14.4）。

14.2.4　高圧・低圧環境と栄養

日本人の多くは，海抜300m以下の平地に1**気圧**[*2]のもとで生活している。気圧は，海面から上空にいくにしたがって低下し，これに伴い空気中の酸素分圧（気圧× O_2 組成%）は下がり，絶対量が減少するため酸素を摂取しにく

＊2 **気圧**　気圧は大気が地面に及ぼす圧力で，1気圧は水銀柱の高さ760mmHg。または1013ヘクトパスカル（hPa：hect pascal）で表わす。

表14.4　南極地域観測越冬基地食栄養摂取量

区分＼栄養素他	1人1日平均栄養摂取量												
	エネルギー	たんぱく質	脂質	カルシウム	鉄	ビタミン				穀類エネルギー比	たんぱく質エネルギー比	脂質エネルギー比	動物性たんぱく質比
						A効力	B_1	B_2	C				
	kcal	g	g	mg	mg	IU	mg	mg	mg	%	%	%	%
＊3次隊	3,300												
＊5次隊	3,762	105.2	112.3							49	11	27	53
＊7次隊	4,789	201.8	190.3							46	17	36	56
＊8次隊	4,837	241.9	137.1							51	20	26	64
13次隊	3,454	128.1	131.3	506	13.7	2,645	1.91	1.59	132	44	15	34	62
15次隊	3,092	111.7	121.0	480	11.8	2,641	1.87	1.40	157	46	14	35	61
21次隊	2,922	129.4	113.5	595	16.1	2,706	1.85	1.60	85	45	18	35	62
基準量	3,778	144.8	161.1	878	17.7	3,804	2.34	2.00	162	43	15	38	62

注）＊三訂食品成分表より算出。東京都食品類別荷重平均成分表より算出（1980）
出所）藤野冨士代：栄養日本，**39**，14（1996）

＊酸素解離特性　０ｍで空気中の酸素分圧が149mmHgの時，ヘモグロビンの97％が酸素で飽和される。しかし，高度3000mで空気中の酸素分圧が110mmHgになるとヘモグロビン酸素飽和度は90％に低下する（表14.5, 6）。このように，高度が上がるにつれて酸素分圧は低下し，大気中から肺に取り込む酸素も減少する。酸素分圧の低下は，血液や組織が低酸素状態に陥る原因となる。

くなる（**酸素解離特性**）＊。一方，水中では水深10mごとに１気圧が加わり，10mの水深では，２気圧になる。気圧の変化による障害として，低圧では高山病，高圧ではその状態から常圧に戻る時に起こる潜水病がある。

低圧および高圧環境における生体の適応現象とその限界を知ることは，気圧の変化による障害を予防する上で重要である。

(1) 低圧環境

低圧環境として知られているのは高所である。高所では，低圧に伴う低酸素と低温の影響が体に加わる。標高による気圧と酸素分圧の低下（酸素解離特性）は，標高2,500mでは海面の約４分の３，標高5,500mでは約２分の１，地球最高峰エベレスト（チョモランマ・標高8848m）では約３分の１になる（表14.5）。また，気温は1,000mごとに６℃ずつ下がるため，地上14℃の時2,500mでは0℃，標高5,500mでは零下18℃位，エベレスト山頂では零下38℃位，高度１万ｍの上空では，零下50℃位にもなる。

1） 低圧環境における生体反応

呼吸器・心臓　酸素の少ない環境では，酸素を摂取しにくくなるため呼吸が大きくなり，換気量の増大によって酸素不足を代償する。また，取り込んだ酸素を細胞に運ぶため心拍数は増加する。

血液の変化　低酸素状態になると，腎臓からエリスロポエチン産生が増加し骨髄に作用し，赤血球の生成を促進する。そのため，高地に長期間滞在すると，赤血球や血色素が増加する。長距離陸上選手らを対象とした高地トレーニングにも応用されている。

消化器系　交感神経の興奮によって消化管の血流が少なくなり，働きが抑制されるために食欲が減退し食物摂取量も減少する。さらに，肝臓のグリコーゲンがブドウ糖に分解して血糖値が高くなり食欲が抑えられる。その結果，長期高所滞在では体重の減少が起こる。この減少は体脂肪の動員とたんぱく質の異化に基づく。また，甘いものを嗜好するようになるが，寒冷の作用も加わると脂肪代謝も促進され，筋のふるえがあると糖の利用も促進される。

神経系　特に脳は酸素消費量が大きいため，低酸素によって脳では思考力，判断力，計算力の低下が起こる。交感神経系が優位となり副腎髄質からのアドレナリンの分泌が増加する。

視力　酸素不足に鋭敏に反応するのは夜間の視力低下（うす暗いところで物を見る視力）である。3,000m以下の高度でも起こる（表14.6）。

体水分量　低圧の高所環境では低温・乾燥空気に

表 14.5　高度と気圧および酸素分圧

高度 (m)	気圧 (mmHg)	酸素分圧 (mmHg)	高度 (m)	気圧 (mmHg)	酸素分圧 (mmHg)
0	760	159	5,000	405	85
500	716	150	5,500	379	79
1,000	674	141	6,000	354	74
1,500	634	133	6,500	330	69
2,000	596	125	7,000	308	65
2,500	560	117	7,500	287	60
3,000	525	110	8,000	267	56
3,500	493	103	8,500	248	52
4,000	462	97	9,000	231	48
4,500	432	91	9,500	213	45

出所）　牧野国義：環境と保健の情報学，99，南山堂（1997）

よって換気量が増大するため，呼気や皮膚からの水分放出が増加する。つまり，不感蒸泄量が増大する。高所での登攀(とうはん)の場合，発汗によって失われる水分量が増加するにもかかわらず，口渇感の麻痺により飲水量が減少するため，さらに脱水のリスクが高まる。

表 14.6　急性低圧環境暴露時の生理的高度区分と低酸素症症状

生理的高度区分	高度 (m)	肺胞酸素分圧 (mmHg)	動脈血の酸素飽和度（%）	症　状
不関域	3,000以下	109～60	97～90	夜間視力が低下するほかは，ほとんど症状はあらわれない。
代償域	3,000～4,500	60～45	90～80	呼吸・循環系の機能亢進による代償作用がほぼ完全に行われるので，酸素欠乏による障害は普通あらわれない。
障害域	4,500～6,000	45～35	80～70	代償が不完全なため，組織の酸素欠乏をきたし，中枢神経症状，循環器系症状などがあらわれる。
危険域	6,000以上	35以下	70以下	意識喪失，ショック状態となり，生命の危険が生じる。

出所）万木良平，井上太郎：異常環境の生理と栄養，145，光生館（1980）

2）高地居住と順化

世界で最も高地にある都市は標高 3,750m のラ パス（ボリビア）で，ついで標高 3,600m のラサ(チベット)であり，さらに標高 5,000m を超える高地に 1,400 万人が居住している。これらの人びとは「高所順化」という適応現象により日常生活を営んでいる。

中央アンデス山地の標高 4,500m の鉱山村モロコカの住民と，海面に近い平地リマの住民の血液性状を比較すると，赤血球，ヘマトクリット値，ヘモグロビン量は，いずれも約 1.3 倍に増加しており，高所に順化した人びとに特異的な赤血球の増生機能の亢進が認められた（表 14.7）。

表 14.7　0 mの平地住民と標高 4,540 mの高地住民の血液性状の比較（平均±SE）

項　目		平地住民（0m）	高地住民（4,540m）
赤血球数	(万/mm^3)	511±2	644±9
ヘマトクリット値	(%)	46.6±0.15	59.5±0.68
ヘモグロビン量	(g/dl)	15.64±0.05	20.13±0.22
網赤血球数	(千/mm^3)	17.9±1.0	45.5±4.7
総ビリルビン量	(mg/dl)	0.76±0.03	1.28±0.13
間接ビリルビン量	(mg/dl)	0.42±0.02	0.9±0.11
直接ビリルビン量	(mg/dl)	0.33±0.01	0.37±0.03
血小板数	(千/mm^3)	406±14.9	419±22.5
白血球数	(千/mm^3)	6.68±0.10	7.04±0.19
循環血液量	(ml/kg体重)	79.6±1.49	100.5±2.29
循環血漿量	(ml/kg体重)	42.0±0.99	39.2±0.99
全赤血球容積	(ml/kg体重)	37.2±0.71	61.1±1.93
全ヘモグロビン量	(g/kg体重)	12.6±0.3	20.7±0.6

出所）表 14.4と同じ，153（1980）

3）高山病

近年，バスや登山電車を利用することにより標高 2,000 ～ 3,000m の山に登ることも可能になり，**高山病***も身近な問題になってきた。高山病は，適応のための時間を超越した急速な登行により，急激な低酸素状態にさらされることによって生じる。症状により急性高山病・高所肺水腫・高所脳浮腫・高所眼底出血があるが，いずれも浮腫を伴う体液の分布異常を病態としてい

＊**高山病**　高山病の予防対策としては，ゆっくり時間をかけて登る。尿はできるだけ排泄するようにする。お茶やスポーツ飲料などを多く飲み，電解質を正常な状態に戻す。高山病になったらできるだけ早く低地に引き返す。酸素吸入により病状は好転するので携帯酸素ボンベを装備するのもよい。現在，富士山や北アルプス登山でも携帯酸素ボンベはよく使用されている。

コラム 15　減圧症の予防

予防の基本は，潜水中に溶け込む窒素が過飽和になりすぎないために，あまり深く潜らないことである。具体的には 14m なら 40 分間，20m なら 20 分，30m なら 10 分間程度までなら安全で，30m を超える潜水は行わないのが無難である。これを大幅に超え，一定以上窒素を取り込んでしまった潜水からの浮上に際しては，排出していく窒素が過飽和の許容限度を超えないよう，浮上を途中で停止し，溶在窒素が許容範囲まで減少するのを待って，再び浮上していく減圧方法を行う（日本体力学会学術委員会監修『スポーツ医学』より）。

る。急性高山病は軽症の高山病で，症状は頭痛，不眠，食欲不振，吐き気，おう吐，倦怠感，息切れ，めまいなどである。

4） 低圧環境と栄養

高所に永住できる高度の限界は5,000〜6,000mまでとされている。このような順化可能限界高度，またはそれ以上の低圧環境では摂食，摂水量の減退をきたし脱水を伴う体重減少がみられる。登山活動において標高3,000m以下の高度では，摂取エネルギー量は約4,500kcal/日を必要とし，通常は摂取可能である。しかし，標高5,000〜6,000m以上の高地で気圧が2分の1以下になると食欲が減退し，エネルギー摂取量は3,500kcal/日になる。

高所環境では嗜好の変化をきたし，脂肪分の多い食物を敬遠し，糖質を多く含んだ飲料を好む傾向が強くなる。摂食量が低下するので高エネルギーで栄養価の高いもの，消化吸収のよいものを摂取する。また脱水予防には，1日の尿量を約1.5ℓに維持するために3〜4ℓの水分摂取が必要である。

⑵ 高圧環境

高圧環境にさらされるのは，水中での潜水・潜函作業などがある。

1） 高圧による障害

常圧から高圧への加圧作用によるものと，高圧から常圧への減圧作用によるものとに分けられる。特に問題となるのは高圧環境から常圧に急激に戻るときに起こる障害である。これは高圧のもとで血液に溶け込んでいた窒素の気泡が，急な減圧により血管にガス塞栓の状態を起こすためで，減圧症または潜水病という。関節と筋肉の痛み，および発疹やかゆみが主症状のⅠ型と，呼吸困難，胸痛，しびれ，めまい，麻痺，意識障害などの症状のⅡ型に分類される。

2） 高圧環境と栄養

高圧環境では皮膚からの熱放散が大きく，皮膚温が低下しやすい。体温維持のためには高エネルギー摂取が望ましい。活性酸素が発生しやすいため，抗酸化効果をもつビタミンA，C，Eを補給する。

14.2.5 無重力環境（宇宙空間）と栄養

人間が1961年に宇宙空間に進出して60年あまりが経過した。長期宇宙ステーション滞在や短期の宇宙観光旅行も現実のものとなってきた。宇宙空間という特殊な環境下で，人体は循環器，骨代謝，筋肉系，血液系，免疫系，感覚系や放射線被爆などさまざまな影響を受ける。したがって，無重力環境での適切な栄養摂取や食事のあり方は，宇宙環境で働く人びとの健康状態を維持するための重要な課題である。

⑴ 無重力環境の人体への影響

骨量の減少　重力負荷のない状況では，骨から脱カルシウムを生じ，尿中へのカルシウムの排泄が増加し骨密度が低下する。これは地上で荷重のかかる骨，とくに踵骨の脱カルシウムが著しい。また，カルシウムの尿中への排泄増加は，尿路結石へと結びつく心配がある（図14.3）。

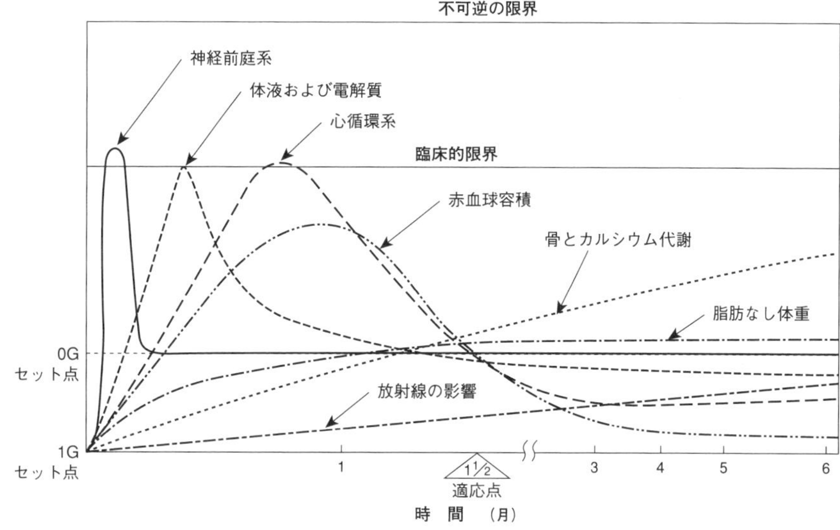

出所）渡辺悟：無重力環境の人体への影響，化学と工業，42(7)，768（1989）

図 14.3　無重力への順応過程

筋萎縮　重力に対抗して身体を動かし姿勢を保持する必要がないため，とくに抗重力筋という姿勢を維持する筋肉（大腿筋，腓腹筋）は，廃用性萎縮を生じてくる。

心循環器系への影響　重力に逆らって脳に血液を循環させるための血圧調節機能が低下する。宇宙においては顔のむくみ，頭重感（頭が重たい感じ），鼻閉感（鼻がつまる感じ）等を生じる。また，地球帰還時の再重力負荷において，頭部へ移動した体液が急激に移動するため起立したときの血圧低下を生じ，意識消失を起こす場合（起立性の低下）がある（図14.3）。

宇宙酔い　無重力状態に入り数分から数時間以内に「宇宙酔い」という乗り物酔いと似た症状が現れる。症状は倦怠感，生あくび，冷や汗，顔面蒼白，胃部不快感，吐き気，突発的な嘔吐である。原因は「眼と耳の離反」である。地上では地球の重力に従って上下の区別があり，これを確認して平衡感覚を

コラム 16　宇宙環境と老化

最初の宇宙飛行は1961年4月ユーリ・ガガーリンによる1時間48分の飛行であった。以後，米ソ宇宙開発競争が展開し，1969年7月にはアームストロングらによる月面着陸があった。1984年に国際宇宙ステーション（ISS：International Space Station）計画が発表され，現在，地上400kmの宇宙空間に米国（NASA：米航空宇宙局），ロシア（RSA：ロシア航空宇宙局），日本（JAXA：Japan Aerospace Exploration Agency，日本宇宙航空研究開発機構），ヨーロッパ諸国（ESA：欧州宇宙機関），カナダ（CSA：カナダ宇宙機関）など世界15ヵ国が参加している。2008年3月JAXAは日本独自の宇宙実験棟「きぼう」を打ち上げ，ロシア，米国に次ぐ有人宇宙実験施設を保有することになった。無重力環境に長期間滞在することにより起こる生理的機能低下は，加齢に伴う生理的機能低下と似ていることから，宇宙医学の生理学領域では，宇宙環境は老化研究のモデルとして，「骨量減少」，「飛行中の尿路結石のリスク」，「筋機能の低下」などの研究がすすめられている。

司る前庭神経系（耳）でバランスをとっているが無重力の宇宙空間では上下の区別もなく，絶対的な位置関係がなくなるため，二つの感覚がバランスを失い混乱することによる（図 14.3）。

宇宙放射線の影響　宇宙空間では，宇宙放射線を遮る地表の厚い大気や地球の磁場がないため，地上に比べて大量の放射線がある。とくに太陽活動が活発な時には，高エネルギーの粒子が大量に放出される。宇宙放射線被爆による発がんや遺伝的影響の発現については長期的影響を監視する必要があり，宇宙飛行士の健康管理上重要な問題である。

国際宇宙ステーション（ISS）における精神面への影響　現在，ISS においては少人数，多国籍の宇宙飛行士が 3 ～ 6 ヵ月の長期閉鎖環境で，共同生活，各種実験，宇宙船の運航について細かい作業スケジュールで行動している。宇宙飛行士の精神的ストレスの影響も十分検討されなければならない。

(2)　国際宇宙ステーション滞在時における栄養管理

宇宙環境で重要なミッションを行う宇宙飛行士にとって，「食事」は，肉体的・精神的な健康を維持するために重要であり，宇宙滞在中の食事の摂取量や栄養バランスは，地上からモニタリングを行っている。過去の短期および長期宇宙滞在データから，自由に食事をした場合には宇宙滞在中の宇宙飛行士のエネルギー摂取量は世界保健機構（WHO）の推奨する摂取量よりも一般的に 30 ～ 40％ほど低く，一方，エネルギー消費量は同じか上回ることが示されている（表 14.8）。

ISS では医学運用の要求として，1 週間に 1 度程度，食事摂取についてのアンケート（食物頻度調査 Food Frequency Questionnaire: FFQ）を実施している。アンケートの回答は，地上に送信される。また，実験としては栄養状態の評価（採血・採尿分析）も行われている。

2006 年 12 月 5 日，JAXA は，ISS に滞在する宇宙飛行士へ供給するための宇宙食の認証基準を発表した。この認証基準は，日本国内で製造された食品について衛生面，栄養面，品質面に加え，ISS への供給という特殊性を考慮し，保存面，調理面，無重力環境での摂食性などについて要求事項を制定したものである。「宇宙日本食」は，日本人宇宙飛行士をはじめとする ISS 長期滞在宇宙飛行士の健康維持への貢献と共に，将来的には地上での食生活，非常時用の保存食，栄養強化食品等への応用も期待されている。一方，すでに食品の衛生管理が目的で導入された HACCP（hazard analysis and critical control point）は，NASA の宇宙食開発過程で生まれた新技術である。

14.2.6　災害時の栄養

近年，日本各地で地震や風水害等の自然災害が国民生活に不安と衝撃を与えている。2011 年 3 月の東日本大震災を機に被災地への行政栄養士の派遣

表 14.8　国際宇宙ステーション滞在時と米国および日本の食事摂取基準

栄養素	ISS ミッション摂取基準（360 日以内）	惑星ミッション（数年）	米国（地上基準）		日本（地上基準）		単位
			男性	女性	男性	女性	
エネルギー	WHO 基準に準じる*1	EER 基準に準じる*2	EER基準に準じる*2		2,400－2,650	1,950－2,000	kcal
たんぱく質	10－15	0.8 g/kg/d, <35% 2/3 動物性，1/3 植物性	10－35	10－35	<20	<20	%エネルギー比
炭水化物	50	50－55	45－65	45－65	50－70	50－70	%エネルギー比
脂質	30－35	25－35	20－35	20－35	20－25	20－25	%エネルギー比
水分	1.0－1.5*3, >2,000*4	1.0－1.5*3, >2,000*4	3,700*4	2,700*4	(－)*5	(－)*5	*3ml/kcal, *4ml/d
ビタミン A	1,000	700－900	900	700	700－750	600	μgレチノール当量
ビタミン D	10	25	5－10	5－10	5	5	μg
ビタミン E	20	15	15	15	8－9	8	mgα-トコフェロール当量
ビタミン K	80	120 (男性), 90 (女性)	120	90	75	65	μg
ビタミン C	100	90	90	75	100	100	mg
ビタミン B_{12}	2	2.4	2.4	2.4	2.4	2.4	μg
ビタミン B_6	2	1.7	1.3－1.7	1.3－1.5	1.4	1.2	mg
チアミン（ビタミン B_1）	1.5	1.2 (男性), 1.1 (女性)	1.2	1.1	1.3－1.4	1.0－1.1	mg
リボフラビン	2	1.3	1.3	1.1	1.4－1.6	1.2	mg
葉酸	400	400	400	400	240	240	μg
ナイアシン	20	16	16	14	14－15	11－12	NE or mg
ビオチン	100	30	30	30	45	45	μg
パントテン酸	5	30	5	5	6	5	mg
カルシウム	1,000－1,200	1,200－2,000	1,000－1,200	1,000－1,200	600	600	mg
リン	1,000－1,200 Ca 摂取の 1.5 倍以下	700 Ca 摂取の 1.5 倍以下	700	700	1,050	900	mg
マグネシウム	350	320 (女性), 420 (男性), <350 サプリメント	420	320	350－370	280－290	mg
ナトリウム	1,500－3,500	1,500－2,300	1,300－1,500	1,300－1,500	<4,000	<3,200	mg
カリウム	3,500	4,700	4,700	4,700	2,000	1,600	mg
鉄	10	8－10	8	8－18	7.5	10.5	mg
銅	1.5－3.0	0.5－9	0.9	0.9	0.8	0.7	mg
マンガン	2.0－5.0	2.3 (男性), 1.8 (女性)	2.3	1.8	4.0	3.5	mg
フッ素	4	4 (男性), 3 (女性)	4	3	(－)*5	(－)*5	mg
亜鉛	15	11	11	8	9	7	mg
セレン	70	55－400	55	55	30－35	25	μg
ヨウ素	150	150	150	150	150	150	μg
クロム	100－200	35	30－35	20－25	35－40	30	μg
食物繊維	10－25*6	10－14 g/1,000 kcal	30－38*6	21－25*6	24－26*6	19－20*6	*6g/day

*1　WHO の計算式

男性（30–60 歳，活動度ふつう）：必要摂取エネルギー = 1.7 ×（11.6 × 体重〔kg〕+ 879）

女性（30–60 歳，活動度ふつう）：必要摂取エネルギー = 1.6 ×（8.7 × 体重〔kg〕+ 829）

船外活動時は 500kcal 増

*2　地上の米国基準（EER：推定エネルギー必要量）

次の公式に年齢，体重，身長，活動度の因子（activity factor）= 1.25 を代入。

男性（19 歳以上）：EER = 622 − 9.52 × 年齢 + 1.25 ×（15.9 × 体重〔kg〕+ 539.6 × 身長〔m〕）

女性（19 歳以上）：EER = 354 − 6.91 × 年齢 + 1.25 ×（9.36 × 体重〔kg〕+ 726 × 身長〔m〕）

*3, *4, *6：表の右側の単位参照　*5：表示されていない

米国人の食事摂取基準は，米国農務省による「アメリカ人のための食事摂取基準（2005 年版）による。

日本人の食事摂取基準は，厚生労働省（2005 年版）による。

EER：推定エネルギー必要量（estimated energy expenditure：EER）

出所）松本暁子：宇宙での栄養，宇宙航空環境医学，45(3)，(2008)

が始まり，災害時における被災者の栄養・食生活支援活動が重要視されている。日本には様々な災害対策・対応に関する法令があり，災害とは，地震をはじめとする異常な自然現象や大規模な火事，原子力緊急事態など，様々な原因によって国民の生命・身体・財産に生じる被害と定義されている。

1） 災害の分類

原因，発生場所，スピード・期間による分類がされている。原因をもとに大別すると自然的素因による災害，社会的素因による災害があり，自然的素因には地形，地質，気象，気候などの自然的条件によるもの，社会的素因に危険地の開発，人間関係の希薄化，核家族化，貧困などによるものが挙げられる。また，発生場所による分類として，都市型災害と地方型災害がある。都市型災害では，ライフラインの寸断によりただちに日常生活が困難となる。また日頃からの人間関係が希薄であるため被災者同士の支えあいが難しくなる。地方型災害では，被災者が孤立しやすく，支援が行き届かず，遅れがちになりやすい。

被害・影響が発生するスピード・期間による分類には，急性期，亜急性期，慢性期があり，地震や竜巻など予測や警報を出すことが難しいものを急性期とし，台風や火山噴火など警報を出すことが可能なものを慢性期，干ばつや飢饉などは被害の発生までの経過が長いため慢性期とされている。

2） 災害時のフェーズと栄養学的対応

災害時の栄養を考える際には，災害時の各段階（フェーズ）に応じた栄養などを考慮した食事の提供を考える必要がある。図 14.4 に災害時の栄養・食生活支援マニュアルを示した。災害発生直後は，水とエネルギーの補給を最優先に考え，避難所に支援物資が配給されるまでの間は非常食を使用する。水分の摂取不足は，脱水症や便秘，エコノミークラス症候群などを生じる原因となるため積極的な水分補給が重要となる。エネルギー補給については，発災直後のフェーズ０～１（72 時間まで）はおにぎり，カップ麺，パン類などの炭水化物が中心の偏った栄養摂取が続くことが多い。フェーズ２（4 日目～１ヵ月）以降の期間では，たんぱく質不足やビタミン，ミネラルの不足への対応が必要になる。特に被災という身体的・精神的ストレスによりエネルギーやたんぱく質とともにビタミン B_1 をはじめとするビタミン B 群や抗酸化作用を有するビタミン C やビタミン E を補給する。

3） 東日本大震災の際にフェーズごとに示された栄養の参照量

東日本大震災の発生の約１ヵ月の時点で，被災後３ヵ月までの当面の目標として厚生労働省より「避難所における食事提供の計画・評価のための当面目標とする栄養の参照量（対象特性別）」（表 14.9）が示された。これら参照量は日本人の食事摂取基準（2010 年版）の各栄養素の摂取基準値をもとに算

フェイズ		フェイズ0	フェイズ1	フェイズ2	フェイズ3
		震災発生から24時間以内	72時間以内	4日目〜1ヶ月	1ヶ月以降
栄養補給		高エネルギー食品の提供 →	→	たんぱく質不足への対応 → ビタミン，ミネラル不足への対応 →	→
被災者への対応		主食（パン類，おにぎり）を中心 水分補給 → ※代替食の検討 → ・乳幼児 ・高齢者（燕下困難等） ・食事制限のある慢性疾患患者 糖尿病，腎臓病，心臓病 肝臓病，高血圧，アレルギー	炊き出し → → → 巡回栄養相談 →	→ 弁当支給 → → → → 栄養教育（食事づくりの指導等）→ 仮設住宅入居前・入居後 被災住宅入居者	→ → → → → →
場所	炊き出し	避難所	避難所，給食施設	避難所，給食施設	避難所，給食施設
	栄養相談		避難所，被災住宅	避難所，被災住宅	避難所，被災住宅，仮設住宅

出所）国立健康・栄養研究所，日本栄養士会：災害時の栄養・食生活支援マニュアル（平成23年4月）

図 14.4　災害時の食事や栄養補給の活動の流れ

定されている。

さらに東日本大震災の発生の約5ヵ月の時点でエネルギーおよびたんぱく質，ビタミンB_1，B_2，Cの摂取不足の回避のための参照量（表14.10），「対象特性に応じて配慮が必要な栄養素について」（表14.11）として，カルシウム，ビタミンA，鉄，食塩が示された。

表 14.9　避難所における食事提供の計画・評価のための当面目標とする栄養の参照量（対象特性別）

	対象特性別（1人1日当たり）			
	幼児（1〜5歳）	成長期Ⅰ（6〜14歳）	成長期Ⅱ・成人（15〜69歳）	高齢者（70歳以上）
エネルギー（kcal）	1,200	1,900	2,100	1,800
たんぱく質（g）	25	45	55	55
ビタミンB_1（mg）	0.6	1.0	1.1	0.9
ビタミンB_2（mg）	0.7	1.1	1.3	1.1
ビタミンC（mg）	45	80	100	100

※日本人の食事摂取基準（2010年版）で示されているエネルギー及び各栄養素の摂取基準値をもとに，該当の年齢区分ごとに，平成17年国勢調査結果で得られた性・年齢階級別の人口構成を用いて加重平均により算出 。なお，エネルギーは身体活動レベルⅠ及びⅡの中間値を用いて算出。

出所）厚生労働省健康局

4)　日本栄養士会災害支援チーム（JDA-DAT）

日本栄養士会は，2011年3月に発生した東日本大震災を機に，大規模災害発生時に被災地での支援活動を行う「日本栄養士会災害支援チーム（JDA-DAT：The Japan Dietetic Association-Disaster Assistance Team）」を設立した。

表 14.10　避難所における食事提供の評価・計画のための栄養の参照量
―エネルギー及び主な栄養素について―

目的	エネルギー・栄養素	1 歳以上，1 人 1 日当たり
エネルギー摂取の過不足の回避	エネルギー	1,800 ～ 2,200kcal
栄養素の摂取不足の回避	たんぱく質	55g 以上
	ビタミンB_1	0.9mg 以上
	ビタミンB_2	1.0mg 以上
	ビタミンC	80mg 以上

※日本人の食事摂取基準（2010 年版）で示されているエネルギー及び各栄養素の値をもとに，平成 17 年国勢調査結果で得られた性・年齢階級別の人口構成を用いて加重平均により算出。
出所）厚生労働省健康局

表 14.11　避難所における食事提供の評価・計画のための栄養の参照量
―対象特性に応じて配慮が必要な栄養素について―

目的	栄養素	配慮事項
栄養素の摂取不足の回避	カルシウム	骨量が最も蓄積される思春期に十分な摂取量を確保する観点から，特に 6 ～ 14 歳においては，600mg/ 日を目安とし，牛乳・乳製品，豆類，緑黄色野菜，小魚など多様な食品の摂取に留意すること
	ビタミンA	欠乏による成長阻害や骨及び神経系の発達抑制を回避する観点から，成長期の子ども，特に1 ～5 歳においては，300 μg RE/ 日を下回らないよう主菜や副菜（緑黄色野菜）の摂取に留意すること
	鉄	月経がある場合には，十分な摂取に留意するとともに，特に貧血の既往があるなど個別の配慮を要する場合は，医師・管理栄養士等による専門的評価を受けること
生活習慣病の一次予防	ナトリウム（食塩）	高血圧の予防の観点から，成人においては，目標量（食塩相当量として，男性9.0g 未満/ 日，女性7.5g 未満/ 日）を参考に，過剰摂取を避けること

※日本人の食事摂取基準（2010 年版）で示されているエネルギー及び各栄養素の値をもとに，平成 17 年国勢調査結果で得られた性・年齢階級別の人口構成を用いて加重平均により算出。
出所）厚生労働省健康局

JDA-DAT は，国内外で地震，台風など大規模な自然災害が発生した場合，迅速に被災地内の医療・福祉・行政栄養部門と協力して，緊急栄養補給物資の支援など，状況に応じた栄養・食生活支援活動を通じ，被災地支援を行うことを目的としている。JDA-DAT は，災害支援管理栄養士と被災地管理栄養士で構成され，研修を通じ，災害発生後 72 時間以内に行動できる機動性や大規模災害に対応できる広域性，栄養支援トレーニングによる専門的スキルなどを養っている。また，食料の調達，移動手段の確保などを自身で行う自己完結性も備えるようにしている。日本栄養士会では，JDA-DAT リーダー 1,000 名の育成，JDA-DAT スタッフ 4,000 名の養成を目指している。

【演習問題】

問1　汎（全身）適応症候群に関する記述である。正しいのはどれか。2つ選べ。
（2017年国家試験改変）

（1）警告反応期のショック相では，血圧が低下する。
（2）警告反応期のショック相では，血糖値が上昇する。
（3）警告反応期の反ショック相では，生体防御機能が低下する。
（4）抵抗期では，新たなストレスに対する抵抗力は弱くなる。
（5）疲はい期では，ストレスに対して生体が適応力を獲得している。

解答（1，4）

問2　ストレス応答の抵抗期に関する記述である。正しいのはどれか。2つ選べ。
（2019年国家試験改変）

（1）副腎皮質ホルモンの分泌は，増加する。
（2）エネルギー代謝は，低下する。
（3）窒素出納は，負に傾く。
（4）カルシウムの尿中排泄量は，減少する。
（5）ビタミンCの需要は，減少する。

解答（1，3）

問3　高温環境に暴露されたときに起こる身体変化に関する記述である。正しいのはどれか。2つ選べ。（2016年国家試験改変）

（1）腎臓でのナトリウムの再吸収は，増加する。
（2）バソプレシンの分泌は，増加する。
（3）換気量は，低下する。
（4）熱産生は，亢進する。
（5）皮膚血管は，収縮する。

解答（1，2）

問4　環境温度と身体機能の変化に関する記述である。正しいのはどれか。2つ選べ。（2018年国家試験改変）

（1）夏季は，冬季に比べ基礎代謝量が増加する。
（2）低温環境では，ふるえ熱産生が起こる。
（3）低温環境では，アドレナリンの分泌が増加する。
（4）高温環境では，熱産生が増加する。
（5）高温環境では，皮膚血管が収縮する。

解答（2，3）

問5　特殊環境と栄養に関する記述である。正しいのはどれか。2つ選べ。
（2019年国家試験改変）

（1）低温環境下では，皮膚の血流量が低下する。
（2）外部環境の影響を受けやすいのは，表面温度より中心温度である。
（3）低圧環境下では，肺胞内酸素分圧が上昇する。
（4）WBGT（湿球黒球温度）が上昇したときは，水分摂取を控える。

(5) 高圧環境から急激に減圧すると，体内の溶存ガスが気泡化する。

解答（1，5）

問 6　無重力環境（宇宙空間）における身体変化に関する記述である。正しいのはどれか。2 つ選べ。　（2019 年国家試験改変）

(1) 食欲は，増加する。

(2) 血液の分布は，下肢方向にシフトする。

(3) 循環血液量は，増加する。

(4) 尿中カルシウム排泄量は，増加する。

(5) 筋肉量は，低下する。

解答（4，5）

【参考文献】

石川俊男：ストレスのメカニズム，臨床栄養，**76**(**2**)（1990）

伊藤洋平：日本南極地域観測隊医療報告（Ⅰ），南極資料，№6（1959）

上田五雨：高所環境と人間，化学と工業，**42**（1989）

大久保嘉明：第 9 次越冬隊員の昭和基地および極点旅行中での生理学的変化，医学のあゆみ，**81**（1971）

環境庁：環境白書（総説）平成 11 年版，大蔵省印刷局（1999）

環境省環境保健部環境安全課：熱中症環境保健マニュアル 2014 年 3 月改訂（2014）

黒島晨汎：環境生理学，理工学社（1998）

厚生労働省：平成 26 年版厚生労働白書（2014）

佐々木隆，千葉喜彦編：時間生物学，朝倉書店（1984）

高瀬義昌：高齢者の脱水，健康と良い友だち社，東京（2010）

道家達將，新飯田宏：地球環境を考える，放送大学教育振興会（1999）

日本体力医学会学術委員会：スポーツ医学—基礎と臨床—，朝倉書店（1998）

藤野冨士代：南極地域観測越冬隊の食生活，栄養日本，**39**（1996）

古河太郎，本田良行：現代の生理学，金原出版（1982）

万木良平，井上太郎：異常環境の生理と栄養，光生館（1980）

松本暁子：宇宙食の現状と“宇宙日本食”開発の展望，日本栄養・食糧学会誌，**57**(**2**)（2004）

松本暁子：宇宙での栄養，宇宙航空環境医学，**45**(**3**)，75－97（2008）

三浦豊彦：冬と寒さと健康，労働科学研究所印刷部（1989）

三浦豊彦：夏と暑さと健康，労働科学研究所印刷部（1993）

宮澤清治：天気図と気象の本，国際地学協会（1998）

山崎元：スポーツ医学のすすめⅡ，慶應義塾大学出版会（1997）

吉武素二，増原良彦：気象と地震の話，大蔵省印刷局（1986）

付　表

1　基準を策定した栄養素と設定した指標（1歳以上）

2　身体活動レベル別にみた活動内容と活動時間の代表

3　エネルギー・栄養素の食事摂取基準［2020年版］

4　健康づくりのための各種指針

4.1　健康づくりのための食生活指針／4.2　対象特性別食生活指針／4.3　健康づくりのための運動指針／4.4　健康づくりのための休養指針／4.5　健康づくりのための睡眠指針　2014～睡眠12箇条～／4.6　健康づくりのための身体活動基準・指針　2013（一部抜粋）

5　妊産婦のための食事バランスガイド

付表1　基準を策定した栄養素と設定した指標（1歳以上）

栄養素			推定平均必要量（EAR）	推奨量（RDA）	目安量（AI）	耐容上限量（UL）	目標量（DG）
たんぱく質[2]			○[b]	○[b]	―	―	○[5]
脂　質		脂質	―	―	―	―	○[5]
		飽和脂肪酸[4]	―	―	―	―	○[5]
		n-6系脂肪酸	―	―	○	―	―
		n-3系脂肪酸	―	―	○	―	―
		コレステロール[5]	―	―	―	―	―
炭水化物		炭水化物	―	―	―	―	○[5]
		食物繊維	―	―	―	―	○
		糖類	―	―	―	―	―
主要栄養素バランス[2,5]			―	―	―	―	○[5]
ビタミン	脂溶性	ビタミンA	○[a]	○[a]	―	○	―
		ビタミンD[2]	―	―	○	○	―
		ビタミンE	―	―	○	○	―
		ビタミンK	―	―	○	―	―
	水溶性	ビタミンB_1	○[c]	○[c]	―	―	―
		ビタミンB_2	○[c]	○[c]	―	―	―
		ナイアシン	○[a]	○[a]	―	○	―
		ビタミンB_6	○[b]	○[b]	―	○	―
		ビタミンB_{12}	○[a]	○[a]	○	―	―
		葉酸	○[a]	○[a]	―	○[6]	―
		パントテン酸	―	―	○	―	―
		ビオチン	―	―	○	―	―
		ビタミンC	○[a]	○[a]	―	―	―
ミネラル	多量	ナトリウム[5]	○[a]	○[a]	―	―	○
		カリウム	―	―	○	―	○
		カルシウム	○[b]	○[b]	―	○	―
		マグネシウム	○[b]	○[b]	―	○[6]	―
		リン	―	―	○	○	―
	微量	鉄	○[a]	○[a]	―	○	―
		亜鉛	○[b]	○[b]	―	○	―
		銅	○[b]	○[b]	―	○	―
		マンガン	―	―	○	○	―
		ヨウ素	○[a]	○[a]	―	○	―
		セレン	○[a]	○[a]	―	○	―
		クロム	―	―	○	○[6]	―
		モリブデン	○[b]	○[b]	―	○	―

[1] 一部の年齢階級についてのみ設定した場合も含む。
[2] フレイル予防を図る上での留意事項を表の脚注として記載。
[3] 総エネルギー摂取量に占めるべき割合（%エネルギー）。
[4] 脂質異常症の重症化予防を目的としたコレステロールの量と，トランス脂肪酸の摂取に関する参考情報を表の脚注として記載。
[5] 高血圧及び慢性腎臓病（CKD）の重症化予防を目的とした量を表の脚注として記載。
[6] 通常の食品以外の食品からの摂取について定めた。
[a] 集団内の半数の人に不足又は欠乏の症状が現れ得る摂取量をもって推定平均必要量とした栄養素。
[b] 集団内の半数の人で体内量が維持される摂取量をもって推定平均必要量とした栄養素。
[c] 集団内の半数の人で体内量が飽和している摂取量をもって推定平均必要量とした栄養素。
[n] 上記以外の方法で推定平均必要量が定められた栄養素。

付表 2　身体活動レベル別にみた活動内容と活動時間の代表例

身体活動レベル[1]	低い（Ⅰ）	ふつう（Ⅱ）	高い（Ⅲ）
	1.50 （1.40～1.60）	1.75 （1.60～1.90）	2.00 （1.90～2.20）
日常生活の内容[2]	生活の大部分が座位で，静的な活動が中心の場合	座位中心の仕事だが，職場内での移動や立位での作業・接客等，通勤・買い物での歩行，家事，軽いスポーツ，のいずれかを含む場合	移動や立位の多い仕事への従事者，あるいは，スポーツ等余暇における活発な運動習慣を持っている場合
中程度の強度（3.0～5.9 メッツ）の身体活動の1日当たりの合計時間（時間/日）[3]	1.65	2.06	2.53
仕事での1日当たりの合計歩行時間（時間/日）[3]	0.25	0.54	1.00

[1] 代表値。（　）内はおよその範囲。

[2] Black, *et al.*, Ishikawa-Takata, *et al.* を参考に，身体活動レベル（PAL）に及ぼす職業の影響が大きいことを考慮して作成。

[3] Ishikawa-Takata, *et al.* による。

付表 3　エネルギー・栄養素の食事摂取基準［2020 年版］

3.1　参照体位（参照身長，参照体重）

性　別	男　性		女　性[2]	
年齢等	参照身長（cm）	参照体重（kg）	参照身長（cm）	参照体重（kg）
0～ 5（月）	61.5	6.3	60.1	5.9
6～11（月）	71.6	8.8	70.2	8.1
6～ 8（月）	69.8	8.4	68.3	7.8
9～11（月）	73.2	9.1	71.9	8.4
1～ 2（歳）	85.8	11.5	84.6	11.0
3～ 5（歳）	103.6	16.5	103.2	16.1
6～ 7（歳）	119.5	22.2	118.3	21.9
8～ 9（歳）	130.4	28.0	130.4	27.4
10～11（歳）	142.0	35.6	144.0	36.3
12～14（歳）	160.5	49.0	155.1	47.5
15～17（歳）	170.1	59.7	157.7	51.9
18～29（歳）	171.0	64.5	158.0	50.3
30～49（歳）	171.0	68.1	158.0	53.0
50～64（歳）	169.0	68.0	155.8	53.8
65～74（歳）	165.2	65.0	152.0	52.1
75 以上（歳）	160.8	59.6	148.0	48.8

[1] 0～17 歳は，日本小児内分泌学会・日本成長学会合同標準値委員会による小児の体格評価に用いる身長，体重の標準値を基に，年齢区分に応じて，当該月齢並びに年齢階級の中央時点における中央値を引用した。ただし，公表数値が年齢区分と合致しない場合は，同様の方法で算出した値を用いた。18 歳以上は，平成 28 年国民健康・栄養調査における当該の性及び年齢階級における身長・体重の中央値を用いた。

[2] 妊婦，授乳婦を除く。

3.2　参照体重における基礎代謝量

性　別	男　性			女　性		
年齢（歳）	基礎代謝基準値（kcal/kg 体重/日）	参照体重（kg）	基礎代謝量（kcal/日）	基礎代謝基準値（kcal/kg 体重/日）	参照体重（kg）	基礎代謝量（kcal/日）
1～ 2	61.0	11.5	700	59.7	11.0	660
3～ 5	54.8	16.5	900	52.2	16.1	840
6～ 7	44.3	22.2	980	41.9	21.9	920
8～ 9	40.8	28.0	1,140	38.3	27.4	1,050
10～11	37.4	35.6	1,330	34.8	36.3	1,260
12～14	31.0	49.0	1,520	29.6	47.5	1,410
15～17	27.0	59.7	1,610	25.3	51.9	1,310
18～29	23.7	64.5	1,530	22.1	50.3	1,110
30～49	22.5	68.1	1,530	21.9	53.0	1,160
50～64	21.8	68.0	1,480	20.7	53.8	1,110
65～74	21.6	65.0	1,400	20.7	52.1	1,080
75 以上	21.5	59.6	1,280	20.7	48.8	1,010

3.3　年齢階級別に見た身体活動レベルの群分け（男女共通）

身体活動レベル	Ⅰ（低い）	Ⅱ（ふつう）	Ⅲ（高い）
1～2（歳）	—	1.35	—
3～5（歳）	—	1.45	—
6～7（歳）	1.35	1.55	1.75
8～9（歳）	1.40	1.60	1.80
10～11（歳）	1.45	1.65	1.85
12～14（歳）	1.50	1.70	1.90
15～17（歳）	1.55	1.75	1.95
18～29（歳）	1.50	1.75	2.00
30～49（歳）	1.50	1.75	2.00
50～64（歳）	1.50	1.75	2.00
65～74（歳）	1.45	1.70	1.95
75以上（歳）	1.40	1.65	—

3.4　推定エネルギー必要量（kcal/日）

性　別	男　性			女　性		
身体活動レベル[1]	Ⅰ	Ⅱ	Ⅲ	Ⅰ	Ⅱ	Ⅲ
0～5（月）	—	550	—	—	500	—
6～8（月）	—	650	—	—	600	—
9～11（月）	—	700	—	—	650	—
1～2（歳）	—	950	—	—	900	—
3～5（歳）	—	1,300	—	—	1,250	—
6～7（歳）	1,350	1,550	1,750	1,250	1,450	1,650
8～9（歳）	1,600	1,850	2,100	1,500	1,700	1,900
10～11（歳）	1,950	2,250	2,500	1,850	2,100	2,350
12～14（歳）	2,300	2,600	2,900	2,150	2,400	2,700
15～17（歳）	2,500	2,800	3,150	2,050	2,300	2,550
18～29（歳）	2,300	2,650	3,050	1,700	2,000	2,300
30～49（歳）	2,300	2,700	3,050	1,750	2,050	2,350
50～64（歳）	2,200	2,600	2,950	1,650	1,950	2,250
65～74（歳）	2,050	2,400	2,750	1,550	1,850	2,100
75以上（歳）[2]	1,800	2,100	—	1,400	1,650	—
妊婦（付加量）[3] 初期				＋50	＋50	＋50
中期				＋250	＋250	＋250
後期				＋450	＋450	＋450
授乳婦（付加量）				＋350	＋350	＋350

[1] 身体活動レベルは，低い，ふつう，高いの三つのレベルとして，それぞれⅠ，Ⅱ，Ⅲで示した。

[2] レベルⅡは自立している者，レベルⅠは自宅にいてほとんど外出しない者に相当する。レベルⅠは高齢者施設で自立に近い状態で過ごしている者にも適用できる値である。

[3] 妊婦個々の体格や妊娠中の体重増加量，胎児の発育状況の評価を行うことが必要である。

注1：活用に当たっては，食事摂取状況のアセスメント，体重及びBMIの把握を行い，エネルギーの過不足は，体重の変化又はBMIを用いて評価すること。

注2：身体活動レベルⅠの場合，少ないエネルギー消費量に見合った少ないエネルギー摂取量を維持することになるため，健康の保持・増進の観点からは，身体活動量を増加させる必要がある。

3.5　エネルギー出納バランスの基本概念

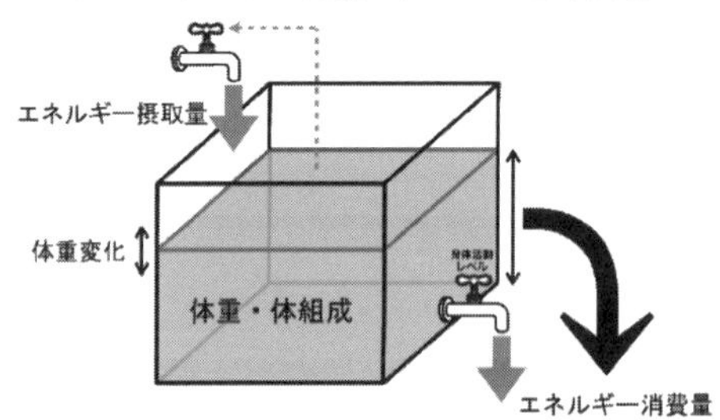

体重とエネルギー出納の関係は，水槽に貯まったモデルで理解される。エネルギー摂取量とエネルギー消費量が等しいとき，体重の変化はなく，体格（BMI）は一定に保たれる。エネルギー摂取量がエネルギー消費量を上回ると体重は増加し，肥満につながる。エネルギー消費量がエネルギー摂取量を上回ると体重が減少し，やせにつながる。しかし，長期的には，体重変化によりエネルギー消費量やエネルギー摂取量が変化し，エネルギー出納はゼロとなり，体重が安定する。肥満者もやせの者も体重に変化がなければ，エネルギー摂取量とエネルギー消費量は等しい。

3.6　たんぱく質の食事摂取基準

（推定平均必要量，推奨量，目安量：g/日，目標量（中央値）：%エネルギー）

性　別	男　性				女　性			
年齢等	推定平均必要量	推奨量	目安量	目標量[1]	推定平均必要量	推奨量	目安量	目標量[1]
0～5（月）	—	—	10	—	—	—	10	—
6～8（月）	—	—	15	—	—	—	15	—
9～11（月）	—	—	25	—	—	—	25	—
1～2（歳）	15	20	—	13～20	15	20	—	13～20
3～5（歳）	20	25	—	13～20	20	25	—	13～20
6～7（歳）	25	30	—	13～20	25	30	—	13～20
8～9（歳）	30	40	—	13～20	30	40	—	13～20
10～11（歳）	40	45	—	13～20	40	50	—	13～20
12～14（歳）	50	60	—	13～20	45	55	—	13～20
15～17（歳）	50	65	—	13～20	45	55	—	13～20
18～29（歳）	50	65	—	13～20	40	50	—	13～20
30～49（歳）	50	65	—	13～20	40	50	—	13～20
50～64（歳）	50	65	—	14～20	40	50	—	14～20
65～74（歳）[2]	50	60	—	15～20	40	50	—	15～20
75以上（歳）[2]	50	60	—	15～20	40	50	—	15～20
妊婦（付加量）（初期）					＋0	＋0	—	13～20
（中期）					＋5	＋5	—	13～20
（後期）					＋20	＋20	—	15～20
授乳婦（付加量）					＋15	＋20	—	15～20

[1] 範囲に関しておおむねの値を示したものであり，弾力的に運用すること。

[2] 65歳以上の高齢者について，フレイル予防を目的とした量を定めることは難しいが，身長・体重が参照体位に比べて小さい者や，特に75歳以上であって加齢に伴い身体活動量が大きく低下した者など，必要エネルギー摂取量が低い者では，下限が推奨量を下回る場合があり得る。この場合でも，下限は推奨量以上とすることが望ましい。

3.7　脂質の食事摂取基準（%エネルギー）

性　別	男　性		女　性	
年齢等	目安量	目標量[1]	目安量	目標量[1]
0～ 5（月）	50	—	50	—
6～11（月）	40	—	40	—
1～ 2（歳）	—	20～30	—	20～30
3～ 5（歳）	—	20～30	—	20～30
6～ 7（歳）	—	20～30	—	20～30
8～ 9（歳）	—	20～30	—	20～30
10～11（歳）	—	20～30	—	20～30
12～14（歳）	—	20～30	—	20～30
15～17（歳）	—	20～30	—	20～30
18～29（歳）	—	20～30	—	20～30
30～49（歳）	—	20～30	—	20～30
50～64（歳）	—	20～30	—	20～30
65～74（歳）	—	20～30	—	20～30
75以上（歳）	—	20～30	—	20～30
妊　婦			—	20～30
授乳婦			—	20～30

[1] 範囲に関してはおおむねの値を示したものである。

3.8　飽和脂肪酸の食事摂取基準（%エネルギー）[1, 2]

性　別	男　性	女　性
年齢等	目標量	目標量
0～ 5（月）	—	—
6～11（月）	—	—
1～ 2（歳）	—	—
3～ 5（歳）	10以下	10以下
6～ 7（歳）	10以下	10以下
8～ 9（歳）	10以下	10以下
10～11（歳）	10以下	10以下
12～14（歳）	10以下	10以下
15～17（歳）	8以下	8以下
18～29（歳）	7以下	7以下
30～49（歳）	7以下	7以下
50～64（歳）	7以下	7以下
65～74（歳）	7以下	7以下
75以上（歳）	7以下	7以下
妊　婦		7以下
授乳婦		7以下

[1] 飽和脂肪酸と同じく，脂質異常症及び循環器疾患に関与する栄養素としてコレステロールがある。コレステロールに目標量は設定しないが，これは許容される摂取量に上限が存在しないことを保証するものではない。また，脂質異常症の重症化予防の目的からは，200mg/日未満に留めることが望ましい。

[2] 飽和脂肪酸と同じく，冠動脈疾患に関与する栄養素としてトランス脂肪酸がある。日本人の大多数は，トランス脂肪酸に関するWHOの目標（1%エネルギー未満）を下回っており，トランス脂肪酸の摂取による健康への影響は，飽和脂肪酸の摂取によるものと比べて小さいと考えられる。ただし，脂質に偏った食事をしている者では，留意する必要がある。トランス脂肪酸は人体にとって不可欠な栄養素ではなく，健康の保持・増進を図る上で積極的な摂取は勧められないことから，その摂取量は1%エネルギー未満に留めることが望ましく，1%エネルギー未満でもできるだけ低く留めることが望ましい。

3.9　*n*−6系脂肪酸の食事摂取基準（g/日）

性　別	男　性	女　性
年齢等	目安量	目安量
0～ 5（月）	4	4
6～11（月）	4	4
1～ 2（歳）	5	5
3～ 5（歳）	7	7
6～ 7（歳）	8	8
8～ 9（歳）	9	8
10～11（歳）	10	9
12～14（歳）	11	10
15～17（歳）	13	10
18～29（歳）	11	9
30～49（歳）	11	9
50～64（歳）	11	9
65～75（歳）	10	9
75以上（歳）	9	8
妊　婦		9
授乳婦		9

3.10　*n*−3系脂肪酸の食事摂取基準（g/日）

性　別	男　性	女　性
年齢等	目安量	目安量
0～ 5（月）	0.9	0.9
6～11（月）	0.8	0.8
1～ 2（歳）	1.0	1.0
3～ 5（歳）	1.2	1.2
6～ 7（歳）	1.4	1.4
8～ 9（歳）	1.6	1.6
10～11（歳）	1.8	1.8
12～14（歳）	2.2	1.8
15～17（歳）	2.4	1.8
18～29（歳）	2.4	1.8
30～49（歳）	2.4	1.8
50～64（歳）	2.6	2.2
65～74（歳）	2.6	2.2
75以上（歳）	2.4	2.2
妊　婦		1.8
授乳婦		1.8

3.11 炭水化物の食事摂取基準（%エネルギー）

性　別	男　性	女　性
年齢等	目標量[1,2]	目標量[1,2]
0～ 5（月）	—	—
6～11（月）	—	—
1～ 2（歳）	50～65	50～65
3～ 5（歳）	50～65	50～65
6～ 7（歳）	50～65	50～65
8～ 9（歳）	50～65	50～65
10～11（歳）	50～65	50～65
12～14（歳）	50～65	50～65
15～17（歳）	50～65	50～65
18～29（歳）	50～65	50～65
30～49（歳）	50～65	50～65
50～64（歳）	50～65	50～65
65～74（歳）	50～65	50～65
75 以上（歳）	50～65	50～65
妊　婦		50～65
授乳婦		50～65

[1] 範囲については，おおむねの値を示したものである。
[2] アルコールを含む。ただし，アルコールの摂取を勧めるものではない。

3.12 食物繊維の食事摂取基準（g/日）

性　別	男　性	女　性
年齢等	目標量	目標量
0～ 5（月）	—	—
6～11（月）	—	—
1～ 2（歳）	—	—
3～ 5（歳）	8 以上	8 以上
6～ 7（歳）	10 以上	10 以上
8～ 9（歳）	11 以上	11 以上
10～11（歳）	13 以上	13 以上
12～14（歳）	17 以上	17 以上
15～17（歳）	19 以上	18 以上
18～29（歳）	21 以上	18 以上
30～49（歳）	21 以上	18 以上
50～64（歳）	21 以上	18 以上
65～74（歳）	20 以上	17 以上
75 以上（歳）	20 以上	17 以上
妊　婦		18 以上
授乳婦		18 以上

3.13 エネルギー産生栄養素バランス（%エネルギー）

性　別	男　性				女　性			
年齢等	目標量[1,2]				目標量[1,2]			
	たんぱく質[3]	脂質[4]		炭水化物[5,6]	たんぱく質[3]	脂質[4]		炭水化物[5,6]
		脂質	飽和脂肪酸			脂質	飽和脂肪酸	
0～11（月）	—	—	—	—	—	—	—	—
1～ 2（歳）	—	—	—	—	—	—	—	—
3～ 5（歳）	13～20	20～30	10 以下	50～65	13～20	20～30	10 以下	50～65
6～ 7（歳）	13～20	20～30	10 以下	50～65	13～20	20～30	10 以下	50～65
8～ 9（歳）	13～20	20～30	10 以下	50～65	13～20	20～30	10 以下	50～65
10～11（歳）	13～20	20～30	10 以下	50～65	13～20	20～30	10 以下	50～65
12～14（歳）	13～20	20～30	10 以下	50～65	13～20	20～30	10 以下	50～65
15～17（歳）	13～20	20～30	8 以下	50～65	13～20	20～30	8 以下	50～65
18～29（歳）	13～20	20～30	7 以下	50～65	13～20	20～30	7 以下	50～65
30～49（歳）	13～20	20～30	7 以下	50～65	13～20	20～30	7 以下	50～65
50～64（歳）	14～20	20～30	7 以下	50～65	14～20	20～30	7 以下	50～65
65～74（歳）	15～20	20～30	7 以下	50～65	15～20	20～30	7 以下	50～65
75 以上（歳）	15～20	20～30	7 以下	50～65	15～20	20～30	7 以下	50～65
妊婦（初期）					13～20	20～30	7 以下	50～65
（中期）					13～20			
（後期）					15～20			
授乳婦					15～20			

[1] 必要なエネルギー量を確保した上でのバランスとすること。
[2] 範囲に関してはおおむねの値を示したものであり，弾力的に運用すること。
[3] 65 歳以上の高齢者について，フレイル予防を目的とした量を定めることは難しいが，身長・体重が参照体位に比べて小さい者や，特に 75 歳以上であって加齢に伴い身体活動量が大きく低下した者など，必要エネルギー摂取量が低い者では，下限が推奨量を下回る場合があり得る。この場合でも，下限は推奨量以上とすることが望ましい。
[4] 脂質については，その構成成分である飽和脂肪酸など，質への配慮を十分に行う必要がある。
[5] アルコールを含む。ただし，アルコールの摂取を勧めるものではない。
[6] 食物繊維の目標量を十分に注意すること。

脂溶性ビタミン

3.14　ビタミンAの食事摂取基準（μg RAE/日）[1]

性別	男性				女性			
年齢等	推定平均必要量[2]	推奨量[2]	目安量[3]	耐容上限量[3]	推定平均必要量[2]	推奨量[2]	目安量[3]	耐容上限量[3]
0～5（月）	—	—	300	600	—	—	300	600
6～11（月）	—	—	400	600	—	—	400	600
1～2（歳）	300	400	—	600	250	350	—	600
3～5（歳）	350	450	—	700	350	500	—	850
6～7（歳）	300	400	—	950	300	400	—	1,200
8～9（歳）	350	500	—	1,200	350	500	—	1,500
10～11（歳）	450	600	—	1,500	400	600	—	1,900
12～14（歳）	550	800	—	2,100	500	700	—	2,500
15～17（歳）	650	900	—	2,500	500	650	—	2,800
18～29（歳）	600	850	—	2,700	450	650	—	2,700
30～49（歳）	650	900	—	2,700	500	700	—	2,700
50～64（歳）	650	900	—	2,700	500	700	—	2,700
65～74（歳）	600	850	—	2,700	500	700	—	2,700
75以上（歳）	550	800	—	2,700	450	650	—	2,700
妊婦（付加量）（前期）					＋0	＋0	—	—
（中期）					＋0	＋0	—	—
（後期）					＋60	＋80	—	—
授乳婦（付加量）					＋300	＋450	—	—

[1] レチノール活性当量（μgRAE）
＝レチノール（μg）＋β-カロテン（μg）×1/12＋α-カロテン（μg）×1/24
＋β-クリプトキサンチン（μg）×1/24＋その他のプロビタミンAカロテノイド（μg）×1/24

[2] プロビタミンAカロテノイドを含む。

[3] プロビタミンAカロテノイドを含まない。

3.15　ビタミンDの食事摂取基準（μg/日）[1]

性別	男性		女性	
年齢等	目安量	耐容上限量	目安量	耐容上限量
0～5（月）	5.0	25	5.0	25
6～11（月）	5.0	25	5.0	25
1～2（歳）	3.0	20	3.5	20
3～5（歳）	3.5	30	4.0	30
6～7（歳）	4.5	30	5.0	30
8～9（歳）	5.0	40	6.0	40
10～11（歳）	6.5	60	8.0	60
12～14（歳）	8.0	80	9.5	80
15～17（歳）	9.0	90	8.5	90
18～29（歳）	8.5	100	8.5	100
30～49（歳）	8.5	100	8.5	100
50～64（歳）	8.5	100	8.5	100
65～74（歳）	8.5	100	8.5	100
75以上（歳）	8.5	100	8.5	100
妊婦			8.5	—
授乳婦			8.5	—

[1] 日照により皮膚でビタミンDが産生されることを踏まえ，フレイル予防を図る者はもとより，全年齢区分を通じて，日常生活において可能な範囲内での適度な日照を心がけるとともに，ビタミンDの摂取については，日照時間を考慮に入れることが重要である。

3.16 ビタミンEの食事摂取基準（mg/日）[1]

性 別	男 性		女 性	
年齢等	目安量	耐容上限量	目安量	耐容上限量
0～ 5（月）	3.0	—	3.0	—
6～11（月）	4.0	—	4.0	—
1～ 2（歳）	3.0	150	3.0	150
3～ 5（歳）	4.0	200	4.0	200
6～ 7（歳）	5.0	300	5.0	300
8～ 9（歳）	5.0	350	5.0	350
10～11（歳）	5.5	450	5.5	450
12～14（歳）	6.5	650	6.0	600
15～17（歳）	7.0	750	5.5	650
18～29（歳）	6.0	850	5.0	650
30～49（歳）	6.0	900	5.5	700
50～64（歳）	7.0	850	6.0	700
65～74（歳）	7.0	850	6.5	650
75以上（歳）	6.5	750	6.5	650
妊 婦			6.5	—
授乳婦			7.0	—

[1] α-トコフェロールについて算定した。α-トコフェロール以外のビタミンEは含んでいない。

3.17 ビタミンKの食事摂取基準（μg/日）

性 別	男 性	女 性
年齢等	目安量	目安量
0～ 5（月）	4	4
6～11（月）	7	7
1～ 2（歳）	50	60
3～ 5（歳）	60	70
6～ 7（歳）	80	90
8～ 9（歳）	90	110
10～11（歳）	110	140
12～14（歳）	140	170
15～17（歳）	160	150
18～29（歳）	150	150
30～49（歳）	150	150
50～64（歳）	150	150
65～74（歳）	150	150
75以上（歳）	150	150
妊 婦		150
授乳婦		150

水溶性ビタミン

3.18　ビタミン B_1 の食事摂取基準（mg/日）[1]

性　別	男　性			女　性		
年齢等	推定平均必要量	推奨量	目安量	推定平均必要量	推奨量	目安量
0～ 5（月）	—	—	0.1	—	—	0.1
6～11（月）	—	—	0.2	—	—	0.2
1～ 2（歳）	0.4	0.5	—	0.4	0.5	—
3～ 5（歳）	0.6	0.7	—	0.6	0.7	—
6～ 7（歳）	0.7	0.8	—	0.7	0.8	—
8～ 9（歳）	0.8	1.0	—	0.8	0.9	—
10～11（歳）	1.0	1.2	—	0.9	1.1	—
12～14（歳）	1.2	1.4	—	1.1	1.3	—
15～17（歳）	1.3	1.5	—	1.0	1.2	—
18～29（歳）	1.2	1.4	—	0.9	1.1	—
30～49（歳）	1.2	1.4	—	0.9	1.1	—
50～69（歳）	1.1	1.3	—	0.9	1.0	—
70 以上（歳）	1.0	1.2	—	0.8	0.9	—
妊婦（付加量）				+0.2	+0.2	—
授乳婦（付加量）				+0.2	+0.2	—

[1] 身体活動レベルⅡの推定エネルギー必要量を用いて算定した。
特記事項：推定平均必要量は，ビタミン B_1 の欠乏症である脚気を予防するに足る最小必要量からではなく，尿中にビタミン B_1 の排泄量が増大し始める摂取量（体内飽和量）から算定。

3.19　ビタミン B_2 の食事摂取基準（mg/日）[1]

性　別	男　性			女　性		
年齢等	推定平均必要量	推奨量	目安量	推定平均必要量	推奨量	目安量
0～ 5（月）	—	—	0.3	—	—	0.3
6～11（月）	—	—	0.4	—	—	0.4
1～ 2（歳）	0.5	0.6	—	0.5	0.5	—
3～ 5（歳）	0.7	0.8	—	0.6	0.8	—
6～ 7（歳）	0.8	0.9	—	0.7	0.9	—
8～ 9（歳）	0.9	1.1	—	0.9	1.0	—
10～11（歳）	1.1	1.4	—	1.0	1.3	—
12～14（歳）	1.3	1.6	—	1.2	1.4	—
15～17（歳）	1.4	1.7	—	1.2	1.4	—
18～29（歳）	1.3	1.6	—	1.0	1.2	—
30～49（歳）	1.3	1.6	—	1.0	1.2	—
50～64（歳）	1.2	1.5	—	1.0	1.2	—
65～74（歳）	1.2	1.5	—	1.0	1.2	—
75 以上（歳）	1.1	1.3	—	0.9	1.0	—
妊婦（付加量）				+0.2	+0.3	—
授乳婦（付加量）				+0.5	+0.6	—

[1] 身体活動レベルⅡの推定エネルギー必要量を用いて算定した。
特記事項：推定平均必要量は，ビタミン B_2 の欠乏症である口唇炎，口角炎，舌炎などの皮膚炎を予防するに足る最小摂取量から求めた値ではなく，尿中にビタミン B_2 の排泄量が増大し始める摂取量（体内飽和量）から算定。

3.20 ナイアシンの食事摂取基準（mgNE/日）[1]

性別	男性				女性			
年齢等	推定平均必要量	推奨量	目安量	耐容上限量[2]	推定平均必要量	推奨量	目安量	耐容上限量[2]
0～5（月）[2]	—	—	2	—	—	—	2	—
6～11（月）	—	—	3	—	—	—	3	—
1～2（歳）	5	6	—	60(15)	4	5	—	60(15)
3～5（歳）	6	8	—	80(20)	6	7	—	80(20)
6～7（歳）	7	9	—	100(30)	7	8	—	100(30)
8～9（歳）	9	11	—	150(35)	8	10	—	150(35)
10～11（歳）	11	13	—	200(45)	10	10	—	150(45)
12～14（歳）	12	15	—	250(60)	12	14	—	250(60)
15～17（歳）	14	17	—	300(70)	11	13	—	250(65)
18～29（歳）	13	15	—	300(80)	9	11	—	250(65)
30～49（歳）	13	15	—	350(85)	10	12	—	250(65)
50～64（歳）	12	14	—	350(85)	9	11	—	250(65)
65～74（歳）	12	14	—	330(80)	9	11	—	250(65)
75以上（歳）	11	13	—	300(75)	9	10	—	250(60)
妊婦（付加量）					+0	+0	—	—
授乳婦（付加量）					+3	+3	—	—

NE＝ナイアシン当量＝ナイアシン＋1/60トリプトファン。

[1] 身体活動レベルⅡの推定エネルギー必要量を用いて算定した。

[2] ニコチンアミドのmg量，（ ）内はニコチン酸のmg量。参照体重を用いて参照した。

3.21 ビタミンB_6の食事摂取基準（mg/日）[1]

性別	男性				女性			
年齢	推定平均必要量	推奨量	目安量	耐容上限量[2]	推定平均必要量	推奨量	目安量	耐容上限量[2]
0～5（月）	—	—	0.2	—	—	—	0.2	—
6～11（月）	—	—	0.3	—	—	—	0.3	—
1～2（歳）	0.4	0.5	—	10	0.4	0.5	—	10
3～5（歳）	0.5	0.6	—	15	0.5	0.6	—	15
6～7（歳）	0.7	0.8	—	20	0.6	0.7	—	20
8～9（歳）	0.8	0.9	—	25	0.8	0.9	—	25
10～11（歳）	1.0	1.1	—	30	1.0	1.1	—	30
12～14（歳）	1.2	1.4	—	40	1.0	1.3	—	40
15～17（歳）	1.2	1.5	—	50	1.0	1.3	—	45
18～29（歳）	1.1	1.4	—	55	1.0	1.1	—	45
30～49（歳）	1.1	1.4	—	60	1.0	1.1	—	45
50～64（歳）	1.1	1.4	—	55	1.0	1.1	—	45
65～74（歳）	1.1	1.4	—	55	1.0	1.1	—	40
75以上（歳）	1.1	1.4	—	50	1.0	1.1	—	40
妊婦（付加量）					+0.2	+0.2	—	—
授乳婦（付加量）					+0.3	+0.3	—	—

[1] たんぱく質食事摂取基準の推奨量を用いて算定した（妊婦・授乳婦の付加量は除く）。

[2] 食事性ビタミンB_6の量ではなく，ピリドキシンとしての量である。

3.22　ビタミン B_{12} の食事摂取基準（μg/日）

性　別	男　性			女　性		
年齢等	推定平均必要量	推奨量	目安量	推定平均必要量	推奨量	目安量
0～ 5（月）	—	—	0.4	—	—	0.4
6～11（月）	—	—	0.5	—	—	0.5
1～ 2（歳）	0.8	0.9	—	0.8	0.9	—
3～ 5（歳）	0.9	1.1	—	0.9	1.1	—
6～ 7（歳）	1.1	1.3	—	1.1	1.3	—
8～ 9（歳）	1.3	1.6	—	1.3	1.6	—
10～11（歳）	1.6	1.9	—	1.6	1.9	—
12～14（歳）	2.0	2.4	—	2.0	2.4	—
15～17（歳）	2.0	2.4	—	2.0	2.4	—
18～29（歳）	2.0	2.4	—	2.0	2.4	—
30～49（歳）	2.0	2.4	—	2.0	2.4	—
50～64（歳）	2.0	2.4	—	2.0	2.4	—
65～74（歳）	2.0	2.4	—	2.0	2.4	—
75 以上（歳）	2.0	2.4	—	2.0	2.4	—
妊婦（付加量）				+0.3	+0.4	—
授乳婦（付加量）				+0.7	+0.8	—

3.23　葉酸の食事摂取基準（μg/日）[1]

性　別	男　性				女　性			
年齢等	推定平均必要量	推奨量	目安量	耐容上限量[1]	推定平均必要量	推奨量	目安量	耐容上限量[1]
0～ 5（月）	—	—	40	—	—	—	40	—
6～11（月）	—	—	60	—	—	—	60	—
1～ 2（歳）	80	90	—	200	90	90	—	200
3～ 5（歳）	90	110	—	300	90	110	—	300
6～ 7（歳）	110	140	—	400	110	140	—	400
8～ 9（歳）	130	160	—	500	130	160	—	500
10～11（歳）	160	190	—	700	160	190	—	700
12～14（歳）	200	240	—	900	200	240	—	900
15～17（歳）	220	240	—	900	200	240	—	900
18～29（歳）[2]	200	240	—	900	200	240	—	900
30～49（歳）[2]	200	240	—	1,000	200	240	—	1,000
50～64（歳）[2]	200	240	—	1,000	200	240	—	1,000
65～74（歳）	200	240	—	900	200	240	—	900
75 以上（歳）	200	240	—	900	200	240	—	900
妊婦（付加量）[2,3]					+200	+240	—	—
授乳婦（付加量）					+ 80	+100	—	—

[1] サプリメントや強化食品に含まれる葉酸（プテロイルモノグルタミン酸）の量である。

[2] 妊娠を計画している女性，妊娠の可能性がある女性及び妊娠初期の妊婦は，神経管閉鎖障害のリスクの低減のために，付加的に 400μg/日の葉酸（プテロイルモノグルタミン酸）の摂取が望まれる。

[3] 付加量は中期及び末期にのみ設定する。

3.24 パントテン酸の食事摂取基準（mg/日）

性　別	男　性	女　性
年齢等	目安量	目安量
0～ 5（月）	4	4
6～11（月）	5	5
1～ 2（歳）	3	4
3～ 5（歳）	4	4
6～ 7（歳）	5	5
8～ 9（歳）	6	5
10～11（歳）	6	6
12～14（歳）	7	6
15～17（歳）	7	6
18～29（歳）	5	5
30～49（歳）	5	5
50～64（歳）	6	5
65～74（歳）	6	5
75 以上（歳）	6	5
妊　婦		5
授乳婦		6

3.25 ビオチンの食事摂取基準（μg/日）

性　別	男　性	女　性
年齢等	目安量	目安量
0～ 5（月）	4	4
6～11（月）	5	5
1～ 2（歳）	20	20
3～ 5（歳）	20	20
6～ 7（歳）	30	30
8～ 9（歳）	30	30
10～11（歳）	40	40
12～14（歳）	50	50
15～17（歳）	50	50
18～29（歳）	50	50
30～49（歳）	50	50
50～64（歳）	50	50
65～74（歳）	50	50
75 以上（歳）	50	50
妊　婦		50
授乳婦		50

3.26 ビタミンＣの食事摂取基準（mg/日）

性　別	男　性			女　性		
年齢等	推定平均必要量	推奨量	目安量	推定平均必要量	推奨量	目安量
0～ 5（月）	—	—	40	—	—	40
6～11（月）	—	—	40	—	—	40
1～ 2（歳）	35	40	—	35	40	—
3～ 5（歳）	40	50	—	40	50	—
6～ 7（歳）	50	60	—	50	60	—
8～ 9（歳）	60	70	—	60	70	—
10～11（歳）	70	85	—	70	85	—
12～14（歳）	85	100	—	85	100	—
15～17（歳）	85	100	—	85	100	—
18～29（歳）	85	100	—	85	100	—
30～49（歳）	85	100	—	85	100	—
50～64（歳）	85	100	—	85	100	—
65～74（歳）	80	100	—	80	100	—
75 以上（歳）	80	100	—	80	100	—
妊婦（付加量）				+10	+10	—
授乳婦（付加量）				+40	+45	—

特記事項：推定平均必要量は，壊血病の回避ではなく，心臓血管系の疾病予防効果並びに抗酸化作用効果から算定した。

3.27　ナトリウムの食事摂取基準（mg/日，（　）は食塩相当量[g/日]）[1]

性　別	男　性			女　性		
年齢等	推定平均必要量	目安量	目標量	推定平均必要量	目安量	目標量
0～ 5（月）	—	100（0.3）	—	—	100（0.3）	—
6～11（月）	—	600（1.5）	—	—	600（1.5）	—
1～ 2（歳）	—	—	（3.0 未満）	—	—	（3.0 未満）
3～ 5（歳）	—	—	（3.5 未満）	—	—	（3.5 未満）
6～ 7（歳）	—	—	（4.5 未満）	—	—	（4.5 未満）
8～ 9（歳）	—	—	（5.0 未満）	—	—	（5.0 未満）
10～11（歳）	—	—	（6.0 未満）	—	—	（6.0 未満）
12～14（歳）	—	—	（7.0 未満）	—	—	（6.5 未満）
15～17（歳）	—	—	（7.5 未満）	—	—	（6.5 未満）
18～29（歳）	600（1.5）	—	（7.5 未満）	600（1.5）	—	（6.5 未満）
30～49（歳）	600（1.5）	—	（7.5 未満）	600（1.5）	—	（6.5 未満）
50～64（歳）	600（1.5）	—	（7.5 未満）	600（1.5）	—	（6.5 未満）
65～74（歳）	600（1.5）	—	（7.5 未満）	600（1.5）	—	（6.5 未満）
75 以上（歳）	600（1.5）	—	（7.5 未満）	600（1.5）	—	（6.5 未満）
妊　婦				600（1.5）	—	（6.5 未満）
授乳婦				600（1.5）	—	（6.5 未満）

[1] 高血圧及び慢性腎臓病（CKD）の重症化のための食塩相当量の量は男女とも 6.0g/ 日未満とする。

3.28　カリウムの食事摂取基準（mg/日）

性　別	男　性		女　性	
年齢等	目安量	目標量	目安量	目標量
0～ 5（月）	400	—	400	—
6～11（月）	700	—	700	—
1～ 2（歳）	900	—	900	—
3～ 5（歳）	1,000	1,400 以上	1,000	1,400 以上
6～ 7（歳）	1,300	1,800 以上	1,200	1,800 以上
8～ 9（歳）	1,500	2,000 以上	1,500	2,000 以上
10～11（歳）	1,800	2,200 以上	1,800	2,000 以上
12～14（歳）	2,300	2,400 以上	1,900	2,400 以上
15～17（歳）	2,700	3,000 以上	2,000	2,600 以上
18～29（歳）	2,500	3,000 以上	2,000	2,600 以上
30～49（歳）	2,500	3,000 以上	2,000	2,600 以上
50～64（歳）	2,500	3,000 以上	2,000	2,600 以上
65～74（歳）	2,500	3,000 以上	2,000	2,600 以上
75 以上（歳）	2,500	3,000 以上	2,000	2,600 以上
妊　婦			2,000	2,600 以上
授乳婦			2,200	2,600 以上

3.29 カルシウムの食事摂取基準（mg/日）

性別	男性				女性			
年齢等	推定平均必要量	推奨量	目安量	耐容上限量	推定平均必要量	推奨量	目安量	耐容上限量
0～5（月）	—	—	200	—	—	—	200	—
6～11（月）	—	—	250	—	—	—	250	—
1～2（歳）	350	450	—	—	350	400	—	—
3～5（歳）	500	600	—	—	450	550	—	—
6～7（歳）	500	600	—	—	450	550	—	—
8～9（歳）	550	650	—	—	600	750	—	—
10～11（歳）	600	700	—	—	600	750	—	—
12～14（歳）	850	1,000	—	—	700	800	—	—
15～17（歳）	650	800	—	—	550	650	—	—
18～29（歳）	650	800	—	2,500	550	650	—	2,500
30～49（歳）	600	750	—	2,500	550	650	—	2,500
50～64（歳）	600	750	—	2,500	550	650	—	2,500
65～74（歳）	600	750	—	2,500	550	650	—	2,500
75以上（歳）	600	700	—	2,500	500	600	—	2,500
妊婦（付加量）					+0	+0	—	—
授乳婦（付加量）					+0	+0	—	—

3.30 マグネシウムの食事摂取基準（mg/日）

性別	男性				女性			
年齢等	推定平均必要量	推奨量	目安量	耐容上限量[1]	推定平均必要量	推奨量	目安量	耐容上限量[1]
0～5（月）	—	—	20	—	—	—	20	—
6～11（月）	—	—	60	—	—	—	60	—
1～2（歳）	60	70	—	—	60	70	—	—
3～5（歳）	80	100	—	—	80	100	—	—
6～7（歳）	110	130	—	—	110	130	—	—
8～9（歳）	140	170	—	—	140	160	—	—
10～11（歳）	180	210	—	—	180	220	—	—
12～14（歳）	250	290	—	—	240	290	—	—
15～17（歳）	300	360	—	—	260	310	—	—
18～29（歳）	280	340	—	—	230	270	—	—
30～49（歳）	310	370	—	—	240	290	—	—
50～64（歳）	310	370	—	—	240	290	—	—
65～74（歳）	290	350	—	—	230	280	—	—
75以上（歳）	270	320	—	—	220	260	—	—
妊婦（付加量）					+30	+40	—	—
授乳婦（付加量）					+0	+0	—	—

[1] 通常の食品以外からの摂取量の耐容上限量は成人の場合350mg/日，小児では5mg/kg体重/日とする。それ以外の通常の食品からの摂取の場合，耐容上限量は設定しない。

3.31　リンの食事摂取基準（mg/日）

性　別	男　性		女　性	
年齢等	目安量	耐容上限量	目安量	耐容上限量
0～ 5（月）	120	—	120	—
6～11（月）	260	—	260	—
1～ 2（歳）	500	—	500	—
3～ 5（歳）	700	—	700	—
6～ 7（歳）	900	—	800	—
8～ 9（歳）	1,000	—	1,000	—
10～11（歳）	1,100	—	1,000	—
12～14（歳）	1,200	—	1,000	—
15～17（歳）	1,200	—	900	—
18～29（歳）	1,000	3,000	800	3,000
30～49（歳）	1,000	3,000	800	3,000
50～64（歳）	1,000	3,000	800	3,000
65～74（歳）	1,000	3,000	800	3,000
75 以上（歳）	1,000	3,000	800	3,000
妊　婦			800	—
授乳婦			800	—

微量ミネラル

3.32　鉄の食事摂取基準（mg/日）

性　別	男　性				女　性					
					月経なし		月経あり			
年齢等	推定平均必要量	推奨量	目安量	耐容上限量	推定平均必要量	推奨量	推定平均必要量	推奨量	目安量	耐容上限量
0～5（月）	—	—	0.5	—	—	—	—	—	0.5	—
6～11（月）	3.5	5.0	—	—	3.5	4.5	—	—	—	—
1～2（歳）	3.0	4.5	—	25	3.0	4.5	—	—	—	20
3～5（歳）	4.0	5.5	—	25	4.0	5.5	—	—	—	25
6～7（歳）	5.0	5.5	—	30	4.5	5.5	—	—	—	30
8～9（歳）	6.0	7.0	—	35	6.0	7.5	—	—	—	35
10～11（歳）	7.0	8.5	—	35	7.0	8.5	10.0	12.0	—	35
12～14（歳）	8.0	10.0	—	40	7.0	8.5	10.0	12.0	—	40
15～17（歳）	8.0	10.0	—	50	5.5	7.0	8.5	10.5	—	40
18～29（歳）	6.5	7.5	—	50	5.5	6.5	8.5	10.5	—	40
30～49（歳）	6.5	7.5	—	50	5.5	6.5	9.0	10.5	—	40
50～64（歳）	6.5	7.5	—	50	5.5	6.5	9.0	11.0	—	40
65～74（歳）	6.0	7.5	—	50	5.0	6.0	—	—	—	40
75以上（歳）	6.0	7.0	—	50	5.0	6.0	—	—	—	40
妊婦（付加量）初期					+2.0	+2.5	—	—	—	—
中期・後期					+8.0	+9.5	—	—	—	—
授乳婦（付加量）					+2.0	+2.5	—	—	—	—

3.33　亜鉛の食事摂取基準（mg/日）

性　別	男　性				女　性			
年齢等	推定平均必要量	推奨量	目安量	耐容上限量	推定平均必要量	推奨量	目安量	耐容上限量
0～5（月）	—	—	2	—	—	—	2	—
6～11（月）	—	—	3	—	—	—	3	—
1～2（歳）	3	3	—	—	2	3	—	—
3～5（歳）	3	4	—	—	3	3	—	—
6～7（歳）	4	5	—	—	3	4	—	—
8～9（歳）	5	6	—	—	4	5	—	—
10～11（歳）	6	7	—	—	5	6	—	—
12～14（歳）	9	10	—	—	7	8	—	—
15～17（歳）	10	12	—	—	7	8	—	—
18～29（歳）	9	11	—	40	7	8	—	35
30～49（歳）	9	11	—	45	7	8	—	35
50～64（歳）	9	11	—	45	7	8	—	35
65～74（歳）	9	11	—	40	7	8	—	35
75以上（歳）	9	10	—	40	6	8	—	30
妊婦（付加量）					+1	+2	—	—
授乳婦（付加量）					+3	+4	—	—

3.34　銅の食事摂取基準（mg/日）

性　別	男　性				女　性			
年齢等	推定平均必要量	推奨量	目安量	耐容上限量	推定平均必要量	推奨量	目安量	耐容上限量
0～ 5（月）	—	—	0.3	—	—	—	0.3	—
6～11（月）	—	—	0.3	—	—	—	0.3	—
1～ 2（歳）	0.3	0.3	—	—	0.2	0.3	—	—
3～ 5（歳）	0.3	0.4	—	—	0.3	0.3	—	—
6～ 7（歳）	0.4	0.4	—	—	0.4	0.4	—	—
8～ 9（歳）	0.4	0.5	—	—	0.4	0.5	—	—
10～11（歳）	0.5	0.6	—	—	0.5	0.6	—	—
12～14（歳）	0.7	0.8	—	—	0.6	0.8	—	—
15～17（歳）	0.8	0.9	—	—	0.6	0.7	—	—
18～29（歳）	0.7	0.9	—	7	0.6	0.7	—	7
30～49（歳）	0.7	0.9	—	7	0.6	0.7	—	7
50～64（歳）	0.7	0.9	—	7	0.6	0.7	—	7
65～74（歳）	0.7	0.9	—	7	0.6	0.7	—	7
75 以上（歳）	0.7	0.8	—	7	0.6	0.7	—	7
妊　婦（付加量）					+0.1	+0.1	—	—
授乳婦（付加量）					+0.5	+0.6	—	—

3.35　マンガンの食事摂取基準（mg/日）

性　別	男　性		女　性	
年齢等	目安量	耐容上限量	目安量	耐容上限量
0～ 5（月）	0.01	—	0.01	—
6～11（月）	0.5	—	0.5	—
1～ 2（歳）	1.5	—	1.5	—
3～ 5（歳）	1.5	—	1.5	—
6～ 7（歳）	2.0	—	2.0	—
8～ 9（歳）	2.5	—	2.5	—
10～11（歳）	3.0	—	3.0	—
12～14（歳）	4.0	—	4.0	—
15～17（歳）	4.5	—	3.5	—
18～29（歳）	4.0	11	3.5	11
30～49（歳）	4.0	11	3.5	11
50～64（歳）	4.0	11	3.5	11
65～74（歳）	4.0	11	3.5	11
75 以上（歳）	4.0	11	3.5	11
妊　婦			3.5	—
授乳婦			3.5	—

3.36　ヨウ素の食事摂取基準（μg/日）

性　別	男　性				女　性			
年齢等	推定平均必要量	推奨量	目安量	耐容上限量	推定平均必要量	推奨量	目安量	耐容上限量
0～ 5（月）	—	—	100	250	—	—	100	250
6～11（月）	—	—	130	250	—	—	130	250
1～ 2（歳）	35	50	—	300	35	50	—	300
3～ 5（歳）	45	60	—	400	45	60	—	400
6～ 7（歳）	55	75	—	550	55	75	—	550
8～ 9（歳）	65	90	—	700	65	90	—	700
10～11（歳）	80	110	—	900	80	110	—	900
12～14（歳）	95	140	—	2,000	95	140	—	2,000
15～17（歳）	100	140	—	3,000	100	140	—	3,000
18～29（歳）	95	130	—	3,000	95	130	—	3,000
30～49（歳）	95	130	—	3,000	95	130	—	3,000
50～64（歳）	95	130	—	3,000	95	130	—	3,000
65～74（歳）	95	130	—	3,000	95	130	—	3,000
75 以上（歳）	95	130	—	3,000	95	130	—	3,000
妊　婦（付加量）					＋ 75	＋110	—	2,000
授乳婦（付加量）					＋100	＋140	—	2,000

3.37　セレンの食事摂取基準（μg/日）

性　別	男　性				女　性			
年齢等	推定平均必要量	推奨量	目安量	耐容上限量	推定平均必要量	推奨量	目安量	耐容上限量
0～ 5（月）	—	—	15	—	—	—	15	—
6～11（月）	—	—	15	—	—	—	15	—
1～ 2（歳）	10	10	—	100	10	10	—	100
3～ 5（歳）	10	15	—	100	10	10	—	100
6～ 7（歳）	15	15	—	150	15	15	—	150
8～ 9（歳）	15	20	—	200	15	20	—	200
10～11（歳）	20	25	—	250	20	25	—	250
12～14（歳）	25	30	—	350	25	30	—	300
15～17（歳）	30	35	—	400	20	25	—	350
18～29（歳）	25	30	—	450	20	25	—	350
30～49（歳）	25	30	—	450	20	25	—	350
50～64（歳）	25	30	—	450	20	25	—	350
65～74（歳）	25	30	—	450	20	25	—	350
75 以上（歳）	25	30	—	400	20	25	—	350
妊婦（付加量）					＋ 5	＋ 5	—	—
授乳婦（付加量）					＋15	＋20	—	—

3.38　クロムの食事摂取基準（μg/日）

性　別	男　性		女　性	
年齢等	目安量	耐容上限量	目安量	耐容上限量
0～ 5（月）	0.8	—	0.8	—
6～11（月）	1.0	—	1.0	—
1～ 2（歳）	—	—	—	—
3～ 5（歳）	—	—	—	—
6～ 7（歳）	—	—	—	—
8～ 9（歳）	—	—	—	—
10～11（歳）	—	—	—	—
12～14（歳）	—	—	—	—
15～17（歳）	—	—	—	—
18～29（歳）	10	500	10	500
30～49（歳）	10	500	10	500
50～64（歳）	10	500	10	500
65～74（歳）	10	500	10	500
75以上（歳）	10	500	10	500
妊　婦			10	
授乳婦			10	

3.39　モリブデンの食事摂取基準（μg/日）

性　別	男　性				女　性			
年齢等	推定平均必要量	推奨量	目安量	耐容上限量	推定平均必要量	推奨量	目安量	耐容上限量
0～ 5（月）	—	—	2	—	—	—	2	—
6～11（月）	—	—	5	—	—	—	5	—
1～ 2（歳）	10	10	—	—	10	10	—	—
3～ 5（歳）	10	10	—	—	10	10	—	—
6～ 7（歳）	10	15	—	—	10	15	—	—
8～ 9（歳）	15	20	—	—	15	15	—	—
10～11（歳）	15	20	—	—	15	20	—	—
12～14（歳）	20	25	—	—	20	25	—	—
15～17（歳）	25	30	—	—	20	25	—	—
18～29（歳）	20	30	—	600	20	25	—	500
30～49（歳）	25	30	—	600	20	25	—	500
50～64（歳）	25	30	—	600	20	25	—	500
65～74（歳）	20	30	—	600	20	25	—	500
75以上（歳）	20	25	—	600	20	25	—	500
妊婦（付加量）					+0	+0	—	—
授乳婦（付加量）					+3	+3	—	—

付表4　健康づくりのための各種指針（食生活，対象特性別，運動，休養，睡眠）

4.1　食生活指針

○食事を楽しみましょう。
・毎日の食事で，健康寿命をのばしましょう。
・おいしい食事を，味わいながらゆっくりよく噛んで食べましょう。
・家族の団らんや人との交流を大切に，また，食事づくりに参加しましょう。
○1日の食事のリズムから，健やかな生活リズムを。
・朝食で，いきいきした1日を始めましょう。
・夜食や間食はとりすぎないようにしましょう。
・飲酒はほどほどにしましょう。
○適度な運動とバランスのよい食事で，適正体重の維持を。
・普段から体重を量り，食事量に気をつけましょう。
・普段から意識して身体を動かすようにしましょう。
・無理な減量はやめましょう。
・特に若年女性のやせ，高齢者の低栄養にも気をつけましょう。
○主食，主菜，副菜を基本に，食事のバランスを。
・多様な食品を組み合わせましょう。
・調理方法が偏らないようにしましょう。
・手作りと外食や加工食品・調理食品を上手に組み合わせましょう。
○ごはんなどの穀類をしっかりと。
・穀類を毎食とって，糖質からのエネルギー摂取を適正に保ちましょう。
・日本の気候・風土に適している米などの穀類を利用しましょう。
○野菜・果物，牛乳・乳製品，豆類，魚なども組み合わせて。
・たっぷり野菜と毎日の果物で，ビタミン，ミネラル，食物繊維をとりましょう。
・牛乳・乳製品，緑黄色野菜，豆類，小魚などで，カルシウムを十分にとりましょう。
○食塩は控えめに，脂肪は質と量を考えて。
・食塩の多い食品や料理を控えめにしましょう。食塩摂取量の目標値は，男性で1日8g未満，女性で7g未満とされています。
・動物，植物，魚由来の脂肪をバランスよくとりましょう。
・栄養成分表示を見て，食品や外食を選ぶ習慣を身につけましょう。
○日本の食文化や地域の産物を活かし，郷土の味の継承を。
・「和食」をはじめとした食文化を大切にして，日々の食生活に活かしましょう。
・地域の産物や旬の素材を使うとともに，行事食を取り入れながら，自然の恵みや四季の変化を楽しみましょう。
・食材に関する知識や料理技術を身につけましょう。
・地域や家庭で受け継がれてきた料理や作法を伝えていきましょう。
○食料資源を大切に，無駄や廃棄の少ない食生活を。
・まだ食べられるのに廃棄されている食品ロスを減らしましょう。
・調理や保存を上手にして，食べ残しのない適量を心がけましょう。
・賞味期限や消費期限を考えて利用しましょう。
○「食」に関する理解を深め，食生活を見直してみましょう。
・子どものころから，食生活を大切にしましょう。
・家庭や学校，地域で，食品の安全性を含めた「食」に関する知識や理解を深め，望ましい習慣を身につけましょう。
・家族や仲間と，食生活を考えたり，話し合ったりしてみましょう。
・自分たちの健康目標をつくり，よりよい食生活を目指しましょう。

出所）文部科学省，農林水産省：平成12（2000）年策定，平成28（2016）年6月一部改正

4.2 対象特性別食生活指針

(1) 生活習慣病予防のための食生活指針
1 いろいろ食べて生活習慣病予防
・主食，主菜，副菜をそろえ，目標は1日30食品
・いろいろ食べても，食べすぎないように
2 日常生活は食事と運動のバランスで
・食事はいつも腹八分目
・運動十分で食事を楽しもう
3 減塩で高血圧と胃がん予防
・塩からい食品を避け，食塩摂取は1日10グラム以下
・調理の工夫で，無理なく減塩
4 脂肪を減らして心臓病予防
・脂肪とコレステロール摂取を控えめに
・動物性脂肪，植物油，魚油をバランス良く
5 生野菜，緑黄色野菜でがん予防
・生野菜，緑黄色野菜を毎食の食卓に
6 食物繊維で便秘・大腸がんを予防
・野菜，海藻をたっぷりと
7 カルシウムを十分とって丈夫な骨づくり
・骨粗鬆症の予防は青壮年期から
・カルシウムに富む牛乳，小魚，海藻を
8 甘い物はほどほどに
・糖分を控えて肥満を予防
9 禁煙，節酒で健康長寿
・禁煙は百益あっても一害なし
・百薬の長アルコールも飲み方次第
(2) 成長期のための食生活指針
1 子どもと親を結ぶ絆としての食事—乳児期—
・食事を通してのスキンシップを大切に
・母乳で育つ赤ちゃん，元気
・離乳の完了，満1歳
・いつでも活用，母子健康手帳
2 食習慣の基礎づくりとしての食事—幼児期—
・食事のリズム大切，規則的に
・何でも食べられる元気な子
・うす味と和食料理に慣れさせよう
・与えよう，牛乳・乳製品を十分に
・一家そろって食べる食事の楽しさを
・心掛けよう，手づくりおやつのすばらしさ
・保育所や幼稚園での食事にも関心を
・外遊び，親子そろって習慣に
3 食習慣の完成期としての食事—学童期—
・一日三食規則的，バランスのとれた良い食事
・飲もう，食べよう，牛乳・乳製品
・十分に食べる習慣，野菜と果物
・食べすぎや偏食なしの習慣を
・おやつには，いろんな食品や量に気配りを
・加工食品，インスタント食品の正しい利用
・楽しもう，一家団らんおいしい食事
・考えよう，学校給食のねらいと内容
・つけさせよう，外に出て体を動かす習慣を
4 食習慣の自立期としての食事—思春期—
・朝，昼，晩，いつもバランス良い食事
・進んでとろう，牛乳・乳製品
・十分に食べて健康，野菜と果物
・食べすぎ，偏食，ダイエットにはご用心
・偏らない，加工食品，インスタント食品に
・気を付けて，夜食の内容，病気のもと
・楽しく食べよう，みんなで食事
・気を配ろう，適度な運動，健康づくり
(3) 女性（母性を含む）のための食生活指針
1 食生活は健康と美のみなもと
・上手に食べて体の内から美しく
・無茶な減量，貧血のもと
・豊富な野菜で便秘を予防
2 新しい生命と母に良い栄養
・しっかり食べて，一人二役
・日常の仕事，買い物，良い運動
・酒とたばこの害から胎児を守ろう
3 次の世代に賢い食習慣を
・うす味のおいしさを，愛児の舌にすり込もう
・自然な生活リズムを幼いときから
・よく噛んで，よーく味わう習慣を
4 食事に愛とふれ合いを
・買ってきた加工食品にも手のぬくもりを
・朝食はみんなの努力で勢ぞろい
・食卓は「いただきます」で始まる今日の出来事報告会
5 家族の食事，主婦はドライバー
・食卓で，家族の顔みて健康管理
・栄養のバランスは，主婦のメニューで安全運転
・調理自慢，味と見栄えに安全チェック
6 働く女性は正しい食事で元気はつらつ
・体が資本，食で健康投資
・外食は新しい料理を知る良い機会
・食事づくりに趣味を見つけてストレス解消
7「伝統」と「創造」で新しい食文化を
・「伝統」と「創造」を加えて，我が家の食文化
・新しい生活の知恵で環境の変化に適応
・食文化，あなたとわたしの積み重ね
(4) 高齢者のための食生活指針
1 低栄養に気を付けよう
・体重低下は黄信号
2 調理の工夫で多様な食生活を
・何でも食べよう，だが食べすぎに気をつけて
3 副食から食べよう
・年をとったらおかずが大切
4 食生活をリズムに乗せよう
・食事はゆっくり欠かさずに
5 よく体を動かそう
・空腹感は最高の味つけ
6 食生活の知恵を身につけよう
・食生活の知恵は若さと健康づくりの羅針盤
7 おいしく，楽しく，食事をとろう
・豊かな心が育む健やかな高齢期

資料） 厚生省，1990年

4.3 健康づくりのための運動指針

1. 生活の中に運動を
(1) 歩くことからはじめよう
(2) 1日30分を目標に
(3) 息がはずむ程度のスピードで

2. 明るく楽しく安全に
(1) 体調に合わせマイペース
(2) 工夫して，楽しく運動長続き
(3) ときには楽しいスポーツも

3. 運動を生かす健康づくり
(1) 栄養・休養とのバランスを
(2) 禁煙と節酒も忘れずに
(3) 家族のふれあい，友達づくり

（厚生省，平成5年）

4.4 健康づくりのための休養指針

1. 生活にリズムを
・早める気付こう，自分のストレスに
・睡眠は気持ちよい目覚めがバロメーター
・入浴で，からだもこころもリフレッシュ
・旅に出かけて，こころの切り換えを
・休養と仕事のバランスで能率アップと過労防止
2. ゆとりの時間でみのりある休養を
・一日30分，自分の時間をみつけよう
・活かそう休暇を，真の休養に
・ゆとりの中に，楽しみや生きがいを
3. 生活の中にオアシスを
・身近な中にもいこいの大切さ
・食事空間にもバラエティを
・自然とのふれあいで感じよう，健康の息ぶきを
4. 出会いときずなで豊かな人生を
・見出そう，楽しく無理のない社会参加
・きずなの中ではずくむ，クリエイティブ・ライフ

（厚生省，平成6年）

4.5　健康づくりのための睡眠指針 2014 ～睡眠 12 箇条～

第 1 条．良い睡眠で，からだもこころも健康に。
良い睡眠で，からだの健康づくり
良い睡眠で，こころの健康づくり
良い睡眠で，事故防止

第 2 条．適度な運動，しっかり朝食，ねむりとめざめのメリハリを。
定期的な運動や規則正しい食生活は良い睡眠をもたらす
朝食はからだとこころのめざめに重要
睡眠薬代わりの寝酒は睡眠を悪くする
就寝前の喫煙やカフェイン摂取を避ける

第 3 条．良い睡眠は，生活習慣病予防につながります。
睡眠不足や不眠は生活習慣病の危険を高める
睡眠時無呼吸は生活習慣病の原因になる
肥満は睡眠時無呼吸のもと

第 4 条．睡眠による休養感は，こころの健康に重要です。
眠れない，睡眠による休養感が得られない場合，こころの SOS の場合あり
睡眠による休養感がなく，日中もつらい場合，うつ病の可能性も

第 5 条．年齢や季節に応じて，ひるまの眠気で困らない程度の睡眠を。
必要な睡眠時間は人それぞれ
睡眠時間は加齢で徐々に短縮
年をとると朝型化 男性でより顕著
日中の眠気で困らない程度の自然な睡眠が一番

第 6 条．良い睡眠のためには，環境づくりも重要です。
自分にあったリラックス法が眠りへの心身の準備となる
自分の睡眠に適した環境づくり

第 7 条．若年世代は夜更かし避けて，体内時計のリズムを保つ。
子どもには規則正しい生活を
休日に遅くまで寝床で過ごすと夜型化を促進
朝目が覚めたら日光を取り入れる
夜更かしは睡眠を悪くする

第 8 条．勤労世代の疲労回復・能率アップに，毎日十分な睡眠を。
日中の眠気が睡眠不足のサイン
睡眠不足は結果的に仕事の能率を低下させる
睡眠不足が蓄積すると回復に時間がかかる
午後の短い昼寝で眠気をやり過ごし能率改善

第 9 条．熟年世代は朝晩メリハリ，ひるまに適度な運動で良い睡眠。
寝床で長く過ごしすぎると熟睡感が減る
年齢にあった睡眠時間を大きく超えない習慣を
適度な運動は睡眠を促進

第 10 条．眠くなってから寝床に入り，起きる時刻は遅らせない。
眠たくなってから寝床に就く，就床時刻にこだわりすぎない
眠ろうとする意気込みが頭を冴えさせ寝つきを悪くする
眠りが浅いときは，むしろ積極的に遅寝・早起きに

第 11 条．いつもと違う睡眠には，要注意。
睡眠中の激しいいびき・呼吸停止，手足のぴくつき・むずむず感や歯ぎしりは要注意
眠っても日中の眠気や居眠りで困っている場合は専門家に相談

第 12 条．眠れない，その苦しみをかかえずに，専門家に相談を。
専門家に相談することが第一歩
薬剤は専門家の指示で使用

4.6　健康づくりのための身体活動基準・指針　2013
（一部抜粋）

体力（うち全身持久力）の基準

〈性・年代別の全身持久力の基準〉
下表に示す強度での運動を約 3 分以上継続できた場合，基準を満たすと評価できる。

年齢	18～39 歳	40～59 歳	60～69 歳
男性	11.0 メッツ (39ml/kg/分)	10.0 メッツ (35ml/kg/分)	9.0 メッツ (32ml/kg/分)
女性	9.5 メッツ (33ml/kg/分)	8.5 メッツ (30ml/kg/分)	7.5 メッツ (26ml/kg/分)

注）表中の（　）内は最大酸素摂取量を示す。

4.7 生活活動のメッツ表

メッツ	3メッツ以上の生活活動の例
3.0	普通歩行（平地，67m/分，犬を連れて），電動アシスト付き自転車に乗る，家財道具の片付け，子どもの世話（立位），台所の手伝い，大工仕事，梱包，ギター演奏（立位）
3.3	カーペット掃き，フロア掃き，掃除機，電気関係の仕事：配線工事，身体の動きを伴うスポーツ観戦
3.5	歩行（平地，75〜85m/分，ほどほどの速さ，散歩など），楽に自転車に乗る（8.9km/時），階段を下りる，軽い荷物運び，車の荷物の積み下ろし，荷づくり，モップがけ，床磨き，風呂掃除，庭の草むしり，子どもと遊ぶ（歩く/走る，中強度），車椅子を押す，釣り（全般），スクーター（原付）・オートバイの運転
4.0	自転車に乗る（≒16km/時未満，通勤），階段を上る（ゆっくり），動物と遊ぶ（歩く/走る，中強度），高齢者や障がい者の介護（身支度，風呂，ベッドの乗り降り），屋根の雪下ろし
4.3	やや速歩（平地，やや速めに＝93m/分），苗木の植栽，農作業（家畜に餌を与える）
4.5	耕作，家の修繕
5.0	かなり速歩（平地，速く＝107m/分），動物と遊ぶ（歩く/走る，活発に）
5.5	シャベルで土や泥をすくう
5.8	子どもと遊ぶ（歩く/走る，活発に），家具・家財道具の移動・運搬
6.0	スコップで雪かきをする
7.8	農作業（干し草をまとめる，納屋の掃除）
8.0	運搬（思い荷物）
8.3	荷物を上の階へ運ぶ
8.8	階段を上る（速く）

メッツ	3メッツ未満の生活活動の例
1.8	立位（会話，電話，読書），皿洗い
2.0	ゆっくりした歩行（平地，非常に遅い＝53m/分未満，散歩または家の中），料理や食材の準備（立位，座位），洗濯，子どもを抱えながら立つ，洗車・ワックスがけ
2.2	子どもと遊ぶ（座位，軽度）
2.3	ガーデニング（コンテナを使用する），動物の世話，ピアノの演奏
2.5	植物への水やり，子どもの世話，仕立て作業
2.8	ゆっくりした歩行（平地，遅い＝53m/分），子ども・動物と遊ぶ（立位，軽度）

出所）厚生労働科学研究費補助金（循環器疾患・糖尿病等生活習慣病対策総合研究事業）
「健康づくりのための運動基準2006改定のためのシステマティックレビュー」（研究代表者：宮地元彦）

4.8　運動のメッツ表

メッツ	3メッツ以上の運動の例
3.0	ボウリング，バレーボール，社交ダンス（ワルツ，サンバ，タンゴ），ピラティス，太極拳
3.5	自転車エルゴメーター（30〜50ワット），自体重を使った軽い筋力トレーニング（軽・中等度），体操（家で，軽・中等度），ゴルフ（手引きカートを使って），カヌー
3.8	全身を使ったテレビゲーム（スポーツ・ダンス）
4.0	卓球，パワーヨガ，ラジオ体操第1
4.3	やや速歩（平地，やや速めに＝93m/分），ゴルフ（クラブを担いで運ぶ）
4.5	テニス（ダブルス）*，水中歩行（中等度），ラジオ体操第2
4.8	水泳（ゆっくりとした背泳）
5.0	かなり速歩（平地，速く＝107m/分），野球，ソフトボール，サーフィン，バレエ（モダン，ジャズ）
5.3	水泳（ゆっくりとした平泳ぎ），スキー，アクアビクス
5.5	バドミントン
6.0	ゆっくりとしたジョギング，ウェイトトレーニング（高強度，パワーリフティング，ボディビル），バスケットボール，水泳（のんびり泳ぐ）
6.5	山を登る（0〜4.1kgの荷物を持って）
6.8	自転車エルゴメーター（90〜100ワット）
7.0	ジョギング，サッカー，スキー，スケート，ハンドボール*
7.3	エアロビクス，テニス（シングルス）*，山を登る（約4.5〜9.0kgの荷物を持って）
8.0	サイクリング（約20km/時）
8.3	ランニング（134m/分），水泳（クロール，ふつうの速さ，46m/分未満），ラグビー*
9.0	ランニング（139m/分）
9.8	ランニング（161m/分）
10.0	水泳（クロール，速い，69m/分）
10.3	武道・武術（柔道，柔術，空手，キックボクシング，テコンドー）
11.0	ランニング（188m/分），自転車エルゴメーター（161〜200ワット）

メッツ	3メッツ未満の運動の例
2.3	ストレッチング，全身を使ったテレビゲーム（バランス運動，ヨガ）
2.5	ヨガ，ビリヤード
2.8	座って行うラジオ体操

* 試合の場合

出所）厚生労働科学研究費補助金（循環器疾患・糖尿病等生活習慣病対策総合研究事業）
「健康づくりのための運動基準2006改定のためのシステマティックレビュー」（研究代表者：宮地元彦）

4.9　アクティブガイドの一部

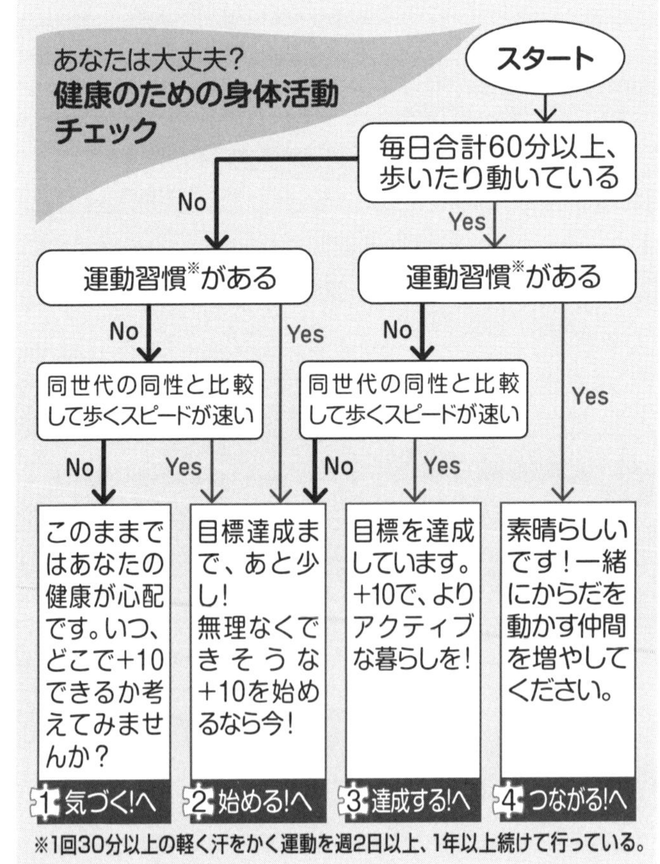

妊産婦のための食事バランスガイド

～あなたの食事は大丈夫?～

「食事バランスガイド」ってなぁに?

「食事バランスガイド」とは、1日に「何を」「どれだけ」食べたらよいかが一目でわかる食事の目安です。「主食」「副菜」「主菜」「牛乳・乳製品」「果物」の5グループの料理や食品を組み合わせてとれるよう、コマにたとえてそれぞれの適量をイラストでわかりやすく示しています。

妊娠前から、健康なからだづくりを

妊娠前にやせすぎ、肥満はありませんか。健康な子どもを生み育てるためには、妊娠前からバランスのよい食事と適正な体重を目指しましょう。

【バランスの良い例】　【バランスの悪い例】

運動

水・お茶

菓子・嗜好飲料 楽しく適度に

	非妊娠時	妊娠初期	妊娠中期	妊娠末期 授乳期
		1日分付加量		
主食	5～7 つ(SV)	—	—	+1
副菜	5～6 つ(SV)	—	+1	+1
主菜	3～5 つ(SV)	—	+1	+1
牛乳・乳製品	2 つ(SV)	—	—	+1
果物	2 つ(SV)	—	+1	+1

厚生労働省・農林水産省決定

料理例

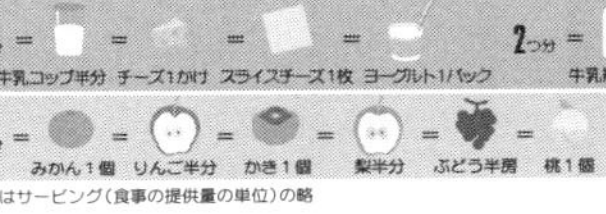

※SVとはサービング(食事の提供量の単位)の略

非妊娠時、妊娠初期の1日分を基本とし、妊娠中期、妊娠末期・授乳期の方はそれぞれの枠内の付加量を補うことが必要です。

このイラストの料理例を組み合わせるとおおよそ2,200kcal。非妊娠時・妊娠初期(20～49歳女性)の身体活動レベル「ふつう(II)」以上の1日分の適量を示しています。

食塩・油脂については料理の中に使用されているものであり、「コマ」のイラストとして表現されていませんが、実際の食事選択の場面で表示される際には食塩相当量や脂質も合わせて情報提供されることが望まれます。

「主食」を中心に、エネルギーをしっかりと

妊娠期・授乳期は、食事のバランスや活動量に気を配り、食事量を調節しましょう。また体重の変化も確認しましょう。

不足しがちなビタミン・ミネラルを「副菜」でたっぷりと

緑黄色野菜を積極的に食べて葉酸などを摂取しましょう。特に妊娠を計画していたり、妊娠初期の人には神経管閉鎖障害発症リスク低減のために、葉酸の栄養機能食品を利用することも勧められます。

副菜で十分に野菜を摂取しましょう!

からだづくりの基礎となる「主菜」は適量を

肉、魚、卵、大豆料理をバランスよくとりましょう。赤身の肉や魚などを上手に取り入れて、貧血を防ぎましょう。ただし、妊娠初期にはビタミンAの過剰摂取に気をつけて。

牛乳・乳製品などの多様な食品を組み合わせて、カルシウムを十分に

妊娠期・授乳期には、必要とされる量のカルシウムが摂取できるように、偏りのない食習慣を確立しましょう。

母乳育児も、バランスのよい食生活のなかで

母乳育児はお母さんにも赤ちゃんにも最良の方法です。バランスのよい食生活で、母乳育児を継続しましょう。

たばことお酒の害から赤ちゃんを守りましょう

妊娠・授乳中の喫煙、受動喫煙、飲酒は、胎児や乳児の発育、母乳分泌に影響を与えます。禁煙、禁酒に務め、周囲にも協力を求めましょう。

厚生労働省及び農林水産省が食生活指針を具体的な行動に結びつけるものとして作成・公表した「**食事バランスガイド**」(2005年)に、食事摂取基準の妊娠期・授乳期の付加量を参考に一部加筆

<食事バランスガイドの詳細>
http://www.j-balanceguide.com/
http://www.mhlw.go.jp/bunya/kenkou/eiyou-syokuji.html

索　引

ADL　141
ATL　39
ATP　165
ATP-PCr 系　165
BMI　11, 115, 127, 150, 153, 157
Cr　165
DHA　63, 129
DMF 指数　88
EBN　177
EPA　129
GFR　44
HIV　62
HACCP　196
hCG　31
hPL　31
IgA　61
IgG　49, 89
IgM　89
LBM　20
MCT　64
METS　172
n-3系脂肪酸　59, 97, 129
n-6系脂肪酸　59, 96, 129
Osm　44
PAH　24
PCr　165
PDCA サイクル　7, 14, 153
QOL　37, 54, 135, 142, 145, 146, 171
TCA 回路　166
T 細胞　140
VO_2max　167
β酸化　170

あ　行

愛着　21, 22
アドレナリン　8, 181, 188, 189
アナフィラキシー　53
アセスメント　152-155
アミラーゼ　49
アルコール　158
アルツハイマー病　141, 146
アルドステロン　187
アレルギー　70
アンドロゲン　18, 20

異化　190
育児用粉乳　63, 66
移行乳　61
胃酸　25, 76, 142
胃酸分泌　25, 140
1型糖尿病　92, 95
一次予防　13, 126, 132, 172
溢乳　21, 45, 46
遺伝的プログラム説　23
飲酒　35, 62, 118
飲酒酩酊　188
インスリン　20, 42, 91, 92, 95, 117, 122, 124
インスリン抵抗性　170

ウイルス性感染　62
ウエイトコントロール　176
う歯　82
——の発生　82
う蝕予防　88
宇宙環境と老化　193
宇宙日本食　194
宇宙酔い　194
うつ病　25
運動　47, 76, 165, 169, 172
運動量　176
運動療法　95, 170, 176

永久歯　21, 75, 88
エイズウイルス　62
栄養アセスメント　7, 13, 39, 50, 77, 91, 115, 131, 135, 143
栄養機能食品　177
栄養ケアプログラム　7, 13-15, 131
栄養ケア・マネジメント　7
栄養障害　41, 48, 50, 52, 58, 105, 111, 119, 135, 141
栄養補給　52
栄養補助食品　176
エストロゲン　20, 27-31, 33, 103, 111, 134-137
エネルギー産生栄養素　159
——バランス　159
エネルギー比率　128
エネルギーの過小申告　153, 156
エラーカタストロフィー説　23
嚥下　45, 46, 140

黄体形成ホルモン　20, 28, 103, 134
黄体ホルモン　20, 27, 103
オキシトシン　33, 37, 62
親子関係　37
悪露　33

か　行

外傷　171
外食　112, 116, 118, 127, 131, 175
「改定 離乳の基本」　60
解糖系　165, 166
カウプ指数　11, 51, 81
科学的根拠　149, 177
各種疾患ガイドライン　149
覚せい剤　110
学童期　90-97
隠れ肥満　115
陰膳法（分析法）　13
過小申告（エネルギーの）　153, 156
仮死状態　185
過体重・肥満　81
学校給食法　97
学校検尿　95
学校保健統計調査　92
褐色脂肪組織　45
活性酸素　176
カード　49
カプサイシン　189
カルシウム　46, 59, 100, 130, 137, 141, 161, 175, 176, 193
カルシウム摂取量（食事摂取基準）　141, 216
がん　124
——の原因　125
環境汚染物質　62
間質細胞　103
間食　85, 97
寒暑順化　186
完全給食　99

気圧　190
規格基準型　177
希釈性貧血　175
基礎体温　27, 30
基礎代謝基準値　96, 156
基礎代謝量　156
喫煙　35, 118
喫煙係数　118

吸啜　62
胸囲　19, 50
供食環境　142
共同調理場方式　99
凝乳酵素　49
虚血性心疾患　126
筋萎縮　193

クエン酸回路　166
グリコーゲン　173, 175
グリコーゲンローディング　173
グルココルチコイド　179
クレアチン　165
クレアチンリン酸　165
クワシオルコル　81

経口補水液　185
経口補水療法　185
警告反応期　180
系統的レビュー　149
血清アルブミン濃度　143
血清鉄　109, 143
血中脂質　135
血糖　8, 92
健康寿命　132, 171
健康づくりのための身体活動基準 2013　172
健康日本 21　172
原始反射　45

高血圧症　95
硬骨　46
抗酸化作用　160
高山病　191
抗重力筋　193
恒常性維持（ホメオスターシス）　179
甲状腺刺激ホルモン　18, 50
高所順化　191
高張性脱水（症）　81, 184
高糖質食　173
更年期　134
更年期障害　136
抗利尿ホルモン　187
高齢期　139
誤嚥　145
——の防止　145
国際宇宙ステーション　194
孤食　91, 111
子食　91
個食　91, 111
個人差　24, 32, 47, 50, 52, 71, 115, 122, 140-142
骨格筋　165
骨粗鬆症　116, 137, 141
骨端軟骨　20
骨密度　141
——の測定　135
骨量　111, 116, 137, 193
ゴナドトロピン放出ホルモン　20, 28, 31
コレステロール　8, 95, 135
混合栄養　60

さ　行

臍帯　31
最大骨量　111, 116
最大酸素摂取量　166, 167
最大発育量　87
サイトメガロウイルス　62
細胞外液　44
細胞内液　44, 139, 140
サイロキシン　185
サプリメント　119, 130, 131, 178
白湯　71
参照体位　151
産褥　33
酸素解離特性　190

糸球体濾過値　44
支持細胞　103
脂質　49, 59, 95, 128, 159
脂質異常症　95, 116, 122
脂質代謝異常　170
自重負荷　171
思春期　20, 102, 114
思春期スパート　88
思春期やせ症　105
——の診断と治療ガイド　107
システマティック・レビュー　149
失禁　145
疾病リスク低減表示　172
自発的脱水　175
脂肪エネルギー比率　78, 126, 128, 186
脂肪細胞増殖型肥満　110
脂肪細胞肥大型肥満　110
しもやけ　188
若年成人期　114
終末殺菌法　66
受精　17, 27, 29, 32
受精卵　17, 27, 29, 31, 32
出生時体重　52
授乳期　27, 33, 36
授乳法　61
授乳・離乳の支援ガイド　38, 54, 60, 68
順化　179, 182
小球性低色素性貧血　109
条件付き特定保健用食品　172
脂溶性ビタミン　160
小児期メタボリックシンドローム　79
小児高血圧　95
小児の糖尿病　95
除去食　54, 55
食行動　23, 48, 141, 152
食事改善　153-156
食事記録法　13
食事制限　40
食事摂取状況のアセスメント　152, 154
食事調査　12, 131, 143, 152, 153
食事調査法　153
食事バランスガイド　34, 40, 132, 229
食スキル　141
食生活指針　23, 34, 40, 90, 111, 132, 222, 223
褥瘡　145
食態度　13, 141
食品成分表　12
食物アレルギー　49, 54
食物除去　55
食物摂取頻度調査法　12
食物繊維　24, 158
食欲不振　24, 25, 30, 41, 76, 82, 91, 141, 186, 187, 192
除脂肪体重　20
ショック相　180
初乳　33, 61
自律授乳方式　61
神経性過食症　105
神経性食欲不振症　105, 115
神経性やせ症　105
人工栄養　60
人工乳首　66
新生児期　44, 46, 47, 56
新生児の感染予防　61
新生児マス・スクリーニング　57
身体活動　141, 142, 172
身体活動レベル　77, 127, 156
身体観察　50
身体計測　10, 39, 50, 92, 115, 135, 143
身体所見　7, 79
身体（の）発育　18, 81, 104, 114
身長　10, 18, 46, 50, 51, 56, 74, 87, 90, 104
——の個人差　50
シンナー　110

推奨量　59, 78, 96, 97, 129, 150,

158, 160, 161
推定エネルギー必要量　57, 77, 128, 156, 160, 176
推定平均必要量　59, 150
水分　174
出納試験　161
水溶性ビタミン　159
スキャモン（Scammon）の発育曲線　74
ストレス社会　179
ストレス耐性　181
ストレッサー　179
スポーツ飲料　187
スポーツ性貧血　175

生活活動　172
生活習慣病　95, 116, 122
正期産児　44
性周期　27
成熟新生児　48
成熟乳　61
成人T細胞白血病　39, 62
性腺刺激ホルモン　134
成長急進　102
成長ホルモン　18, 50
成乳　33
生理的黄疸　45, 62
生理的早産　21
生理的体重減少　44

精巣エストロゲン　103
青年期　114
積極性スコア　141
赤血球　45
摂食障害　40, 105
セロトニン　181
仙骨部　145
潜在性鉄欠乏　109
潜水病　190
先天性奇形　18
先天性代謝異常　57
せん妄　25

痩身傾向児　93
測定誤差　153
咀嚼　45, 75, 140
咀嚼機能　66, 75
足根骨　46

た 行

第一次性徴　20
第一次発育急進期　18, 87
ダイオドラスト　24
体温調節中枢　186
体格指数　11
胎芽（期）　17, 18, 32
胎児　17, 32
胎児期　17, 22
胎児付属物　31-34
体脂肪率　169
体　重　10, 18, 30, 33, 47, 52, 74, 90
体重変化量　153
耐性　114
胎生期　17, 18
大泉門　50
体組成　90, 139
耐糖能（の）異常　8, 41
耐糖能の低下　140
第二次性徴　20, 88, 103
第二次発育急進期　18, 87
第二反抗期　105
体熱（の）産生　186, 188
体熱（の）放散　185, 187
胎盤　17, 31, 35
胎盤性ラクトゲン　31
耐容上限量　78, 150, 151
体力・運動能力調査　90
胎齢（胎児齢）　17
脱カルシウム　193
脱水　55, 81, 146, 184, 185
脱水症　20, 184
脱水症状　146, 174
たばこ　62, 118
炭水化物　49, 128, 158
単独校方式　103
たんぱく質　48, 49, 59, 78, 96, 129, 143, 158, 173
——・エネルギー低栄養　143
——分解酵素　49

中鎖脂肪酸　64
調乳　64
貯蔵鉄枯渇状態　109

つぶしがゆ　69
つわり　30, 35, 41

低圧環境　190-192
低栄養　40, 81, 142
低温環境　188, 189
抵抗期　180
低出生体重児　52
低体重　39
低張性脱水（症）　81, 184
適応　179
テストステロン　103
手づかみ食べ　47
鉄　59, 109, 130, 162, 218
鉄欠乏性貧血　52, 94, 109, 115-116
テロメアDNA短縮　23
電解質補給　174
転倒　145

頭囲　19, 50
凍死　188
糖質　175
凍傷　188
凍瘡　188
等張性脱水（症）　81, 184
糖尿病　92, 95, 124
糖尿病網膜症　146
特殊治療乳　64
特定保健用食品　177
トリプトファン　181

な 行

ナイアシン　111, 149, 182
夏バテ　187
ナトリウム　71, 130, 162, 175, 184, 215
南極越冬隊　189

２型糖尿病　96, 122, 124
二次性乳糖不耐症　53
二重標識水法　156
日常生活動作　141
日本宇宙航空研究開発機構　193
日本人の食事摂取基準　148
日本人の食物繊維摂取量の現状　158
乳酸系　166, 168
乳歯　21, 46, 75
乳児期　46
乳児区分　151
乳児下痢症　55
乳児検診　71
乳児ビタミンK欠乏性出血症　62
乳児ボツリヌス症　68
乳児用イオン飲料　71
乳汁栄養　60
乳汁期　60
乳幼児身体発育曲線　51
尿中ケトン体　40
妊娠高血圧症候群　42
妊娠性貧血　40
妊娠線　30
妊娠糖尿病　34, 41
認知症（痴呆）　25

熱射病　183

熱中症　174, 183, 184
熱疲労　183
熱痙攣　183

脳血管疾患（脳卒中）　126
ノルアドレナリン　181, 188

は　行

肺炎　24, 145
バイキング方式　100
ハイパワー系　169
廃用症候群　142
廃用性萎縮　193
排卵　27
白内障　146
破骨細胞　137, 138
パーセンタイル　51
発育指数　51
発汗　174
発達遅延　56
歯の欠損　140
パラアミノ馬尿酸　24

ビタミン　176
ビタミンA　42, 78, 160, 209
ビタミンB_1　159, 211
ビタミンB_2　160, 211
ビタミンB_6　212
ビタミンC　160, 214
ビタミンD　161, 209
ビタミンK_1を含む食品　62
ビタミンK_2シロップ　62
ヒト絨毛性ゴナドトロピン　31
疲弊期　180
肥満　34, 40, 51, 81, 93, 110, 115
肥満傾向児　109
肥満児　56, 81
肥満度　93
標準食品構成表　99
ビリルビン　45, 62
貧血　52, 109, 175

フィラメント　165
フェニルケトン尿症　57
フォローアップミルク　82
不感蒸泄　186
副歯槽提と吸啜こう　46
副腎皮質刺激ホルモン　181
復古　33
不定愁訴　134
フレイル　149

プロゲステロン　20, 27-31, 33, 103
プロラクチン　30, 31, 33, 37, 62

閉経　134
ベビーフード　70
ヘモグロビン　45, 79, 92, 109, 115
ヘモグロビンA1c　92
変形性関節症　146
偏食　82, 127
便秘　56, 145

飽和脂肪酸　129, 159
保健医療従事者　60
保健機能食品制度　177
母子健康手帳　37, 39, 51
母子の情緒　62
母子保健　71
補食給食　99
補助食品　177
母乳栄養　60
母乳汚染　38
母乳性黄疸　62
哺乳反射　68
哺乳量　59
骨の形成　46, 111, 135
本態性高血圧患者　170
本態性高血圧症　91

ま　行

マス・スクリーニング　57
マタニティーブルー　40
マラスムス　81
マルチン式身長計　50

ミドルパワー系　169
ミネラル　78, 97, 129, 161, 175
ミルク給食　99

無機質　25, 64, 91, 182
無菌操作法　66
無酸素運動　168
無重力環境　192
無排卵性月経　104

メタ・アナリシス　149
メタボリックシンドローム　12, 95, 96, 123, 131
メッツ→METS
目安量　59, 150
免疫グロブリン　49, 61, 89
免疫グロブリンA（IgA）　61
免疫耐性　55

妄想　25
目標量　151, 159

や　行

薬物乱用　110
野菜摂取量　118
夜食の習慣化　90
野生児　21

有酸素運動　95, 168
有酸素系　166

要因加算法　78, 161
溶血　175
幼児期の発達（発育）　21, 74
羊水　31, 32, 45
4D症状　25

ら　行

ラクトフェリン　63
卵割期　17
卵胞刺激ホルモン　27, 28, 103, 134
卵胞ホルモン　20, 27, 103
卵膜　31

リゾチーム　61
離乳期　60
離乳期幼児期用粉乳　63
離乳支援　60, 68
離乳食　66
離乳の開始　68
離乳の完了　68
離乳の進行　68
離乳の目的　66
利用効率　62
臨界期　18, 21, 32
臨床検査　7, 8, 39, 50, 79, 91, 115, 135, 143
臨床診査　7, 39, 50, 135, 143

レチノール活性当量　160
レンニン　49

老化　17, 23, 139
老衰　17
老年症候群　24, 145
老年病　24
ローパワー系　169
ローレル指数　11, 92

執筆者一覧

吉田　勉[**] 東京都立短期大学名誉教授　農学博士
小林実夏　大妻女子大学家政学部食物学科教授　博士（医学；東邦大学）管理栄養士（1，9）
加藤理津子　東京家政学院大学人間栄養学部人間栄養学科准教授　博士（医学；東京医科大学）管理栄養士（3）
小林理恵　東京家政大学家政学部栄養学科准教授　博士（学術；東京家政大学）管理栄養士（4-1～5）
塩入輝恵[*] 東京家政大学短期大学部栄養科准教授　博士（学術：東京家政大学）管理栄養士（2，4-6～7）
佐喜眞未帆　名古屋女子大学健康科学部健康栄養学科講師　博士（医学：愛知医科大学）管理栄養士（5，7）
増野弥生　桐生大学医療保健学部栄養学科教授　家政学修士（日本女子大学）管理栄養士（6，8）
木村靖子　十文字学園女子大学人間生活学部健康栄養学科教授　博士（学術：筑波大学）管理栄養士（10，11）
七尾由美子[*] 金沢学院大学人間健康学部健康栄養学科教授　博士（学術；東京家政大学）管理栄養士（2，12，13，付表）
小林　唯　國學院大学人間開発学部健康体育学科助教　家政学修士（東京家政大学）管理栄養士（13）
山本浩範　仁愛大学人間生活学部健康栄養学科教授　博士（栄養学：徳島大学）管理栄養士（14）

（執筆順，[**]は監修者，[*]は編者）

食物と栄養学基礎シリーズ8　新応用栄養学

2020年 4月 20日　第一版第一刷発行　◎検印省略

監修者　吉田　勉

編　者　塩入輝恵
　　　　七尾由美子

発行所　株式会社 学文社　郵便番号 153-0064
発行者　田中千津子　東京都目黒区下目黒 3-6-1
電　話　03(3715)1501(代)
http://www.gakubunsha.com

乱丁・落丁の場合は本社でお取替します。　印刷所　シナノ印刷㈱
定価は売上カード，カバーに表示。

ISBN978-4-7620-2990-5